Insect cyclopedia of threatened species

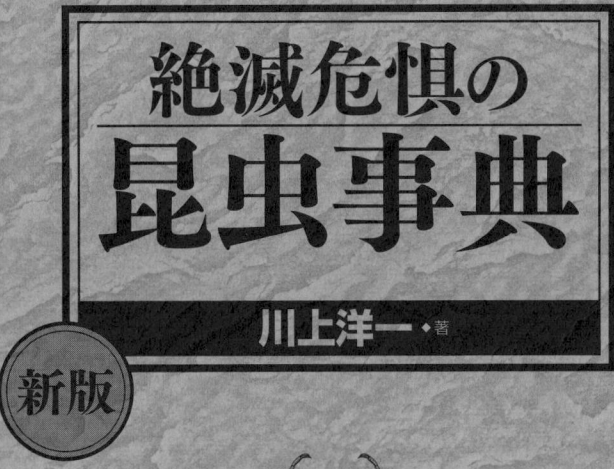

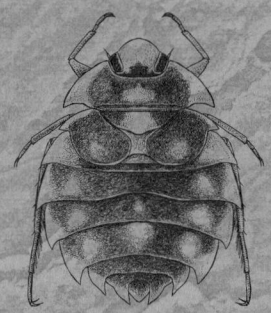

絶滅危惧の昆虫事典

川上洋一・著

新版

東京堂出版

モートンイトトンボ♂
Mortonagrion selenion
写真提供：牛尾泰明　　本文20頁参照

ヒヌマイトトンボ♂
Mortonagrion hirosei
写真提供：野村圭佑　　本文22頁参照

アオナガイトトンボ♂
Pseudagrion microcephalum
写真提供：村松　稔　　本文24頁参照

オオモノサシトンボ♂♀
Copera tokyoensis
写真提供：野村圭佑　　本文26頁参照

オグマサナエ
Trigomphus ogumai
写真提供：刈田悟史
本文30頁参照

ヒロシマサナエ
Davidius moiwanus sawanoi
写真提供：刈田悟史
本文32頁参照

ネアカヨシヤンマ
Aeschnophlebia anisoptera
写真提供：刈田悟史
本文34頁参照

ハネビロエゾトンボ
Somatochlora clavata
写真提供：刈田悟史
本文38頁参照

シマアカネ♂
Boninthemis insularis
写真提供：野村圭佑
本文40頁参照

ベッコウトンボ♂
Libellula angelina
写真提供：野村圭佑
本文42頁参照

ミヤジマトンボ♂
Orthetrum poecilops miyajimaense
写真提供：荒川　勇
本文44頁参照

ナニワトンボ♂
Sympetrum gracile
写真提供：刈田悟史
本文46頁参照

オオキトンボ
Sympetrum uniforme
写真提供：野村圭佑
本文48頁参照

チョウセンケナガニイニイ
Suisha coreana
写真提供：石綿深志
本文58頁参照

タガメ
Lethocerus deyrolli
写真提供：関山恵太
本文66頁参照

トゲナベブタムシ
Aphelocheirus nawae
写真提供：中島　淳
本文68頁参照

シャープゲンゴロウモドキ♂
Dytiscus sharpi
写真提供：関山恵太　　本文84頁参照

ヨドシロヘリハンミョウ
Cicindela inspecularis
写真提供：伊東善之　　本文88頁参照

ルイスハンミョウ
Cicindela lewisi
写真提供：佐久間　聡　　本文90頁参照

イカリモンハンミョウ
Cicindela anchoralis
写真提供：刈田悟史　　本文92頁参照

マークオサムシ
Limnoarabus maacki aquatilis
写真提供：鈴木　俊
本文96頁参照

ヨコハマナガゴミムシ
Pterostichus yokohamae
写真提供：刈田悟史
本文106頁参照

キイロホソゴミムシ
Drypta fulveola
写真提供：舘野　鴻
本文112頁参照

ミクラミヤマクワガタ♂
Lucanus gamunus
写真提供:原島真二
本文120頁参照

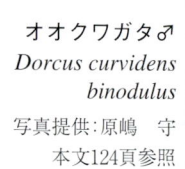

オオクワガタ♂
Dorcus curvidens binodulus
写真提供:原嶋　守
本文124頁参照

オオコブスジコガネ
Omorgus chinensis
写真提供:原島真二
本文126頁参照

ダイコクコガネ♂
Copris ochus
写真提供：原島真二
本文130頁参照

オオチャイロハナムグリ
Osmoderma opicum
写真提供：佐久間　聡
本文134頁参照

ヨコミゾドロムシ
Leptelmis gracilis
写真提供：中島　淳
本文136頁参照

クメジマボタル
Luciola owadai
写真提供：佐久間　聡
本文140頁参照

フサヒゲルリカミキリ♂
Agapanthia japonica
写真提供：原島真二
本文146頁参照

ウマノオバチ♀
Euurobracon yokahamae
写真提供：佐久間　聡
本文156頁参照

チャマダラセセリ
Pyrgus maculatus maculatus
写真提供：倉地　正
本文170頁参照

タカネキマダラセセリ
Carterocephalus palaemono
写真提供：牛尾泰明
本文172頁参照

アサヒナキマダラセセリ
Ochlodes asahinai
写真提供：石綿深志
本文174頁参照

ウスバキチョウ
Parnassius eversmanni daisetsuzanus
写真提供：倉地　正　　本文176頁参照

ギフチョウ
Luehdorfia japonica
写真提供：倉地　正　　本文178頁参照

ミヤマモンキチョウ♂
Colias palaeno
写真提供：原嶋　守　　本文180頁参照

ツマグロキチョウ
Eurema laeta betheseba
写真提供：牛尾泰明　　本文182頁参照

クモマツマキチョウ♂
Anthocharis cardamines
写真提供：石綿深志　　本文184頁参照

チョウセンアカシジミ♂
Coreana raphaelis yamamotoi
写真提供：倉地　正　　本文186頁参照

ベニモンカラスシジミ
Fixsenia iyonis
写真提供：石綿深志　　本文190頁参照

ゴマシジミ
Maculinea teleius
写真提供：石綿深志　　本文192頁参照

オオルリシジミ
Shijimiaeoides divinus
写真提供：環境省
本文194頁参照

オガサワラシジミ
Celastrina ogasawaraensis
写真提供：久保田繁男
本文196頁参照

ミヤマシジミ♂
Plebejus argyrognomon
写真提供：石綿深志
本文200頁参照

オオウラギンヒョウモン♀
Fabriciana nerippe
写真提供：石綿深志
本文202頁参照

ヒョウモンモドキ
Melitaea scotosia
写真提供：倉地　正
本文204頁参照

オオムラサキ♂
Sasakia charonda charonda
写真提供：牛尾泰明
本文208頁参照

ウラナミジャノメ
Ypthima multistriata niphonica
写真提供：石綿深志　　本文210頁参照

タカネヒカゲ
Oeneis norna
写真提供：倉地　正　　本文212頁参照

ヒメヒカゲ
Coenonympha oedippus
写真提供：倉地　正　　本文214頁参照

ヨナグニサン♀
Attacus atlas
写真提供：村松　稔　　本文216頁参照

はじめに

　昆虫は我々の最も身近な隣人であり、都心の高層マンションですら姿を見ることは珍しくない。それどころか、砂漠や極地、地底の洞窟といった、人間の勢力の及ばない環境にも進出している。彼らの適応力や繁殖力は底無しで、地球上の動物の8割近くを占め、人類と繁栄の覇を競っている存在なのだ。

　日本人はそんな昆虫と濃密な付き合いをしてきた国民である。古くから文芸や美術工芸にも登場し、鳴く虫やホタルを愛でる文化も培ってきた。昆虫採集を通じて自然への目を開かれた科学者も非常に多い。

　しかし近年、我々の身近から昆虫の姿が急速に消えつつある。環境省が絶滅の危機にある昆虫の情報をまとめたレッドデータブック（以下RDBと表記）には、566種もの昆虫が掲載され、これらの多くが、ついこの間まではごくありふれた存在であったことが、事態の深刻さを表わしている。

　この本は、RDB掲載種のなかから100種類をピックアップし、より詳しい解説によってその姿と現状を紹介したものだ。しかしその目指すところは、滅びゆく昆虫の挽歌を奏でることでも、いたずらに危機を煽り立てることでもない。彼らの減少は単に「自然が失われたから」と十把一絡げに片付けられるものではなく、ましてやマスコミが好んで取り上げる「マニアによる乱獲」を目の敵にするのも的外れだ。

　絶滅が危惧される昆虫の現状を一つ一つたどることによって、これらの誤解されがちな部分に言及するのがこの本の第一の目的である。いくら保全の必要性を強調しても誤った認識からは効果のない対策しか生まれないだろう。

　さらにこうした解説を通して、彼らを支える日本の自然がいかに多様であり、日本人が長い歴史の中でそれをいかに利用し、昆虫たちがどんな影響を受けてきたかを検証していきたい。なぜなら歴史や産業、社会のあり方や人々の自然観は、環境保全とも深い関わりをもっており、日本人が今後どのように自然と共生していったらよいかを考えるには欠かせない要素だからだ。

　こうした目的から、解説した種については単に注目されているという理由だけではなく、日本の自然の変遷をよく表わしているものを中心に選択している。また、環境省編のRDBの内容をもとにしつつも、筆者と意見を異にする部分については、記述が異なる場合があることをあらかじめご了解願いたい。

とくに環境省編で目につく、「マニアによる乱獲」を減少の大きな原因とする意見については、根拠が曖昧な場合が少なくないにも関わらず、マスコミなどに取り上げられる例も多く、昆虫愛好家一般へのネガティブキャンペーンにも頻繁に利用されている。これは本来の原因である環境破壊を隠蔽する結果にもなり、希少昆虫の保全にはかえってマイナスになると考えて、あえて積極的には取り上げなかった。もちろん、法的に規制されている昆虫の採集については、この本でも愛好家の自制を促す立場をとっている。

　さらに公的な刊行物である性格上、他の省庁への批判が鈍りがちな環境省の記述と比べると、行政に対する問題点の指摘に苛烈な部分があるかもしれない。しかしこれは納税者の一人として当然のスタンスである。日本の環境破壊に行政が大きく関わっているのは、公共事業一つをとって見ても自明であり、それを抜きにして環境保全を語るのは空念仏に過ぎない。

　分類上の扱いについても、いくつか異なる部分がある。目（もく）の表記について、RDBでは文部科学省が推奨している「コウチュウ目」「チョウ目」などのカタカナ表記が行われているが、従来の「鞘翅目」「鱗翅目」といった漢字表記のように目の特徴を表わしていないうえ、表記の基準に整合性がなく合理的でないため、ここでは従来通りの表記とした。さらに科の扱いについては上田恭一郎（2001）に準拠しており、一部では表記の異なる科もある。

　自然科学は金科玉条ではなく、多くの研究者の異なる意見を突き合わせることによって日々進歩する。RDBについてもこの本についても、さまざまな解釈が成り立つことを前提に読んでいただきたい。

　本書は2006年12月に発行された「絶滅危惧の昆虫事典」の改訂版である。前書に掲載されている昆虫については、環境省が2000年にまとめたレッドリストの昆虫編をもとにしている。しかし2006年にようやく発行されたRDBは公表以来7年が経過し内容が実状と合わなくなっていたため、翌年の2007年8月には早くも全面的な見直しが行われた。本書はこの見直し部分についての記述を改め、新たに書き下ろした50種に加え、前回取りあげた50種についても加筆し再構成したものである。

　　2010年6月

　　　　　　　　　　　　　　　　　　　　　　　　　　　　　川上洋一

目　次

はじめに ── (1)

- ●レッドデータブック (RDB) とは ── 2
- ●RDB のカテゴリーと掲載種 ── 3
- ●RDB 掲載種はなぜ入れ替わってきたか ── 4

日本の自然環境と昆虫 ─────────── 5

- ●日本の自然環境と昆虫 ── 6
- ●原生林 ── 7
- ●雑木林 ── 8
- ●草原 ── 9
- ●水田 ── 10
- ●池や沼 ── 11
- ●河川 ── 12
- ●海浜 ── 13
- ●島嶼 ── 14
- ●高山 ── 15
- ●特殊な環境 (地下水・洞窟) ── 16
- ●特殊な環境 (湿原・休耕田) ── 17

蜻蛉目（トンボ目）────────────── 19

- モートンイトトンボ　*Mortonagrion selenion* ── 20
- ヒヌマイトトンボ　*Mortonagrion hirosei* ── 22
- アオナガイトトンボ　*Pseudagrion microcephalum* ── 24
- オオモノサシトンボ　*Copera tokyoensis* ── 26
- オガサワラアオイトトンボ　*Indolestes boninensis* ── 28
- オグマサナエ　*Trigomphus ogumai* ── 30
- ヒロシマサナエ　*Davidius moiwanus sawanoi* ── 32
- ネアカヨシヤンマ　*Aeschnophlebia anisoptera* ── 34

アサトカラスヤンマ　*Chlorogomphus brunneus keramensis* —— 36
ハネビロエゾトンボ　*Somatochlora clavata* —— 38
シマアカネ　*Boninthemis insularis* —— 40
ベッコウトンボ　*Libellula angelina* —— 42
ミヤジマトンボ　*Orthetrum poecilops miyajimaense* —— 44
ナニワトンボ　*Sympetrum gracile* —— 46
オオキトンボ　*Sympetrum uniforme* —— 48

非翅目（ガロアムシ目） —————————————————— 50

イシイムシ　*Galloisiana notabilis* —— 50

直翅目（バッタ目） ————————————————————— 52

オキナワキリギリス　*Gampsocleis ryukyuensis* —— 52

積翅目（カワゲラ目） ———————————————————— 54

コカワゲラ　*Miniperla japonica* —— 54

半翅目（カメムシ目） ———————————————————— 56

イシガキニイニイ　*Platypleura albivannata* —— 56
チョウセンケナガニイニイ　*Suisha coreana* —— 58
フクロクヨコバイ　*Glossocratus fukuroki* —— 60
シオアメンボ　*Asclepios shiranui* —— 62
オヨギカタビロアメンボ　*Xiphovelia japonica* —— 64
タガメ　*Lethocerus deyrolli* —— 66
トゲナベブタムシ　*Aphelocheirus nawae* —— 68
ズイムシハナカメムシ　*Lyctocoris beneficus* —— 70
オオサシガメ　*Triatoma rubrofasciata* —— 72
フサヒゲサシガメ　*Ptilocerus immitis* —— 74

鞘翅目（コウチュウ目） ——————————————————— 77

カガミムカシゲンゴロウ　*Phreatodytes latiusculus* —— 78
ヤシャゲンゴロウ　*Acilius kishii* —— 80
フチトリゲンゴロウ　*Cybister limbatus* —— 82

和名	学名	頁
シャープゲンゴロウモドキ	*Dytiscus sharpi*	84
クロオビヒゲブトオサムシ	*Ceratoderus venustus*	86
ヨドシロヘリハンミョウ	*Cicindela inspecularis*	88
ルイスハンミョウ	*Cicindela lewisi*	90
イカリモンハンミョウ	*Cicindela anchoralis*	92
イワテセダカオサムシ	*Cychrus morawitzi iwatensis*	94
マークオサムシ	*Limnoarabus maacki aquatilis*	96
リシリノマックレイセアカオサムシ	*Hemicarabus macleayi amanoi*	98
ワタラセハンミョウモドキ	*Elaphrus sugai*	100
ツヅラセメクラチビゴミムシ	*Rakantrechus lallum*	102
カドタメクラチビゴミムシ	*Ishikawatrechus intermedius*	104
ヨコハマナガゴミムシ	*Pterostichus yokohamae*	106
オガサワラモリヒラタゴミムシ	*Colpodes laetus*	108
アマミスジアオゴミムシ	*Haplochlaenius insularis*	110
キイロホソゴミムシ	*Drypta fulveola*	112
キバネキバナガミズギワゴミムシ	*Armatocillenus aestuarii*	114
セスジガムシ	*Helophorus auriculatus*	116
ヤマトモンシデムシ	*Nicrophorus japonicas*	118
ミクラミヤマクワガタ	*Lucanus gamunus*	120
ヨナグニマルバネクワガタ	*Neolucanus insulicola donan*	122
オオクワガタ	*Dorcus curvidens binodulus*	124
オオコブスジコガネ	*Omorgus chinensis*	126
ヤクシマエンマコガネ	*Onthophagus yakuinsulanus*	128
ダイコクコガネ	*Copris ochus*	130
ヤンバルテナガコガネ	*Cheirotonus jambar*	132
オオチャイロハナムグリ	*Osmoderma opicum*	134
ヨコミゾドロムシ	*Leptelmis gracilis*	136
ツマベニタマムシ	*Tamamushia virida*	138
クメジマボタル	*Luciola owadai*	140
クスイキボシハナノミ	*Hoshihananomia kusuii*	142
ムコジマトラカミキリ	*Chlorophorus kusamai*	144
フサヒゲルリカミキリ	*Agapanthia japonica*	146
アオキクスイカミキリ	*Phytoecia coeruleomicans*	148

目次

キイロネクイハムシ　*Macroplea japana* —— 150
ヒメカタゾウムシ　*Ogasawarazo rugosicephalus* —— 152

膜翅目（ハチ目） —— 155

ウマノオバチ　*Euurobracon yokahamae* —— 156
オガサワラムカシアリ　*Leptanilla oceanic* —— 158
ニッポンハナダカバチ　*Bembix niponica* —— 160
オガサワラメンハナバチ　*Hylaeus boninensis* —— 162

双翅目（ハエ目） —— 164

イソメマトイ　*Hydrotaea glabricala* —— 164
ゴヘイニクバエ　*Sarcophila japonica* —— 166

毛翅目（トビケラ目） —— 168

ビワアシエダトビケラ　*Georgium japonicum* —— 168

鱗翅目（チョウ目） —— 170

チャマダラセセリ　*Pyrgus maculatus* —— 170
タカネキマダラセセリ　*Carterocephalus palaemon* —— 172
アサヒナキマダラセセリ　*Ochlodes asahinai* —— 174
ウスバキチョウ　*Parnassius eversmanni daisetsuzanus* —— 176
ギフチョウ　*Luehdorfia japonica* —— 178
ミヤマモンキチョウ　*Colias palaeno* —— 180
ツマグロキチョウ　*Eurema laeta betheseba* —— 182
クモマツマキチョウ　*Anthocharis cardamines* —— 184
チョウセンアカシジミ　*Coreana raphaelis* —— 186
ウスイロオナガシジミ九州亜種　*Antigius butleri kurinodakensis* —— 188
ベニモンカラスシジミ　*Fixsenia iyonis* —— 190
ゴマシジミ　*Maculinea teleius* —— 192
オオルリシジミ　*Shijimiaeoides divinus* —— 194
オガサワラシジミ　*Celastrina ogasawaraensis* —— 196
ゴイシツバメシジミ　*Shijimia moorei* —— 198
ミヤマシジミ　*Plebejus argyrognomon* —— 200

オオウラギンヒョウモン　*Fabriciana nerippe* —— 202
ヒョウモンモドキ　*Melitaea scotosia* —— 204
アカボシゴマダラ奄美亜種　*Hestina assimilis shirakii* —— 206
オオムラサキ　*Sasakia charonda charonda* —— 208
ウラナミジャノメ本州亜種　*Ypthima multistriata niphonica* —— 210
タカネヒカゲ　*Oeneis norna* —— 212
ヒメヒカゲ　*Coenonympha oedippus* —— 214
ヨナグニサン　*Attacus atlas* —— 216
アズミキシタバ　*Catocala koreana* —— 218
ノシメコヤガ　*Shinocharis korbae* —— 220
ミヨタトラヨトウ　*Oxytrypia orbiculosa* —— 222

参考資料 —— 224
おわりに —— 225

レッドデータ昆虫カテゴリー別リスト —————————— 227

Colum ①　RDBは昆虫保護のためのリストか？ —— 18
Colum ②　RED掲載種選定はえこひいきか？ —— 76
Colum ③　絶滅危惧される昆虫を増やすには —— 154

凡　例

1．本事典は、2006年8月環境省発行の「改訂・日本の絶滅のおそれのある野生生物―レッドデータブック―5　昆虫類（以下 RDB と表記）」を元に、2007年8月に行われたレッドリストの改訂結果を反映させ、これに掲載された566種より、絶滅の危険性が高いものを中心に100種を選んで収載したものである。

2．RDB や従来の昆虫図鑑に見られるような、形態・生態を中心とした専門的な解説については極力排したが、ほぼ全ての種のイラストと国内での分布図をあげ、視覚的な理解しやすさに重きを置いた。なお、分布図のうち、★は生息域の限られるものを、色の薄い部分は絶滅した地域を表わしている。53種については口絵にカラー写真も示した。また、絶滅危惧昆虫が生息する環境の成り立ちと、人間の活動がそれにどのような影響を与えて来たかを記述することにつとめた。

3．全体を RDB のように保護の優先度の高いカテゴリーごとに区分することはせず、昆虫分類表に従って目ごとに解説している。各項目では種名以下、学名、RDB でのカテゴリー、国による天然記念物指定の有無、分類、体長、分布、生息環境、発生期、減少の原因を見出しにあげた。体長には翅や触角、産卵管を含まない。また、鱗翅目（チョウ目）については体長ではなく、翅を広げた左右の長さを「開張」として示した。東と数字は既刊「絶滅危惧の生きもの観察ガイド〔東日本編〕」での、西は「同〔西日本編〕」での掲載ページを表わしている。

4．解説できたのは RDB 掲載種の1/5以下に過ぎないが、項目のタイトルとしてはあがっていないものの、生態が近いため文中で一括して解説したものもある。RDB では亜種ごとに表記してあるものも、特に必然性のない場合は種として一括りにまとめた。亜種によりカテゴリーの違うものは代表的なものを見出しとしている。巻末に RDB に掲載された全種のリストを付したので、そちらも参照いただきたい。

絶滅危惧の昆虫事典【新版】

●レッドデータブック（RDB）とは

　レッドデータブック（RDB）は、野生生物の絶滅を防ぐことを目的に、生息の現状を把握するための情報を IUCN（国際自然保護連合）がまとめたものだ。その歴史は古く、最初に発行されたのは1966年にさかのぼり、内容については定期的に見直されている。名前の由来は、最も絶滅が危惧される種類についての情報が、赤い用紙に印刷されていたことにちなむ。

　IUCN は、自然の保護と適切な利用を進めるために、1948年に創設された国際組織で、各国やその政府機関、市民団体などが会員だ。本部はスイスにあり、RDB の発行や「外来侵入種ワースト100」といった、保全のための調査と情報提供を行っている。また、ユネスコの進める世界遺産の登録のなかで、自然遺産の調査や評価も活動の一つだ。さらに水鳥と湿地の保護のための「ラムサール条約」や、野生生物の保護のために国際間の商取引を規制する「ワシントン条約（CITES）」などの締結も推進してきた。日本が加盟したのは1978年で、現在では環境省と外務省、環境 NGO によって構成される IUCN 日本委員会があり、主に国内の連絡協議を行っている。

　各国の RDB については、野生生物保護に早くから関心のあったイギリスなどが、国内版を作成して保護対策に役立てて来たが、日本では取り組みが大幅に遅れていた。ようやく環境庁（当時）が「緊急に保護を要する動植物の種の選定調査」を実施したのは1986年になってからで、これをもとにして日本版 RDB である「日本の絶滅の恐れのある野生生物 - 脊椎動物編・無脊椎動物編」が発行されたのは1991年のことだ。

　その後、1994年に IUCN によって評価基準を改めたカテゴリーが新たに採択され、日本版でもこれに従った見直しが行われた。これは作業が終わった生物のグループから「リッドリスト」として公表されたが、昆虫についてはとりまとめが遅れ、公表されたのは2000年4月と、すべての生物群のなかでも最後になった。これをもとに RDB の昆虫編が発行されたのは、2006年8月である。

　さらに他の分類群ではレッドリスト公表から約10年が経過し、次第に内容が実態と合わなくなってきたため再び改訂が加えられ、昆虫も2007年8月に新リストが公表されている。ただし新たな RDB が刊行される予定は明らかではない。

● RDBのカテゴリーと掲載種

　日本版 RDB については、1991年版と改訂版でカテゴリーの扱いが大きく違う。1991年版では、絶滅が危惧される度合いによって下記の5つに区分され、全部で204種（亜種を含む）が掲載されていた。
- ●絶滅種（Ex）…2種／過去に日本に生息したことが確認されているが、すでに絶滅したと思われる種、または亜種
- ●絶滅危惧種（E）…23種／絶滅の危機に瀕している種または亜種
- ●危急種（V）…15種／絶滅の危険が増大している種または亜種
- ●希少種（R）…163種／存続基盤が脆弱な種または亜種
- ●地域個体群（Lp）…1種／保護に留意すべき地域個体群－地域的に孤立している個体群で、絶滅の恐れが高いもの

　これに比べて改訂版では、IUCN の新しい評価基準をもとにした7つのカテゴリーに改訂されると同時に、掲載種も大幅に増えている。大きく変わった点は、評価基準に数値に基づいた「定量的要件」が加わった結果、種の状態をより客観的に捉えられるようになったことだ。

　カテゴリーについても、1991年版で「絶滅危惧種」「危急種」とされていたものが、「絶滅危惧Ⅰ類」「絶滅危惧Ⅱ類」として見直され、「希少種」も「準絶滅危惧」という絶滅危惧の予備軍として扱われるようになった。ただし他の分類群のように「絶滅危惧Ⅰ類」が危険度によって「ⅠA類」と「ⅠB類」に分けられていないのは、クモ形類・甲殻類等と同様だ。さらに「情報不足」「野生絶滅」のカテゴリーも加わった。この後、前述の通り再度の見直しが行われ、2010年現在のレッドリストでは下記のように計566種となっている。
- ●絶滅種（Ex）…3種／選定基準は1991年版に同じ
- ●野生絶滅（EW）…該当種なし／飼育・栽培下のみで存続している種（亜種）
- ●絶滅危惧Ⅰ類（CR＋EN）…110種／絶滅の危機に瀕している種（亜種）
- ●絶滅危惧Ⅱ類（VU）…129種／絶滅の危険が増大している種（亜種）
- ●準絶滅危惧（NT）…200種／現時点では絶滅危険度は小さいが、生息条件の変化によっては「絶滅危惧」に移行する可能性のある種（亜種）
- ●情報不足（DD）…122種／評価するだけの情報が不足している種（亜種）
- ●絶滅の恐れのある地域個体群（LP）…2種／選定基準は1991年版に同じ

● RDB 掲載種はなぜ入れ替わってきたか

　昆虫について、1991年版 RDB と2007年に見直されたレッドリスト（情報不足を除く）を比較してみてまず気づくことは、全体の数が2倍以上になっているうえに、より絶滅の危険性が高いカテゴリーに属する種類の比率が大きくなっていることである。とくに絶滅危惧Ⅰ類では、当初の23種が2000年には63種、2007年の見直し後は110種と5倍近くまで増えており、全体の11％に過ぎなかったものが25％近くを占めるほどになった。

　これは日本の生物の生息環境がこの16年間に大きく悪化していることを表わしているのはもちろんだが、ある地域に固有の種類や特定の環境に依存しているグループでとくに変化が大きいことが読み取れる。

　最も顕著なのは、絶滅危惧Ⅰ類の1／4以上を小笠原諸島に生息する種類が占めるようになったことだ。彼らは1980年代末から次第に減少の傾向にあったが、近年の調査によって深刻な状態が判明し、しかもその原因が移入種のグリーンアノールの食害にあることが把握された結果である。

　生息環境から見ると、以前から多かった洞窟性のメクラチビゴミムシに危険度や種類数の増加が見られ、今だに生息地の開発が脅威になっているようだ。草原性のチョウや甲虫、ゲンゴロウ類が増えていることは、里山への社会的な関心が高まるにつれてより実態が明らかになってきたためだろう。ただしこうした生物の減少には農業形態の変化が大きく関係しているので、対処が難しく将来が危惧される。

　2007年の見直しについて最も注目すべきは、これまで2種だけだった絶滅のカテゴリーに、新たにキイロネクイハムシが加わったことである。日本固有種ではなく海外にはまだ生息していることが救いではあるものの、日本の生物多様性がまた一つ失われたことは惜しまれる。

　危険度のランクが上がっているものが多いなかで、トンボやカミキリムシにはダウンリストしたものもいくつか見られる。これは環境が改善されたというよりは、研究が進んで実態が明らかになったり、選定の基準を主観に頼りがちだったものが減少率など客観的な数値を用いた結果だろう。

　いずれにしろ RDB は絶対的なものではなく、環境の変化や調査の進展によって、これからも掲載種が入れ替わっていくものと認識するべきだ。

日本の自然環境と昆虫

●日本の自然環境と昆虫

　日本には約30000種の昆虫が生息していることが確認されており、2つを除くすべての目のものがすんでいる。ほぼ同じ面積であるイギリスからは約24000種が知られていて、どちらの国でもほぼ全容が分っているトンボやチョウの種類数を比べてみると、日本の方が5～6倍も多い。これを他の昆虫に当てはめて考えると、単純計算ではまだ10万種近い昆虫が見つかっていないことになる。日本では毎年、甲虫だけでも100種以上の新種が報告されていることを考えると、この計算もあながち的外れではないかもしれない。

　こうした豊かさをもたらしているのは、日本が南北に連なる多くの島で構成されており、寒帯から亜熱帯までのさまざまな気候や、3000m級の高山からマングローブに至る多彩な植生が見られることがあげられる。

　また、世界の動物地理区のなかでもユーラシア大陸系の「旧北区」と東南アジア・インド系の「東洋区」の境界に位置し、両方の要素を兼ね備えていることも大きな要因だろう。これには日本列島の成立が、大陸と陸続きになったり離れたりして、複雑な経過をたどったことも深く関係しているようだ。

　さらに最近になって注目されているのは、2000年以上にわたって、稲作を中心とした農業のために、回復が可能な形で自然の継続的な利用が続いてきたことだ。これによって雑木林や草原といった環境が維持され、北方系や大陸起源の昆虫の生息を可能にしてきたとも考えられるようになってきた。人間の活動が昆虫にとってもプラスの方向に働いていた数少ない例といえる。

　こうした日本の昆虫のなかで、RDBに掲載されている種類の特徴としてあげられるのは、一つにはごく限られた特殊な環境に生息するものだ。たとえば洞窟や高山、離島、原生林などがあげられる。これは1991年版のRDBでは、最も危機に瀕したカテゴリーである「絶滅危惧種」の2/3を占めていた。

　ところが2000年版が公表されるまでの10年間に、にわかに注目されるようになったのは、ついこの間まで、人間の生活に身近な里山でふつうに見られた種類の激減である。なかでも草原性のものや水田の周辺で見られたものの減少が著しく、絶滅危惧Ⅰ類、Ⅱ類のカテゴリーでは約半数を占めるまでになった。

　実は、長年にわたって培われてきた人間と昆虫の関係についても、これらの里山性の昆虫の減少によって初めて気づかされたことなのである。

●原生林

　原生林だけにすむ昆虫というといかにも希少というイメージがあるが、減少しているものは意外に少ない。RDB掲載種の場合、大木の朽ちた部分や着生植物を食うといった、特殊な環境に依存しているものがほとんどだ。

　日本の原生林は気候や標高によって、南からシイやカシなどの常緑広葉樹林（照葉樹林）、ブナやミズナラなどの落葉広葉樹林、シラビソやコメツガなどの針葉樹林の三つに分けられる。このうちもっとも面積が少なくなっているのは照葉樹林で、手つかずのまま残されているものはわずかしかない。ほとんどが雑木林のような二次林や植林地に置き換えられてしまっているのが現状だ。これはもともと人間の数が多く活動も盛んだった西日本に位置していたためだが、近年では奄美大島や沖縄北部といった、今まで良好な照葉樹林が保たれていた地域でも、急速に伐採が進みつつある。

　このため照葉樹林の限られた環境にすむゴイシツバメシジミやヤンバルテナガコガネは、日本の昆虫のなかで最も絶滅の恐れがあるとして、「種の保存法」によって保護が図られている。しかしこの法律も、肝心の森林伐採を止めるような拘束力が足りないために、あまり有効には働いてはいないようだ。

　一方、ブナに代表される落葉広葉樹の原生林は、かつては植林地にするための国有林の皆伐によって、各地で姿を消しつつあった。ブナ林は「緑のダム」と呼ばれるほど保水力に優れており、これが伐採されることによる河川への影響は大きい。水量が不安定になって増水と渇水をくり返すようになれば、当然そこにすむ昆虫が減少する原因にもなるし、河川改修も必要となって環境破壊の連鎖ははるか下流にも及ぶ。

　しかし現在では、国有林の経営方針も変わり、国民の自然体験の場として管理したり、大面積を伐採しないようになったため、現在でも東北地方を中心に広い面積で残されている。従ってここにすむ昆虫には、それほど危険な状態にあるものは少ない。

　シラビソなどの針葉樹林にすむ昆虫の生息地の環境は、さらに安定しているようだ。これは限られた種類の植物が広い面積を占めるため、昆虫の種類は少ないが個体数は多いという理由が挙げられるだろう。

　しかし原生林にすむ昆虫は代替の生息環境を作ることが難しいので、一定の面積を保全することが強く望まれる。

●雑木林

　雑木林とは、原生林が伐採されたあとに成長した「二次林」が、くり返し伐採されることによって、次第にクヌギやコナラなどの萌芽力の強い植物ばかりになったものだ。植生が裸地から安定した「極相林」へと進んでいく「遷移」の流れのなかで、ちょうど日当たりを好む樹木が生える段階で伐採によってリセットされるため、遷移が足踏みをした状態が保たれているわけだ。

　また、たまった落ち葉や低木、ササなどもかき取られて利用されるため、林床も常に明るく、本来草原に生える植物が共存したり、樹木が芽吹く前の時期に成長して花を咲かせる「スプリング・エフェメラル」と呼ばれる植物が生育できる数少ない環境になっている。

　こうした森林は自然度が低いように見えるが、他の環境から植物が入り込んで植生が豊かなため、これに支えられて昆虫の種類も多い。クヌギやコナラに依存する昆虫が他の植物に比べて多いことも、雑木林の昆虫相を豊かにしている一つの要素だ。また、場所によって人手の加わり方が違う場合、植物の成長の度合いもさまざまとなり、より多様な環境ができあがる。

　さらに近年注目されているのは、かつての氷河期に広く西日本まで分布を拡げていた北方系のブナ林の昆虫が、縄文農耕によって出来上がった雑木林にすみつき、その後に温暖化が進んだあともそこにすみ続けることができたのではないかという説である。雑木林の林床が、本来の西日本の植生である照葉樹林のように暗くなく、ブナ林のように明るい環境が保たれているためだ。クロシジミやギフチョウ、オオクワガタといった代表的な雑木林の昆虫は、こうした環境を求めてすみついたものらしい。

　ただし、雑木林が維持されるためには、常に人間による手入れが行われなくてはならない。高度経済成長期以降に進んだ農業の近代化のため、雑木林は利用されなくなって伐採され、造成や植林が行われてしまう場合が増えている。また、放置されたために植生の遷移が進み、明るい環境が失われてしまうことも少なくない。

　RDBに掲載されている昆虫には、雑木林を生息地とするものが多いが、その減少の原因は環境の消失と放置による。これを保全するためには、定期的な伐採や落ち葉かきといった、一見自然破壊のような行為が不可欠なのだ。

●草原

　草原は、寒冷で雨が少なく樹木が生育しづらい大陸で発達した環境のため、高温多湿の日本ではなかなか成立しにくい。火山の麓などで、噴火によって植生が完全に破壊されたうえ、樹木が生えることができるような深い土壌ができるまでには時間がかかる場所では、草原の状態が比較的長く保たれる。しかしこうした場所も、時間とともに植生の遷移が進み、やがて森林に変わっていくのを止めることはできない。

　ところが草原にも人間の活動が及んで、膨大な量の草が家畜のエサ、建材、肥料などの資源として活用されるようになると、草原を維持するための力が働くようになった。本来なら枯れた草が毎年蓄積していくはずが、刈り取って持ち出されてしまうために土壌が作られることができず、植生の遷移がストップしてしまうのだ。また植物の構成も、地下に養分をため込んでくり返し行われる草刈りに耐えられるススキのような種類が多くを占めるようになる。さらに時おり行われる野焼きによって、生育しはじめた低木なども排除されてしまう。まさに雑木林で見られるのと同じ原理による管理が、草原でも行われてきたわけなのだ。

　火山性草原以外にも、草という資源はかつての農業や生活に不可欠だったため、農村の周辺にはわざわざ採草地が確保され、同様の管理が行われてきた。こうした管理は、その頻度によってさらに多様な環境を生み出す。たとえば、頻繁に草刈りが行われたり家畜に食われる場所では、より干渉に耐えられるシバ草原が出来上がるという具合だ。

　こうした環境にすみついている昆虫には、チャマダラセセリやウスイロヒョウモンモドキ、フサヒゲルリカミキリなど、かつて大陸と陸続きだった時代に日本にまで分布を拡げたものが非常に多い。そしてその多くがRDBのなかでもより絶滅が危惧されるカテゴリーに含まれている。

　これは草原についても、雑木林と同様に永続的な管理が行われなくなってきたためだ。農業形態の変化によって利用価値が無くなった草地が用途を変えられたり、遷移が進んで草原性の昆虫にとってすみにくい環境となってしまったのである。ここでも保全のためには「草刈り」という一種の自然破壊が必要となる。ただし雑木林と比べて草原の昆虫の減少は遥かに著しく、対策のより緊急性が求められている。

●水田

　日本の平野の多くは、浸食された山地の土砂が川によって運ばれ、浅い内海に堆積したことによって作られたと考えられている。こうした場所の多くはかつて一面のヨシ原におおわれた「後背湿地」で、日本の古称である「豊葦原(とよあしはらの)瑞穂国(みずほのくに)」そのものの風景が広がっていたらしい。そこは常に川の流れが変わる不安定な環境で、「河跡湖」と呼ばれる池や沼が点在し、水中をすみかとする昆虫には格好の生息地となっていたようだ。

　しかしその後、日本にもたらされた稲作文化はこうした環境を一変させ、平野のほとんどは水田に変わっていった。当然そこにすんでいた昆虫の多くは、生息環境を奪われる形になったわけだ。

　ところが彼らの多くは、そのまま水田に新たなすみかを見いだすことができた。これは、浅い水たまりという自然のなかでは不安定な環境が、人間によって永続的に保たれたうえに広い面積を占めたことによる。こうした環境ではコメ以外の植物もよく生育し、これを食べるオタマジャクシなどの数も多い。稲刈から田植えの間は水が抜かれて環境が大きく変わるが、生活サイクルの短い昆虫にとっては、水がたまっている間に成虫にまで育ってしまうことはじゅうぶんに可能だ。こうして多くのトンボやタガメ・ゲンゴロウといった水生昆虫が、農業と共存することで生き延びることができたのである。

　一方、まだ土木技術が発達せず川の流れをコントロールできない時代や、川から水が供給できないような地域では、湧水によって作られた小さな谷などに沿って「谷戸田」が作られた。谷戸田の場合は周囲が雑木林などに接している場合が多いため、より多様な昆虫相が出来上がった。

　しかし農業の近代化によって、過去数千年に渡って続いてきた昆虫との共存関係は崩壊しつつある。特に農薬の普及は、水生昆虫に壊滅的な打撃を与えた。さらに機械化に対応するため、水田を直線化したり水路をコンクリートで固める圃場整備によって、生息環境自体もなくなってしまった。このためRDBに掲載されている昆虫には、水田を主なすみかとするものがかなりを占めている。こうした昆虫たちに共通するのは、つい40年ほど前までは、いなくなるのを誰も想像できなかったほどありふれた種類であったことだ。

●池や沼

　池や沼といった止水は、たいへん移ろいやすい環境である。時間とともに水中に枯れた植物や流れ込んだ土砂などが蓄積していき、植生の遷移が進んでいずれは埋まってしまう。しかしこうした場所が一定の距離に配置されていれば、昆虫たちは都合の良い環境を見つけて移動することが可能だ。場所によって環境が変化することは、かえって多様性が保たれることでもある。

　日本で稲作が盛んになるにつれて、水田の灌漑や水を温めるために作られたため池は、止水性の昆虫のためには格好の環境をもたらした。これらは、距離をおいて数多く作られたため、水生昆虫の新たな生息地と移動経路を作り出したのだ。さらに池さらいや草刈りといった管理を行うことで、池によってさまざまな環境の違いが生まれ、より多くの種類の昆虫に生息地を提供することになった。生活サイクルがうまく合わないために、後背湿地の河跡湖から水田にすみかを移すことができなかったナニワトンボのような昆虫も、ここで生き延びることができたわけだ。農業と昆虫の共存関係が保たれてきたのである。

　また、豊かな湧水によって低い水温ときれいな水質が保たれている池や沼には、キイロネクイハムシのように温暖な地域にも関わらず北方系の昆虫が生息している例が少なくない。これは氷河期に北の地方から分布を拡げていたものが、気候が暖かくなるにつれ再び北へと退く途中で、低温の環境を求めてすみついたと考えられている。

　しかし、こうした止水環境は急速に失われつつある。RDBに記載されている昆虫に、池や沼を生息地とするものが多いことが何よりの証拠だ。生活排水や農薬の流入による汚染はもちろん、ため池の多くは農業形態の変化によって存在意義を失い、埋め立てられたり管理の効率化を求めてコンクリートで護岸改修をされてしまう例が非常に多くなってきた。また、ブラックバスのような肉食性の外来魚の密放流が各地で盛んなことも、昆虫の減少に拍車をかけている。

　湧水の状況はさらに危機的で、周囲の開発による保水力の低下や、地下水脈の遮断によって枯渇してしまった例が少なくない。ここにすむ昆虫には、残された環境にしがみつくようにすんでいたものが少なくないため、一度環境が失われると、2007年のRDB見直しで「絶滅」とされてしまったキイロネクイハムシのようにそのまま姿を消してしまう危険性が高いのだ。

●河川

　日本の河川は地形が急峻なために急流が多いうえ、春の雪解けや梅雨時、台風の時期と、一年のうちに何度も増水をくりかえす。このため、そこにすむ水生昆虫の多くは、岩にしがみついたり巣を作ったりして流されない工夫をしているものがほとんどだ。しかし岩を咬むような流れは水中にとけ込んでいる酸素の量も多く、エラ呼吸をする彼らにとってはメリットも少なくない。こうした環境を好むカゲロウやカワゲラ、トビケラなどは、流れの早さや川底の状態などによって多彩に種分化してすみ分けていることからも、それほどすみにくくはないことがうかがえる。

　また、このような川の下流では、浸食されやすい上流からは流れによって多量の土砂が運ばれて堆積する。この結果できあがった河原は、乾燥を好む昆虫の格好の生息地となった。ここでは植物の遷移が進むと彼らにとってすみにくい状態へと変化していくが、くり返される増水によって再び砂礫地へとリセットされるため、常に乾燥した環境が保たれることになる。維持のために撹乱が必要とされる自然のいい例と言えるだろう。

　水系によっては、その歴史が固有種を生んでいる場合も少なくない。琵琶湖を含んだ淀川水系もそのひとつで、かつて中国大陸とつながっていた名残りが色濃く現れていたり、独特の進化をとげたものも多く、他では見られない水生昆虫も生息している。

　しかし、これらの昆虫の生息環境は悪化の一途をたどっている。かつて川の水をそのまま炊事、洗濯などの生活用水として使っていた時代には、人々も川の汚れに敏感だったが、上水道の普及とともに川が単なる排水路としてしか認識されなくなると、一気に汚染が進んだ。これによってダメージを受けた水生昆虫は数多い。

　さらに川の治水が、流れ込んだ雨水を一刻も早く海にまで流すという発想によって行われるようになると、曲がりくねった川は直線化され、岸辺はコンクリートで固められるようになった。これは水生昆虫の生息環境を根こそぎ破壊してしまう。さらに上流にいくつもダムができたことによって、河原の環境を撹乱してリセットする増水が起こらなくなり、植物の遷移が進んでそこにすむ昆虫も姿を消しつつある。グラウンドなどが造成されてしまう影響も少なくない。

●海浜

　日本は地形が複雑で島が多いため海岸線が非常に長く、その距離はオーストラリアに匹敵する。川から運ばれる土砂が多いために沿岸には砂浜が発達し、後背地がクロマツなどの海浜性の植物に被われることによって、古くから「白砂青松」と謳われるような環境が出来上がった。

　こうした環境は乾燥が激しく、昆虫の生息には適していないようにも思えるが、ハンミョウの仲間に代表されるような海浜性の種類が少なくない。これらの昆虫にとっては、砂浜だけがあればよいわけではなく、幼虫のすみかや冬越しの場としても、海浜性植物の存在は重要だ。これらは砂に深く根を張ることによってその移動や飛散を防ぎ、人間にとっても恩恵をもたらしている。

　また、湾の奥などには川によって運ばれた泥が堆積した「干潟」が発達した。ここを生息地とする昆虫は多くはないが、ヒヌマイトトンボのような海水の塩分に耐性のある固有の昆虫がすみついている。

　さらにごくわずかではあるが岩礁地帯をすみかとするものもいるし、シオアメンボのように海面に進出したものも皆無ではない。いずれも特殊な環境であるだけに、他では見られない昆虫の貴重な生息地なのだ。

　しかしこうした環境は人間の活動域に近いため、高度経済成長期を境に著しい勢いで破壊が進んでいる。海岸沿いには道路が造られたり、護岸工事が行われることが多く、従来あった海浜性の植生を破壊してしまった。また、海辺でのレジャーが盛んになり、人や車の立ち入りが増えたことも見逃せない。さらには川の治水が進んで上流から供給される土砂が少なくなり、砂浜自体の浸食が全国的に進んでいる。

　また、干潟の多くは埋め立てが進み、護岸工事によってヨシ原なども姿を消したため、限られた環境に依存していた昆虫も姿を消しつつある。ここは他の生物にとっても重要な環境で、現在わずかに残された地域では保存を求める声が上がっているが、開発計画が後を絶たない状況だ。

　このため海浜性の昆虫はそのほとんどがRDBに掲載されている種類である。海岸線の開発の多くは国や自治体によって進められたものであり、こうした経済優先政策の影響をいちばん直接的に受けた昆虫かもしれない。

●島嶼(とうしょ)

　南北に長い日本列島は、多くの海洋プレートがユーラシアプレートに接する場所にあるので、その生い立ちも非常に複雑だ。それぞれの島がシベリア・朝鮮半島・中国と陸続きになったり離れたりをくり返し、そのたびにさまざまな昆虫が新たに分布を拡げてきた。また、切り離された時期に島のなかで独自の進化をとげた固有種や固有亜種も少なくない。多くの島の存在が日本の昆虫相を非常に豊かなものにしているのだ。

　なかでも琉球列島は、日本のなかで唯一、生物地理区分の「東洋区」に属し、他の地域では見ることのできない南方系昆虫の宝庫だ。さらに隆起と沈降をくり返して、大陸や台湾と陸続きになったり、一部を残してほとんどが水没したりといった複雑な歴史を持っている。そのため大陸の影響を色濃く残すと同時に、それぞれの島に固有の昆虫相が生まれることにもなった。ヤンバルテナガコガネなどはそのいい例だ。

　また大陸との関係では、最も大きな影響を受けているのは対馬だろう。ここにすむ昆虫にはチョウセンケナガニイニイのような大陸と共通するものが多く、陸続きだった時間が長いことを物語っている。

　さらに小笠原諸島や大東諸島のように、かつて一度も他の地域と陸続きになったことがない「大洋島」では、隔離されて進化した固有の昆虫が見られる。

　これらの島の昆虫のなかには、ミクラミヤマクワガタのように体が特殊化して飛行能力を失ったりする例が少なくない。これは生物の種類が少なく、天敵や競争相手の影響が少ない環境で進化してきたためと考えられている。従って今までいなかった生物が外から入ってきた場合、競争に敗れて絶滅への道を歩む例は数多い。また、もともと面積の狭い島のなかで、さらに限られた場所だけに生息している種類も、環境の変化には非常に弱い。実際に日本の島でも、こうした原因で急激に数を減らしている昆虫が増えてきているようだ。

　この傾向は、近年まで無人島だった場合が多い大洋島でとくに顕著で、RDBに掲載された島嶼性の昆虫のなかでもかなりの割合を占めている。2007年のRDB見直しでは、小笠原諸島に生息するものが数多く追加された。幸い、現在のところ絶滅が確認された種はいないが、日本の昆虫の生息地のなかで最も危機に瀕した地域と言ってよいだろう。

●高山

　本来「高山」とは、高木が生えることのできない「森林限界」をこえた稜線や山頂を指す場合が多い。ここは1年の半分が雪と氷で被われ、石を飛ばすような強風も吹きつける過酷な環境だ。しかし短い夏には多くの高山植物がいっせいに花を咲かせるお花畑が現れ、昆虫もこの時期に集中して発生する。これらのなかには食草を利用できる夏の期間が短いために、卵から成虫になるのに足かけ3年もかかるものがいるほどだ。

　これらの生物の多くは、極地に近いシベリアやアラスカのツンドラに分布するものと共通していたり近縁の種が少なくない。かつての氷河期に南の地方にまで分布を拡げていた北方系の種類が、地球が暖かくなったために再び北へ退いていく過程で、寒冷な気候を求めて高山の山頂付近にまで登りつめたものと考えられている。高山は日本に居ながらにして極地の昆虫と出会うことのできる貴重な環境と言えるだろう。

　典型的な高山性昆虫の生息地としてあげられるのは、標高2500mを超える日本アルプスや八ヶ岳の稜線だ。チョウの場合、ここで見られる真の高山性の種類はタカネヒカゲだけだが、稜線から麓にかけては、本州の他の地域では見られないユーラシア大陸北部由来の種類が数多く生息しており、10種類が「高山チョウ」として扱われている。また、石の下には飛行能力を失った高山性のコメツキムシやゴミムシも見られる。

　これに比べて北海道の大雪山では、よりツンドラとの共通種が多い。ここは標高2290mと道内最高峰を誇るものの、本州の感覚で考えれば高山というにはやや低い。しかし緯度が高いために、日本アルプスに匹敵する環境が見られ、ウスバキチョウをはじめ北極を取り巻くようにすんでいる「周極種」の、日本でも数少ないすみかとなっている。

　これらの昆虫は、限られた環境にすんでいることから絶滅の危機にあるようなイメージがあるが、実際には生息地の環境は安定しており、「貴重な生物」という意識も高いため、今すぐ絶滅が危惧されるような種類はいない。RDBでも絶滅危惧I類とされている高山性の昆虫は一亜種しかないのが何よりの証拠だ。ただ、近年の登山ブームで生息地を訪れる人が増えているので、踏みつけなどによる環境の悪化が心配される。

日本の自然環境と昆虫

●特殊な環境（地下水・洞窟）

　RDBに掲載されている昆虫には出会うことが難しいものが多いが、発生期に生息地を訪れることができればチャンスがないわけではない。しかし、一般的には観察がほとんど不可能と考えられるのが、地下をすみかとする昆虫たちだ。

　なかでもムカシゲンゴロウやメクラゲンゴロウといった地下水層の中にすんでいるグループには、研究者ですらなかなか出会うことができない。これらをくみ上げた井戸水の中から発見するのは偶然に期待する以外なく、限りなくゼロに近い確率と言っていいだろう。

　近年地下水は過度のくみ上げ、開発や伐採による土地の保水力の低下、ビルや道路の建設工事による地下水脈の分断などによって各地で減少している。ここをすみかとするゲンゴロウ類にも少なからず影響を与えていると考えられるが、RDBに掲載されている種類が多い割には、生態も生息環境も不明な点が多いため、有効な保護対策を立てられないのが現状だ。

　観察が難しいのは、地下生活に適応したメクラチビゴミムシの場合も同様だ。ただし彼らの多くは、石灰岩の洞窟の中ばかりでなく、「地下浅層」と呼ばれる谷筋などに堆積した礫の下にもすんでいる。数日間の腰痛が覚悟できるなら、つるはしを片手に石を根気よくおこすことで見つけることも可能だ。

　しかしなかには、洞窟の奥深くにしか生息しない種類も多く、これらに出会うためにはケービングの知識と技術が不可欠になってくる。これはすでに、落盤や落石、墜落といった死の危険とも隣り合わせの探検の部類に属し、さらには目的の昆虫を見つけるための知識や技術も身につけなければならない。もちろんこれらをクリアーしても確実に出会えるという保証がないのは、どんな昆虫にも言えることだ。

　メクラチビゴミムシのグループは、RDBにも多くの種類が掲載されている。絶滅種が2種も含まれていることからも、かなり危機的な状況にあることは容易に理解できるだろう。この原因はセメントの原料にするための石灰岩の採掘によって、生息地が根こそぎ消失してしまうことにある。セメント産業は経済成長と密接なかかわりがあるためか、これだけ環境保全が重視される時代になっても、これらの虫に対しての配慮はなされていないようだ。

●特殊な環境（湿原・休耕田）

　湿地や湿原は、池や沼が植物の遷移によって埋まる過程や、地下水層が地表近くにある場合にできあがる環境だ。水分過多のために樹木がほとんど生えることができず、スゲなどの湿生植物に被われている。
　寒冷地や水温が低い場所では、枯れた植物が堆積しても分解されず、スポンジのような「泥炭」となっているところも多い。泥炭地は保水力が高く、ミズゴケなどが生えて堆積すると地下水を吸い上げて「高層湿原」ができあがる。こうした湿原のなかには「池塘」と呼ばれる池ができることも多く、イイジマルリボシヤンマのように、ヤゴがここをすみかとする特異な種類もいる。
　しかしどのような過程を経るとしても、湿原はやがて植物の遷移が進んで乾燥化し、森林へと変わって行く。たいへん移ろいやすい環境であることは間違いない。
　こうした環境を好む昆虫には、マークオサムシのように湿地に適応した生活を送るものと、ヒメヒカゲのように幼虫がそこに生える植物を食べているものがいる。いずれも乾燥化が進むと姿を消してしまうが、かつて湿地が点存していた地域では、都合の良い環境にすみかを移してくらすこともできた。自然の許容量の大きさが、それを可能にしてきたのだ。
　しかし近年では、こうした環境は埋め立てられて住宅や工場が建てられたり、排水されて農地に変えられることが多くなったために数や面積が減りつつある。また、残された湿地も乾燥化が進み、これらの昆虫が生きていける環境が激減している。さらに耕地に近いところでは農薬の影響も無視できない。RDBに掲載されている種類にも、湿地性のものがかなり目立つのはそのためである。
　こうした環境の代替地になったのが、減反政策によって放置された休耕田だ。長い間放置しておけばやがては乾燥してしまうものの、しばらくの間は湿生植物が生え、湿地や湿原と同じような環境が保たれる。山間地にある場合などは農薬の影響もあまり受けないだろう。ヒョウモンモドキやシャープゲンゴロウモドキのように、一時的にこうした場所を生息地としていたものも少なくない。
　しかし多くの休耕田も、放置されて時間がたつうちに乾燥化が進み、植林地などに変えられてしまう場合も増えている。湿地性昆虫の将来にとって明るい材料はあまりないようだ。

Colum ① 　RDB は昆虫保護のためのリストか？

　RDB についての最も大きな誤解は、これに掲載されることによって何らかの法的拘束力が生じるといったことだろう。地方などでは、RDB を根拠に法的に問題のない昆虫採集まで制止するような団体も見かける。しかし RDB の本来の目的は、保護対策のための情報提供であって、法律で保護すべき生物のリストではない。掲載種を直ちに採集禁止にするというのは短絡的だ。ここに収められた情報をどう生かすかという議論のスタートラインにしか過ぎないのである。

　日本の昆虫保護に関する法律のなかで、最も強い拘束力を持つのは「種の保存法」である。この法律に基づく「国内希少野生動植物種」については、捕獲や譲渡を禁止したり、保護区の指定や増殖事業の実施までが謳われ、生物の保全に大きく踏み込んだ内容となっている。ただし、これに指定されている昆虫は、わずか 5 種類に過ぎない。しかもこれらの施策のなかで、環境省だけで決定できるものは少なく、関係省庁との調整が必要となってくる。残念ながら役所同士の力関係では環境省は非常に弱い。最も急を要するヤンバルテナガコガネやゴイシツバメシジミの保護区が指定されないのも、こんな事情が絡んでいると考えられる。

　もっとも、この法律が施行されるまでの日本の昆虫保護は、ほとんど実効性がなかったと言ってよい。「天然記念物」として採集が禁止されるものはいたが、生息地保護については配慮されていなかったため、開発などによって姿を消してしまったものもいる。国立公園や国定公園のなかでは、核心部である地域での昆虫採集は禁止されており、生息地保護も平行して行われていることになる。ただし、こうした自然度の高い環境だけを保護しても、最近激減しているベッコウトンボのような里山性の昆虫を絶滅から救うことはできない。

　この他、地方自治体によって天然記念物などに指定される昆虫も増えてきた。しかしこうした保護対策には、採集を禁止するのみで生息地保護にまで踏み込んだものは少なく、よそ者の採集者を排除して地域ナショナリズムを満足させているに過ぎないのではないかと疑われる例も多い。ギフチョウやオオムラサキのようなマスコミなどの注目度の高い種類ばかりが指定される傾向も強いようだ。本来の減少の原因である環境破壊から目をそらせる結果になっているものさえある。

　いずれにしても、法律や条例で採集を禁止すれば昆虫を守れるというのは時代遅れの発想と言わざるを得ない。実効性のある生息地保全のための法整備が望まれる。

蜻蛉目（トンボ目）

モートンイトトンボ　*Mortonagrion selenion*
ヒヌマイトトンボ　*Mortonagrion hirosei*
アオナガイトトンボ　*Pseudagrion microcephalum*
オオモノサシトンボ　*Copera tokyoensis*
オガサワラアオイトトンボ　*Indolestes boninensis*
オグマサナエ　*Trigomphus ogumai*
ヒロシマサナエ　*Davidius moiwanus sawanoi*
ネアカヨシヤンマ　*Aeschnophlebia anisoptera*
アサトカラスヤンマ　*Chlorogomphus brunneus keramensis*
ハネビロエゾトンボ　*Somatochlora clavata*
シマアカネ　*Boninthemis insularis*
ベッコウトンボ　*Libellula angelina*
ミヤジマトンボ　*Orthetrum poecilops miyajimaense*
ナニワトンボ　*Sympetrum gracile*
オオキトンボ　*Sympetrum uniforme*

非翅目（ガロアムシ目）

イシイムシ　*Galloisiana notabilis*

直翅目（バッタ目）

オキナワキリギリス　*Gampsocleis ryukyuensis*

襀翅目（カワゲラ目）

コカワゲラ　*Miniperla japonica*

半翅目（カメムシ目）

イシガキニイニイ　*Platypleura albivannata*
チョウセンケナガニイニイ　*Suisha coreana*
フクロクヨコバイ　*Glossocratus fukuroki*
シオアメンボ　*Asclepios shiranui*
オヨギカタビロアメンボ　*Xiphovelia japonica*
タガメ　*Lethocerus deyrolli*
トゲナベブタムシ　*Aphelocheirus nawae*
ズイムシハナカメムシ　*Euspudaeus benefices*
オオサシガメ　*Triatoma rubrofasciata*
フサヒゲサシガメ　*Ptilocerus immitis*

モートンイトトンボ
Mortonagrion selenion

準絶滅危惧（NT）　蜻蛉目（トンボ目）　イトトンボ科

- ●体　　長　25〜28mm
- ●分　　布　北海道南部・本州・四国・九州
- ●生息環境　平地や丘陵地の湿地や休耕田
- ●発 生 期　4〜8月
- ●減少の原因　埋立て・湿地の乾燥化・水辺の整備・農薬散布

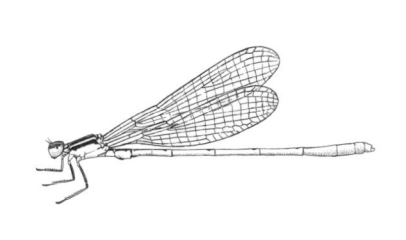

東48,100　　西4,6,94

モートンイトトンボ
（口絵写真1頁参照）

生息域地図

　モートンイトトンボはイトトンボのなかでも小型の種類で、低い草の間を飛び回るので見落としそうだが、成熟したオスは鮮やかな緑の胸に、蛍光色のような明るいオレンジ色の腹をもち、存在をアピールしている。一方メスは未成熟なうちは全身がうすいオレンジ色で、成熟すると黄緑色に変わって目立たない。和名は本種の属名*Mortonagrion*にも名を残す、イギリスのトンボ学者であるケネス・J・モートンにちなむ。

　イトトンボの仲間は、名前のように体も翅も非常に細長く、飛び方も弱々しい。素晴らしい飛行能力とスピードで大空を飛び交うアカトンボやヤンマの仲間などと比べるとあまりに違いが大きいが、それもそのはずで、イトトンボやカワトンボは均翅亜目という別のグループに属している。前翅と後翅が同じ形をしているのがその名の由来で、英語でも一般的なトンボはDragonflyと呼ばれ

るのに対し、この仲間はDamselflyと呼んで区別される。彼らは現在でも見られるトンボのなかでは最も起源が古く、2億5000万年前にはすでに地球上に現われていたほどだ。ちなみにその名前から原始的なイメージがあるムカシトンボは、より進化したグループに属する。

モートンイトトンボは、海外では朝鮮・極東ロシア・中国にも分布する東アジアの固有種である。平野から山間地にある丈の低い草が生えた日当りのよい浅い開放水面を好むので、湿原や沼地の岸辺などの湿地状になった部分、休耕田などで見られることが多い。彼らはセリなどの柔らかい茎に産卵するので、こうした湿生植物が生える環境でないと生息できないのだ。

しかし彼らの好む環境はいずれも変化しやすい。そもそも湿原とは、池が枯れた植物などの堆積物で埋まり、陸地へと姿を変えていく途中の環境である。乾燥が進んでより丈の高い植物が侵入し、やがては木も生えはじめて森林へと遷移してゆけば、生息できなくなるのは当然だろう。

広大な湿地が現在でも見られる大陸にすむものとは違い、かつての日本での本種は、洪水の後などにできた平地の湿地を渡り歩くようにしてくらしていたのかもしれない。それを裏づけるように、近年増加が著しい丘陵地の休耕田では、一時的に発生がくり返される例も見られ、乾燥化が進んでヨシなどが茂るようになると姿を消してしまう。

だがモートンイトトンボにとって最も脅威なのは、生息環境が不安定なことではない。平野や丘陵地の開発が進んだことにより、湿原や池が埋立てなどで根こそぎ消えつつあるのだ。残っていてもコンクリートなどで護岸工事を施されてしまえば、岸辺の湿地状の環境は失われる。さらに汚れた水には比較的強い彼らでも、農薬散布にはひとたまりもないだろう。

この結果、現在では平野部から次々と姿を消しつつあり、愛知県ではかつての生息域の約半分が失われ、山間地の限られた場所でしか見られなくなった。香川県のように近年は全く生息が確認されない地方も増えている。

こうした湿地を生息環境とする生物はモートンイトトンボばかりでなく、昆虫ではヒメヒカゲ（214頁）やハッチョウトンボ、両生類の止水性サンショウウオ、さらにはモウセンゴケのような特有の植物も少なくない。

最近になってその価値がようやく評価されるようになっては来たものの、湿地に対する開発の圧力や環境の悪化は相変わらずだ。ましてや休耕田が生物の貴重な生息地であるという認識は全く不足している。人々がそれに気づくまで、彼らが生き延びられるという保証はあるだろうか。

ヒヌマイトトンボ
Mortonagrion hirosei

絶滅危惧Ⅰ類(CR＋EN)　蜻蛉目(トンボ目)　イトトンボ科

- ●体　　　長　28〜29mm　　　　　　　　　東78,136　　西4,10,48,78
- ●分　　　布　宮城〜大阪・福井〜兵庫・山口県・対馬の沿岸
- ●生息環境　汽水域の河口・河川敷のヨシ原
- ●発　生　期　5月〜9月
- ●減少の原因　河川改修・水質汚染

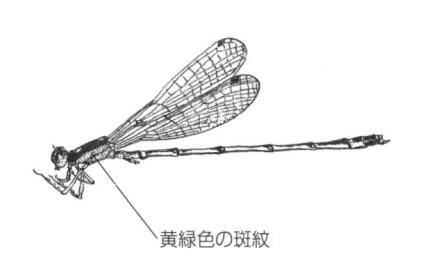

黄緑色の斑紋

ヒヌマイトトンボ♂
(口絵写真1頁参照)

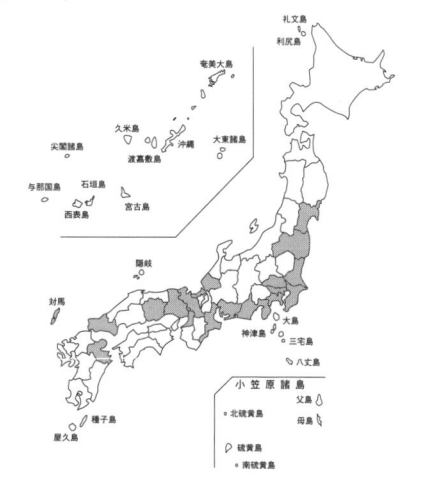

生息域地図

　ヒヌマイトトンボは、小型で腹の細いイトトンボの仲間だ。オスは黒い胸部に鮮やかな黄緑色の斑紋が目立つが、メスは全身にくすんだ褐色で地味な姿をしている。

　ヒヌマイトトンボの名は、1971年にこのトンボが初めて発見された、茨城県水戸市近郊の涸沼にちなんでいる。学名の種小名*hirosei*も、発見者の一人であるトンボ研究科・廣瀬誠氏の功績を記念して名付けられたものだ。当時はすでに、日本本土のトンボ相についてはほぼ掌握されており、まさか新種のトンボが発見されるとは、研究者たちも予想していなかった。そのため昆虫界では大きなニュースとなり、翌年学会に発表された時も、論文には「日本から最後のトンボの新種？」という、センセーショナルな題がついたほどだ。

　しかし研究者たちを驚かせたのはこれだけではなかった。このトンボの幼虫

が棲んでいたのは、川の水と海の水が混ざりあう「汽水域」である。こうした環境に生息しているトンボは、日本ではミヤジマトンボ（絶滅危惧Ⅰ類）しか知られていなかった。ヒヌマイトトンボは、生態的にも非常に珍しい存在だったのだ。

　こうした特殊性や、絶滅危惧種Ⅰ類というカテゴリーから、いかにも「珍種」に見えるヒヌマイトトンボだが、彼らの生息域はそんなイメージをくつがえしてしまう。なにしろ、周囲に工場や住宅が密集する大都市の川の河口からも見つかっているのだ。生息地は泥がたまった湿地で、背丈を越すヨシにおおわれ、陸地から水ぎわに近づくには一苦労する場所である。ヒヌマイトトンボの成虫は、こうした湿地に密生したヨシの根元を飛びまわり、そこから外へはほとんど出てこない。なかなか発見されなかった理由の一つも、このような生態にあるのだろう。メスはヨシの茎の中に卵を産み、かえった幼虫は水中で冬を越して、翌年の夏に成虫になる。

　このトンボが危機的状況にある最大の原因は、生息地が川の下流から河口に集中し、人間の経済活動域と重なっているためだ。水質汚染で幼虫がダメージを受けやすいうえ、埋め立てや河川改修などの工事で、生息環境のヨシ原が根こそぎ消えてしまう危険性も少なくない。実際、現在までに確認された11都府県の生息地のうち、すでに数カ所では絶滅しており、残りのほとんども今後の生息が危ぶまれるような場所ばかりだ。発見地の涸沼でさえ、護岸工事が進んだために、わずかに残されたヨシ原で細々と生息しているに過ぎない。

　ヒヌマイトトンボの保全策として考えられるのは、とにかく生息域を破壊しない事につきるだろう。最近では、長年にわたって川をコンクリートで固めてきた河川管理のあり方が見直され、国土交通省なども生物に配慮した工法で河川改修を行うように、方針を転換しつつある。首都圏を流れる江戸川などの例では、河川改修の予定地にこのトンボが生息することが分かったため、設計を変更したり、ヨシ原を造成して生息地を拡大したり、代替生息地へ移植したりといった対策が考えられているという。こうした対策は「ミティゲーション」とよばれ、すでにアメリカでは、大規模な開発を行う場合には義務となっている。これをいち早く取り入れた姿勢は評価できるものの、本来非常にデリケートな環境に依存しているヒヌマイトトンボの生息が、こうした方法によって将来にわたってまで保証されるかどうかは、まだ分かっていない。なによりもミティゲーションが、今後の生息地破壊の免罪符とされてしまっては、本末転倒だろう。

イトトンボ科　ヒヌマイトトンボ

アオナガイトトンボ
Pseudagrion microcephalum

絶滅危惧Ⅰ類(CR+EN)　蜻蛉目(蜻蛉目)　イトトンボ科

- 体　　長　37～39mm
- 分　　布　沖縄・八重山諸島の与那国島
- 生息環境　薄暗い環境の清流
- 発 生 期　3～11月
- 減少の原因　河川改修・森林伐採・水質汚染

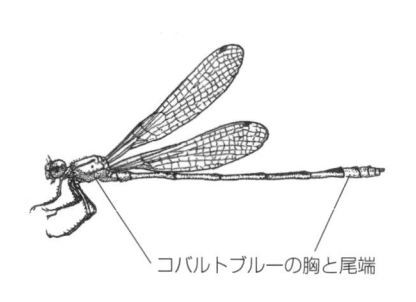

西146

コバルトブルーの胸と尾端

アオナガイトトンボ♂
(口絵写真1頁参照)

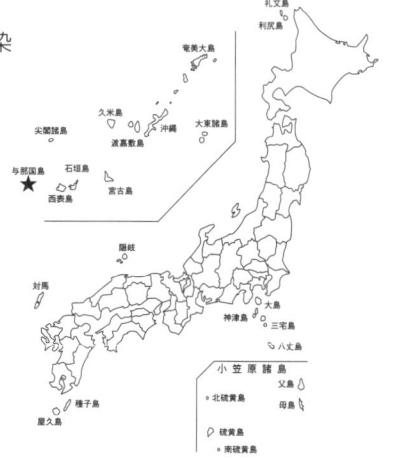

生息域地図

　アオナガイトトンボは、イトトンボ科のなかでは大型の種類で、オスはコバルトブルーの体がよく目立つ。一方メスは、多くのトンボに見られるようにオスより地味で、くすんだ褐色だ。日本のイトトンボの仲間の多くは、幼虫が池やゆるやかな流れでくらしており、この種のように清流を好むものは珍しい。

　このトンボの生息地は、国内では八重山諸島の与那国島だけに限られている。しかし海外に目を向けると、南は東南アジアからオーストラリア、西はインドに至るまでと、非常に広い地域に分布する普通種だ。だからといって、このトンボが貴重ではないということではない。かえって、最北限の生息地に当たる与那国島が、東南アジアともつながりがあることを証明する、たいへん重要な存在と言えるのである。

　与那国島は、周囲28Kmの小さな島で、日本の最西端としても有名だ。よく

晴れた日には110kmしか離れていない台湾の島影も見ることができるという。海底が隆起してできた島なので、全体がサンゴが堆積してできた石灰岩におおわれているが、島の中心部の山地にはイタジイなどの常緑樹林がよく残っている。こうした保水力のある森があるせいか、水田や湿地帯もあちこちに見られ、与那国島の水環境は意外なほど豊かだ。アオナガイトトンボがすみ着けるような清流が保たれているのも、豊かな水のおかげだろう。

　しかし最近では、農地の拡大とともに森が伐採され、保水力が低下して沢の水量が減ったり、流れ出た土砂や農薬で水質が悪化している例も少なくない。さらに、公園化・環境美化を目的とした生息地をおおう木の伐採で暗い環境が減少した。移動力の低いアオナガイトトンボにとって、こうした生息環境の変化は致命的だ。国内唯一の生息地を守るために、早急な対策が望まれる。

　与那国島の生物には、他の島には見られない特徴がある。琉球の多くの島にすむハブの仲間がいないことなどは一つの例だ。また、この島でしか見られない固有種の数が非常に多い。昆虫だけでも、青くメタリックに輝くノブオオオアオコメツキ（準絶滅危惧）や、フィリピンとの関連が強いと考えられるヨナグニアカアシカタゾウムシなど、18種もが見つかっている。他の島と共通種の場合でも、ヨナグニマルバネクワガタ（122頁）に見られるように、与那国島では固有の特徴を持つ「亜種」になっている例が少なくない。

　これらの理由を考えるには、奄美から八重山に連なる琉球列島の成り立ちを知る必要があるだろう。1000万年という長い歴史の間に、これらの島々は海に沈んだり隆起したりをくり返した。このうち奄美大島や沖縄本島、石垣島、西表島といった高い山のある島は、完全に水没することを免れたために、アマミノクロウサギやイリオモテヤマネコ、ヤンバルクイナといった「生きた化石」ともいわれる生物が生き残っている。

　与那国島の場合、最高峰の宇良部岳でも標高は231mに過ぎないため、水没していた時代が長いらしく、こうした古い時代の生物はいない。だが、新たにそこにたどり着いた生物にとっては、競争相手が少ない新天地でもあるわけだ。さらには島の環境に適応して、固有の種や亜種に進化することもあっただろう。こうしたさまざまな条件がからみ合って、この島独特の生物たちが生み出されたに違いない。

　この島は、台風などによって南の国から運ばれてくる「迷チョウ」がよく見つかる場所としても有名である。ひょっとすると島の生物リストには、今でも新たな種類が加わっているのかもしれない。

イトトンボ科　オオナガイトトンボ

オオモノサシトンボ
Copera tokyoensis

絶滅危惧Ⅰ類（CR+EN）　蜻蛉目（トンボ目）　モノサシトンボ科

- ●体　　長　48mm
- ●分　　布　利根川水系・信濃川水系の下流、宮城県
- ●生息環境　平地のヨシ・マコモの多い池や沼
- ●発生期　5〜9月
- ●減少の原因　埋め立て・水際の整備・水質汚染・移入魚による食害

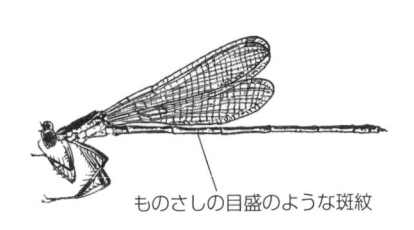

園76,80

ものさしの目盛のような斑紋

オオモノサシトンボ♂
（口絵写真1頁参照）

生息域地図

　モノサシトンボ科は、イトトンボの仲間では大型のグループである。腹の節ごとにリングをはめたような紋があり、これをものさしの目盛りに見立てて名づけられた。オオモノサシトンボは、普通種であるモノサシトンボによく似ているが、より大型で黒っぽいのが特徴だ。

　学名の種小名に*tokyoensis*とある通り、オオモノサシトンボが発見されたのは東京都葛飾区で、1936年のことである。意外に思われるかもしれないが、東京で発見され、名前に「トウキョウ」とつく生物は少なくない。昆虫では、トウキョウヒメハンミョウ、トウキョウトラカミキリなどが有名で、他の生物でもトウキョウダルマガエル、トウキョウサンショウウオなどが知られている。これはかつての東京が、近郊で新種の生物を発見できるほど、自然が豊かだったことを表しているのだろう。

このトンボが生息しているのは、川が流れを変えた跡などにできた「河跡湖」と呼ばれる池や沼だ。これらは、かつて大きな川がたびたび洪水を起こしたような平地にしか見られない。生息地のほとんどが、日本有数の大河の下流であり、海外では中国の揚子江下流に分布するというのもうなずける。
　このトンボは、こうした池や沼のなかでも、ヨシやマコモがよく茂り、まわりに木立があるような、やや暗い環境を好む。モノサシトンボも似たような環境を好むが、こちらが分布しているのは北海道から九州までとずっと広く、一部の地域を除いてオオモノサシトンボとはすみ分けているようだ。
　最初の発見地である水元公園は、もともとは「小合溜（こあいだめ）」とよばれ、江戸時代に古利根川の跡を利用して作られた、いわば人工河跡湖の周囲に広がった湿地帯である。東京のような大都市周辺に、こうした環境が残っていることはたいへん貴重で、この公園のキャッチフレーズも「都内唯一の水郷」とうたわれるほどだ。園内には縦横に水路が延びてヨシやマコモが茂り、アサザやオニバスといった貴重な植物も自生している。オオモノサシトンボも細々ではあるものの、まだ生息しているのはうれしい限りだ。
　このトンボが減っている原因は、分布が限られているうえに、人間の活動の影響が及びやすい平地の池を生息地にしていることがあげられる。このような環境は古くから埋め立てが進み、残されていたとしてもヨシやマコモが刈り取られ、コンクリートで護岸工事がされてしまう場合が多い。また、周囲の水田や宅地から農薬や排水などが流れ込みやすいので、水質も悪化しがちだ。オオモノサシトンボの幼虫は、もともとそれほどきれいな水を好まないものの、化学物質にはひとたまりもない。
　さらに最近の釣りブームで、こうした池が釣り堀化している例も多く、まき餌が汚染に拍車をかけているという話も聞く。しかしそれ以上に懸念されるのは、ブラックバスなど外来の肉食魚の密放流である。彼らの食べる水生昆虫の量は相当なうえ、一度放流されてしまったものを根絶するのは、非常に難しい。これらの原因ですでに生息地の約80％が失なわれているという。
　オオモノサシトンボの保全には、残り少ない生息地の破壊や汚染を防ぐとともに、外来魚対策も必要だ。一部の生息地では市民団体による保全活動が行われているが、行政側の対策も望まれる。治水によって川が氾濫することもなくなり、河跡湖が生まれる可能性が限りなくゼロに近づいた現代では、オオモノサシトンボのための新天地など、どこにもないのだから。

オガサワラアオイトトンボ

Indolestes boninensis

絶滅危惧Ⅰ類(CR+EN)　蜻蛉目(トンボ目)　アオイトトンボ科

- ●体　　長　46mm
- ●分　　布　小笠原諸島の弟島
- ●生息環境　池や貯水池・渓流のたまり部分
- ●発 生 期　通年
- ●減少の原因　水量の減少・移入生物による食害

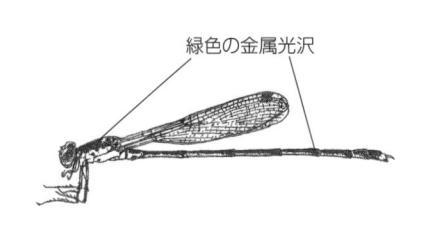

緑色の金属光沢

オガサワラアオイトトンボ 　　　　　　　　　　生息域地図

　オガサワラアオイトトンボは小笠原諸島の固有種で、胸と腹の背面には、日本のアオイトトンボ科の多くに共通して見られるような、緑色に輝く金属光沢がある。このためイトトンボの仲間と見間違える心配は少ないが、それ以前に姿を見ることができれば、たいへんな幸運と言っていいだろう。なにしろこのトンボは、現在日本のトンボのなかで、最も絶滅が心配されている種類なのだ。生息地は地球上でただ一カ所、周囲10Kmほどの無人島・弟島である。かつては兄島や父島にも記録はあるが、1980年代以降まったく見つかっていない。

　彼らは周囲が木でおおわれた薄暗い池を好み、水の上にのびたモモタマナなどの葉に卵を産むという変わった習性がある。かえったヤゴはそのまま下の池へ落ちて、水中で成長する。

　弟島は、戦前には人が住んでいたが、戦後アメリカが小笠原諸島を統治して

からは無人島となった。日本への復帰後も、人があまり立ち入らず、かなり自然が回復しているようだ。父島などでは姿を消した植物も残っているので、貴重な場所といえるだろう。固有種のトンボがすべて見られる唯一の島でもある。

別項でも紹介したように、もともと「大洋島」である小笠原諸島は、まさに固有種の宝庫だった。植物では、3メートルもの木になるキク科のワダンノキやキキョウ科のオオハマギキョウ、美しいムニンノボタンなど、その40%が固有種。鳥では世界に近縁のものが見当たらないともいわれる固有種のメグロの他、陸鳥のほとんどが固有亜種だ。環境の違いによって多くの種類に分化したと考えられるカタツムリに至っては、固有種率は90%にも及ぶ。そのかわり、海を越えて移動できるコウモリ以外、哺乳類は1種類もいなかった。

しかし、19世紀初めころから白人、ハワイ人、やや遅れて日本人の入植が始まると、こうした本来の自然は大きく姿を変えることになる。固有種のオガサワラグワなどの原生林は、次々と切り倒されて農地に変えられていったのだ。この結果、開拓が始まって100年もたたないうちに、鳥ではオガサワラカラスバト、オガサワラマシコ、オガサワラガビチョウ、哺乳類ではオガサワラアブラコウモリの4種の固有種が絶滅してしまった。ちなみに、これだけ短い期間に、これだけ多くの生物が絶滅した地域は、日本には他にない。

また、開拓者によって持ちこまれた外来の生物が、島の生物に大きなダメージを与えたことも軽視できない。なかでも野生化したヤギ（ノヤギ）は植物を食い荒らし、島によっては森がすっかり無くなって、赤土がむき出しになってしまったところもある。当然そこに生息していた昆虫の多くは、エサやすみかを失っていなくなってしまったに違いない。さらに土地が保水力を失えば池や沢も干上がり、トンボも姿を消しただろう。オガサワラアオイトトンボが絶滅寸前になっているのも、長年にわたるこうした自然破壊の結果なのだ。

訪れる観光客の目からは、すばらしい自然が残っているかに見える小笠原の島々も、実際には危機的状況にある。しかし、地球上で類を見ない生物がすむ貴重な島であることは、現在も変わりはない。小笠原諸島の固有生物の率は、同じ大洋島であるガラパゴス諸島と比べてもひけをとらないといわれ、「東洋のガラパゴス」と呼ぶ研究者もいるほどだ。世界遺産の候補になったのもこうした価値が評価されたためで、景観についてではない。こうした評価を広く一般にも知らせることも、多くの固有生物を絶滅から救うための力になるのではないだろうか。もっとも、あまり時間は残されていないかもしれないが。

アオイトトンボ科　オガサワラアオイトトンボ

オグマサナエ
Trigomphus ogumai

絶滅危惧Ⅱ類(VU)　蜻蛉目(トンボ目)　サナエトンボ科

- ●体　　長　47〜50mm
- ●分　　布　中部以西の本州・四国(徳島県)・九州
- ●生息環境　平地や丘陵地の池沼・水田
- ●発 生 期　4〜6月
- ●減少の原因　埋立て・水際の整備・水質汚染・移入種による食害

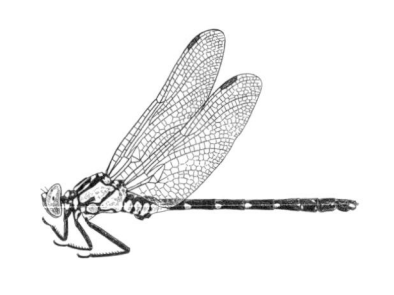

園148

オグマサナエ
(口絵写真2頁参照)

生息域地図

　トンボと言うと夏や秋のイメージが強いようだが、実際には春先から姿を見せる種類もかなり多い。オツネントンボのような成虫で越冬する種類はもちろん、関東近辺では4月に入ればシオヤトンボが現われるし、カワトンボ類やヨツボシトンボなどもゴールデンウィークには顔を揃える。

　サナエトンボも春から初夏にかけて発生するものが多いグループで、その名の通り水田に早苗が育つ時期にもよく見られる。日本からは27種が知られ、コサナエのようにアキアカネと同じくらい小さなものから、誤ってヤンマと名づけられたほど大型のコオニヤンマ・ウチワヤンマまで、大きさはさまざまだ。生息環境も、渓流を好むダビドサナエ、湿地にすむタベサナエ、下流まで流れ下って羽化した成虫が再び上流へと戻るオジロサナエ、大きな川の河口や汽水湖でも見られるナゴヤサナエ(準絶滅危惧)など、多様性に富む。

オグマサナエは、いち早く4月上旬には姿を現わす日本固有種で、西日本では春を告げるトンボとして親しまれている。そのかわり発生期は短く、6月に入ればほとんど見られない。彼らが好む生息環境は、平地や丘陵地にある水草の多い開けた沼やため池だ。幼虫は尾の先が長く伸びた奇妙な姿で、これを突き出して水底の泥の中にもぐっており、成虫になるには2年ほどかかる。

　同じような環境には、近縁のフタスジサナエ（準絶滅危惧）やコサナエをはじめ、ギンヤンマ・トラフトンボ・ショウジョウトンボ・シオカラトンボといった多様なトンボが見られるばかりでなく、ゲンゴロウの仲間や水生カメムシ、さらには稀少な魚であるタナゴ類なども生息している例が少なくない。多くの生物を支えている貴重な存在と言えるだろう。

　ところが近年、オグマサナエは各地で減少する傾向にある。長野・石川・徳島・長崎・鹿児島の各県では、県別RDBに絶滅危惧Ⅰ類として掲載され、前回は情報不足（DD）ですらなかった環境省のレッドリストでも、いきなり絶滅危惧Ⅱ類にランクされるようになってしまった。

　これにはいくつかの原因が考えられるが、これらはオグマサナエだけではなく、同様の環境にすむ生物すべてに影響を与えているに違いない。

　まずあげられるのは、生息地が根こそぎ失われてしまうことである。西日本には水利の悪い地域が多く、かつて沼やため池の多くは水田に水を供給するために使われてきた。しかし灌漑（かんがい）技術が発達し水田の宅地化も進んだ結果、これらの多くは無用の長物として埋め立てられてしまう例が増えている。

　また、池沼そのものは残されたとしても、耐震性や管理のしやすさを重視して岸辺がシートやコンクリートで固められ、水草はすべて取り除かれて、とても水生生物がすめる環境ではなくなった場所も各地に見られる。

　さらに周辺の宅地化が進み、生活排水が流れ込んで水質が極端に悪化すれば、汚染に強いごくわずかな種類しか生きていくことはできない。かつてほどではなくなったものの、農薬の過剰散布の影響もまだまだ大きい。

　近年深刻なのは、アメリカザリガニや釣り人によって密放流されたブラックバス、ブルーギルなどの移入種による食害で、多くの地域で水生生物が絶滅へと追い込まれている。ほとんどの池沼にこうした魚が放たれているのは、Webサイトに掲載されている釣り情報を見ても明らかだ。ようやく2004年に外来生物法が施行され、放流などが規制されたものの、すでに日本全国に広がってしまったことを考えると、遅きに失した感もある。

　オグマサナエはいつまで春を告げるトンボでいられるだろうか。

ヒロシマサナエ
Davidius moiwanus sawanoi

準絶滅危惧（NT）　蜻蛉目（トンボ目）　サナエトンボ科

- ●体　　長　40～46mm
- ●分　　布　広島・鳥取・岡山県
- ●生息環境　小川の流れる日当たりの良い湿原
- ●発 生 期　5～7月
- ●減少の原因　埋立て・湿地の乾燥化

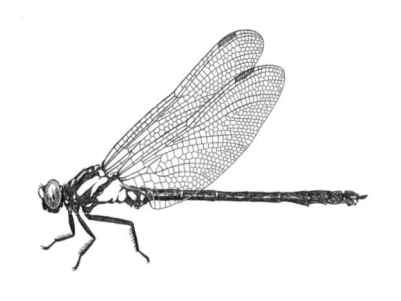

西6

ヒロシマサナエ
（口絵写真2頁参照）

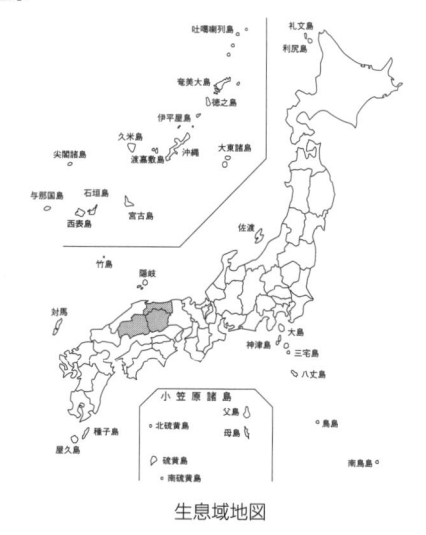

生息域地図

　ヒロシマサナエは、日本のサナエトンボのなかで最も生息範囲が狭い種類である。今でこそ中国山地の広島・鳥取・岡山の県境に点在する湿原で見つかっているが、最初に発見された島根県出雲市の産地が開発で失われてしばらくは、広島県芸北地方の八幡（やわた）高原にしか生息しないと考えられていた。

　彼らほどではないにしても、琵琶湖淀川水系だけにすむオオサカサナエ（準絶滅危惧）や、南西諸島で島ごとに種分化している固有種など、サナエトンボの仲間には分布が限られる種類が少なくない。北海道から九州まで普遍的に見られるのは、ホンサナエとコオニヤンマだけだ。

　また、いくつかの種類では亜種が分化している。ヒロシマサナエも北海道から中部地方に分布するモイワサナエ*D.m.moiwanus*の西中国地方亜種であり、北陸～東中国地方にはもう一つの亜種・ヒラサナエ*D.m.taruii*がすむ。

サナエトンボは、日本列島の多様な気候と水環境に適応して種分化し、栄えているグループと言えるだろう。ただし互いによく似ているうえに個体変異が大きく、種の同定が難しいものも多い。
　ヒロシマサナエの多産地として知られる八幡高原は、まとまったブナ林の残る臥竜山（がりゅうさん）（1223m）の北側に位置し、周辺は中国山地のなかでもとくに自然度が高い地域として知られている。標高約800mの高原は10000年前までは湖だったが、寒冷地のため枯れた植物が水中に堆積して、現在見られるような中間湿原が発達した。ちなみに、ここは日本の中間湿原の南限にあたる。
　ヒロシマサナエの基亜種であるモイワサナエは、その名が札幌の藻岩山に由来することから分るように、北方系の日本固有種だ。北海道では平地にも見られるが、本州では山地に分布し数も生息地も少ない。もう一つの亜種であるヒラサナエの生息地も、山地の分水嶺にあるような湿原に限られる。
　おそらく現在より寒冷な時代に、南へと分布を伸ばしたモイワサナエの祖先が、気候が暖かくなるにつれ水温の低い小川の流れる山地の湿原という冷涼な環境へと逃げ込み、そこでヒロシマサナエやヒラサナエという亜種へと進化したのだろう。八幡高原を流れる川に生息するイワナの一種・ゴギ（絶滅危惧Ⅱ類）も氷河期の遺存種と考えられている。
　この湿原にはヒロシマサナエだけではなく、グンバイトンボやヒメシジミ（いずれも準絶滅危惧）、ゴマシジミ（192頁）といった稀少な昆虫が生息し、カスミサンショウウオ（絶滅危惧Ⅱ類）の繁殖地でもある。多くの観光客が訪れるカキツバタの大群落をはじめ、湿地性の植物も豊富だ。
　しかし戦後は、周辺でスキー場や農地の開発が進み、霧ヶ谷湿原などでは排水して乾燥させ牧場とする事業も進められた。生物のなかにはヒョウモンモドキ（絶滅危惧Ⅰ類）のように姿を消してしまったものもいる。
　ようやく最近になってその価値が再認識され、排水路の埋め戻しや移入植物の除去をはじめとする「八幡原湿原再生事業」がスタートした。こうした自然環境の復元再生への取り組みは、全国的にも広がりつつあるが、まだ方法論が確立しているわけではなく、すべての事業者が正しく理解しているかという点でも疑問が残る。形を変えた公共事業として新たな環境破壊を招かぬよう、注視する必要があるだろう。
　2009年には、全国的に激減しつつある草原の環境保全に携わる団体が八幡高原に集まり、「草原サミット」が開催された。ヒロシマサナエの将来にも、彼らの今後の活動が大きく関わってくるに違いない。

サナエトンボ科　ヒロシマサナエ

ネアカヨシヤンマ
Aeschnophlebia anisoptera

準絶滅危惧(NT)　蜻蛉目(トンボ目)　ヤンマ科

- ●体　　長　78～83mm
- ●分　　布　関東以西の本州・四国・九州
- ●生息環境　平地や丘陵地のヨシなどが茂った沼
- ●発生期　6～9月
- ●減少の原因　埋立て・水際の整備・水質汚染・遷移の進行・移入種による食害

東12　西34,94,104,112,120

ネアカヨシヤンマ
(口絵写真2頁参照)

生息域地図

　ネアカヨシヤンマという名前は何に由来するのか分りにくいが、別に彼らの性格を表わすわけではなく、「翅の付け根が赤くヨシ原にすむヤンマ」という意味だ。その名の通りヨシやマコモが生えた開けた沼地などを好み、草丈の高い茂みの間を縫うように飛びまわる。

　彼らを特徴づけているのはその食性で、カなどを捕えるのはもちろんだが、驚くことに網を張ったクモも獲物にしている。クモは昆虫をエサにすることで繁栄した生物と考えられ、狩人バチのように毒針で麻酔したクモを幼虫のエサとする例はあるものの、トンボにとっても天敵として脅威のはずだ。

　しかしネアカヨシヤンマは、オニグモやナガコガネグモのような大型の造網性の種類さえものともせず、網に突進して体当たりし、クモが驚いて逃げるところを捕えてしまう。同属で全身が美しい緑色をしたアオヤンマにも似た習性

があり、この2種が混生している生息地もある。

　ネアカヨシヤンマは黄昏飛翔性が強い。これは日没前後の時間帯に、群れとなって池沼や湿地の上を高く飛び交いながら、カなどを捕えるという習性である。高度経済成長期くらいまでは、東京や大阪などの都市の住宅地でも、近くに池さえあればギンヤンマが群飛する光景が珍しくなかった。

　丘陵地ではネアカヨシヤンマに加えて、大型のヤブヤンマや青い複眼が美しいマルタンヤンマが夕空を入り乱れる様は壮観だ。こうしたトンボは昼間は木陰などで休んでおり、夕方になって気温が下がると活動を開始する。そのため彼らの生息には林の存在も欠かせない。

　特殊な食性や生息地の選り好みが強いせいか、ネアカヨシヤンマの分布は限られていて、しかも全国的に減少しつつある。2007年のRDBの見直しで新たに準絶滅危惧にカテゴライズされたのも、その傾向がますます顕著になっていることの表れだろう。静岡県・桶ヶ谷沼や大分県・野依新池のように、有名なベッコウトンボ（42頁）と同じ生息地に見られる例が多いが、これは生息環境が共通しているためらしい。

　減少の原因も同じように、池の植生の遷移が進んで次第に陸地化して行く環境のため、やがてはヨシなどが茂り過ぎて生息できなくなるとも考えられる。さらに本種の場合は、水辺の草の間にもぐりこんで朽木や泥に産卵することから池の周辺に湿地も必要だが、ここもいずれは乾燥化する運命にある。

　彼らがなぜこのような移ろいやすい環境を好むかは不明だが、洪水がしばしば起きて低湿地にヨシ原が広がる「豊葦原瑞穂国（とよあしはらみずほのくに）」と呼ばれた古代日本では、ごくありふれた環境であったのかもしれない。各地に見られる休耕田などで一時的に発生をくり返す例からも、気に入った環境を渡り歩いていた習性がうかがえる。その後こうした湿地が水田に変わっても、彼らはため池などにかつてのヨシ原とよく似た環境を見出し、世代をつないできたに違いない。

　しかし、ただでさえ条件が限られる生息地も、近年では開発で埋め立てられしまったり、生活排水が流れ込んだり、残されていてもヨシなどが取り除かれ水辺がシートやコンクリートで整備されてしまう例が跡を絶たない。ブラックバスやアメリカザリガニといった移入種による食害も深刻だ。

　彼らの生息地が次々と失われていくということは、日本の国土の改造がいよいよ極限まで進み、かつての自然環境の片鱗すら消滅しつつあることを表わしている。古代日本人も見上げたであろうネアカヨシヤンマの黄昏飛翔が見られなくなるのを惜しむのは、単なるノスタルジーだけではない。

アサトカラスヤンマ
Chlorogomphus brunneus keramensis

絶滅危惧Ⅱ類(VU)　蜻蛉目(トンボ目)　オニヤンマ科

- ●体　　長　70mm
- ●分　　布　慶良間諸島の渡嘉敷島・阿嘉島
- ●生息環境　丘陵地の渓流
- ●発 生 期　5～7月
- ●減少の原因　水量の減少・水質汚染

アサトカラスヤンマ♀

生息域地図

　オニヤンマは日本最大のトンボで、ヤンマの代表のように思われがちだが、実は全く別のオニヤンマ科に属している。この科は日本からはわずか4種が知られており、日本本土で普通に見られるのはオニヤンマだけだ。ミナミヤンマなどその他の種類は、琉球列島を中心とした南の地方でなければ出会うことができない。

　アサトカラスヤンマは、四国や九州の南部から沖縄本島に分布するミナミヤンマのなかで、慶良間諸島だけにすんでいる亜種だ。カラスヤンマの名の通り、このトンボのメスの翅は濃い褐色をしていて、飛んでいるところを下から見上げると真っ黒に見える。すぐ隣の沖縄本島北部には、ミナミヤンマの別の亜種・カラスヤンマがすんでいて、やはり黒っぽい翅をもっているものの、こちらは後翅の先半分の色がやや薄い。

琉球諸島には、オキナワミナミヤンマ（準絶滅危惧）、イリオモテミナミヤンマといったオニヤンマ科のトンボがすんでいるが、いずれもメスの翅には褐色の縁取りがある程度なので、両カラスヤンマの特異性は際立っている。ちなみに、どの種類でもオスの翅はオニヤンマのように透明か、先端がわずかに黒いだけだ。
　羽化して間もないカラスヤンマは、森の高い梢の上を、群れをなして悠々と飛んでいるところがよく見られる。なかなか下におりてこないので、竿が5m以上もある捕虫網を振り回して捕らえようとするのだが、身軽によけられてしまい、次には竿の届かない高さを飛ぶようになるため、採集はかなり難しい。
　この仲間の幼虫はオニヤンマと同様、渓流の砂のなかに潜りこみ、頭と尾の先だけを出してくらす。幼虫の期間が長く、羽化するまでに2～3年かかるらしいことも共通している。ただしオニヤンマが、水田の脇を流れている小川のような、やや汚れた環境でも生息できるのに比べ、カラスヤンマの仲間の場合は、丘陵地や山地にかけてのきれいな流れが必要だ。しかし沖縄本島のカラスヤンマの生息地では、森林伐採や林道建設が進み、雨に浸食されて流れ出た土砂によって、幼虫の生息環境が悪化しつつある。また、ダムの建設が相次いで、生息地が水没してしまうことも問題になっている。
　慶良間諸島でも、近年、砂防ダムなどの工事が進み、生息地の環境が悪化しているらしい。アサトカラスヤンマの生息範囲はせまいので、わずかな環境変化で絶滅してしまう危険性もある。実際、阿嘉島ではすでに姿を消したとも言われ、2007年のRDB見直しでは危険度が1ランク上ってしまった。十分な調査を行なって、早めに対策を講じることが必要だろう。
　慶良間諸島は、沖縄本島から西に30Kmほど離れ、大小20あまりの島々からなっている。一番大きな渡嘉敷島でも約16km^{2}と小さいわりには、注目すべき生物も多い。なかでも有名なのは、江戸時代初期に九州から連れてこられたニホンジカが野生化したといわれるケラマジカだ。隔離されて代を重ねるうちに、本土産のものより小型となり、ツノもごく短くなるという特徴が現れていて、国の天然記念物に指定されている。島にすむ生物が小型になる例は、リュウキュウイノシシなどでも知られており、食料が不安定な島の環境に適応したものと考えられるが、わずか350年ほどの間に小型化が進んだことは興味深い。
　また、起源の古い島にしか見られないヒメハブがすんでいたり、島の周囲の海ではホエールウォッチングも盛んだ。アサトカラスヤンマも、魅力ある慶良間諸島の住人として、生き永らえてほしいものである。

オニヤンマ科　アサトカラスヤンマ

ハネビロエゾトンボ
Somatochlora clavata

絶滅危惧Ⅱ類（VU）　蜻蛉目（トンボ目）　エゾトンボ科

- ●体　　　長　約54mm　　　　　　　　東68　　西42,70,86,90,94
- ●分　　　布　北海道・本州・四国・九州の限られた地域
- ●生息環境　小川の流れる湿原や湿地
- ●発 生 期　6〜9月
- ●減少の原因　埋立て・湿地の乾燥化・湧水の枯渇

ハネビロエゾトンボ
（口絵写真3頁参照）

生息域地図

　エゾトンボ科という存在は、サナエトンボを知っているくらい昆虫に詳しい人でも、すぐにイメージできないほど知名度が低いようだ。しかしこの科のオオヤマトンボなどは、市街地にある城跡の堀などでも発生していることがあるので、それほどなじみがないとは思えない。緑色の複眼や黄色と黒の斑紋がヤンマの仲間とよく似ているために、見落とされがちなのだろう。

　実際によく観察してみると、胸や腹には濃い緑色の金属光沢があるのに加え、胸部が発達したプロポーションは、運動性能の高い戦闘機のように見える。

　ヒロバネエゾトンボがその一員であるエゾトンボ属は、この科のなかでもとくに寒冷な気候を好み、北の地方や山地の湿地などで見られる種類が多い。なかにはクモマエゾトンボのように、1年の半分を雪と氷に閉ざされる北海道・大雪山系の湿原だけにすむものさえいるほどだ。

ヒロバネエゾトンボもその習性を受けついでいるのか、広い分布域をもちながら、生息地は平地や丘陵地の湿地や湿原のなかでも、水温の低い小川が流れているような環境に限られる。彼らのオスは、日陰の流れの上で空中に浮かんだようにホバリングをしながら、♀がやってくるのを待つという変わった習性をもつ。
　しかし、このトンボが2007年からレッドリストに掲載されたことからも分るように、平地や丘陵地の湿地は人間の活動域と近く、他の環境と比べても減少のスピードが突出している。その一方で、彼らの中にはよく似た条件の環境に生息地を見出し、すみついた例も少なくない。
　高度経済成長期以降、都市での労働力確保のために農作業の省力化・機械化が進むと、立地条件の悪い水田をわざわざ耕作する農家は少なくなり、国による米の減反政策がさらに拍車をかけた。こうして耕作放棄された水田には、丘陵地の谷間に湧き水を利用して作られた「谷戸田（谷津田）」も多くを占めている。不規則な形で狭いために耕耘機も使えず、水温も低く日当たりも悪いなど、手間がかかる割には収益が上がらないためだ。
　こうした休耕田は植生の遷移が進み、数年後にはミゾソバやセリ、さらにはガマやヨシに被われ、次第に乾燥化が進んで行く。しかし湿地の状態が保たれているしばらくのあいだは、水生生物にとって格好の生息地を提供してくれることになった。他の耕作地と接していないため農薬の影響がないことも幸いし地方によってはシャープゲンゴロウモドキ（84頁）やタガメ（66頁）などが、ここに逃げ込むことで絶滅を逃れたと言えるだろう。
　とくに注目すべきは。谷の奥の湧水を水源とするため水温が低いことで、ホトケドジョウ（絶滅危惧IB類）をはじめ寒冷な気候を好む生物にとっても貴重な環境だ。ヒロバネエゾトンボが新たな生息地として選んだのも、このような条件に恵まれた谷戸田の休耕田だったのである。
　しかしこうした環境も、いずれは乾燥化が進んで失われる運命にある。さらにわざわざ排水が進められて植林地になったり、丘陵ごと造成・開発されて住宅地などになってしまう例も跡を絶たない。
　その一方で最近は里山の再評価が進み、各地で市民も参加して谷戸田の復元なども行われるようになった。ただしこうした活動では、いわゆる「里山らしい」景観を重視するため、草ぼうぼうの休耕田が貴重な生物の生息地であることは軽視される例も少なくない。
　現在の谷戸田に求められている機能は、そんなノスタルジーを満足させるためだけではなく、生物保全の意義も大きいことをもっと理解すべきだろう。

シマアカネ
Boninthemis insularis

絶滅危惧Ⅱ類(VU)・天然記念物　蜻蛉目(トンボ目)　トンボ科

- 体　　長　40mm
- 分　　布　小笠原諸島
- 生息環境　森林に囲まれた川の源流や湿地
- 発 生 期　5～10月
- 減少の原因　水量の減少・治水や道路工事・移入生物による食害

シマアカネ♂
(口絵写真3頁参照)

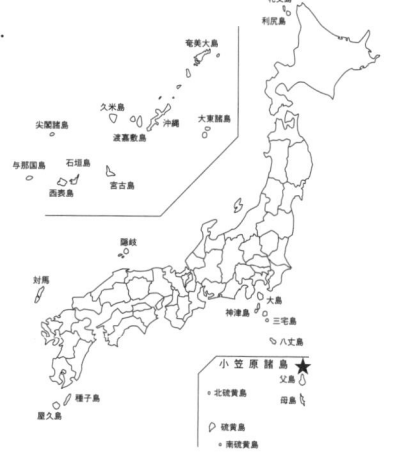

生息域地図

　赤い腹が特徴的なシマアカネは、小笠原諸島の固有種のトンボのなかでは、オガサワライトトンボに次いで数が多い。しかし、これらの島で赤いトンボを見たからといって、シマアカネと判断するには注意が必要だ。ここにはベニヒメトンボ、コモンヒメハネビロトンボ、ウミアカトンボといった「赤いトンボ」が何種類もいる。いずれも国内では産地が限られていて、なかには小笠原諸島でしか見られないものもあるが、飛行能力にすぐれ熱帯地方には広く分布している種類にすぎない。これらのトンボを見て、「シマアカネはたくさんいる」という誤った現状認識を持たれてしまうのは問題がある。実際のシマアカネは、絶滅寸前と言っても良いほど少なくなっているからだ。すでに小笠原諸島のなかでも大きい父島、母島では、ほとんど姿が見られないという。
　このトンボは、「アカネ」という名がついていることもあって、いわゆるア

カトンボの一種と思われがちだが、実は湿地や休耕田などでよく見られるハラビロトンボに近い仲間らしい。生息地も、島を流れる川の源流部や、水が湧き出してくるような湿地だ。こうした環境を左右するのは、降水量と土地の保水力である。

　小笠原諸島の年間降水量は1,250ミリと、同じように台風の常襲地帯である琉球列島と比べても、ずっと少ない。これは大陸から遠く、梅雨をもたらすモンスーンの影響が少ないためだ。琉球列島のように、梅雨前線が停滞することはほとんど無い。しかし、海を渡ってきた湿気を含んだ空気は、島にぶつかると上昇気流をうみ、雲をわかせて雨を降らせる。大洋では、島の存在自体が雨を呼ぶのだ。

　このおかげで、場所によっては樹高20m以上のシマホルトノキなどの固有の植物が茂る、鬱蒼とした森が発達した。森は水蒸気を放出するので、ますます雨が降り水は豊かになる。「小笠原気団」と呼ばれる太平洋高気圧におおわれ、降水量の少ない夏でも、保水力のある森があれば水が涸れることは無いだろう。シマアカネは、こうした水がもたらす、湿地という特殊な環境に適応してきた種類なのだ。

　しかし小笠原諸島の開拓が進むに連れ、森は次々と姿を消した。ノヤギによる食害の影響も少なくなかっただろう。その結果、土地は保水力を失い、雨が降らなければ乾ききり、降ったら一気に流れ去ってしまう傾向が強くなった。現在豊かに見える森も、一度破壊されたあとに人が持ちこんだ植物によって出来上がったもので、荒廃していることには変わりがない。

　この変化は島に降る雨にも表れているようで、戦前と比べてみても降水量は2/3に減っているという。森が荒廃して供給される水蒸気の量が減れば、雨も減ってくるのは当然だろう。こうした影響を受けて、シマアカネの生息地である湧き水や湿地は次々と涸れ、数が激減していったとも考えられる。

　さらに最近では、島の経済の振興策として森の奥にまで道路建設や治水工事が及んで、生息地はますます狭められている。また、グリーンアノールのような移入生物による食害も深刻だ。

　シマアカネをはじめ小笠原諸島固有のトンボのうち、オガサワラアオイトトンボを除く4種は、国の天然記念物にも指定されている。しかしこのままでは、そんな施策には絶滅を防ぐために何の力も無かったと、後世に悔いを残すことになる日も近いのではないだろうか。

ベッコウトンボ
Libellula angelina

絶滅危惧Ⅰ類（CR＋EN）　蜻蛉目（トンボ目）　トンボ科

- ●体　　長　37〜46mm　　　　　　　　　　東12　　西78,104,112
- ●分　　布　東北南部以南の本州・四国・九州
- ●生息環境　平地や丘陵地のヨシやマコモが茂った古い池
- ●発生期　4〜6月
- ●減少の原因　埋め立て・遷移の進行・水質汚染

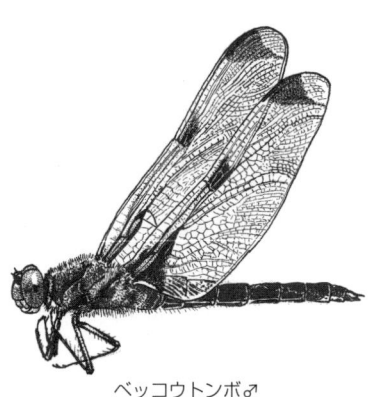

ベッコウトンボ♂
（口絵写真3頁参照）

生息域地図

　ベッコウトンボは「絶滅しそうな珍しいトンボ」としての知名度が高い。トンボとしては唯一、「種の保存法」によって捕獲が禁じられているうえ、トンボの保護区で有名な静岡県の桶ヶ谷沼に多く、活動のシンボル的な存在でもあったためか、マスコミによって知れ渡ったようだ。夏休みの昆虫採集をテーマにした、とあるコンピューターゲームでも、このトンボには非常に高い点数がついているという。しかし、ベッコウトンボの発生期は4月から6月までで、夏休みの頃にはとうに姿が見られない。おそらく「トンボ＝夏」というイメージしか持っていない、自然を知らない人間が作ったに違いない。採集禁止の昆虫の扱いに、配慮が無い点もいかがなものか。
　実際に野外で出会うベッコウトンボには、ギンヤンマやオニヤンマに見られるような、派手な色合いやスピード感はない。春の池に青く茂り始めたヨシや

マコモの枯れた残った茎の間を、目立たない姿で飛んでいる小型のトンボだ。翅に褐色の紋があり、羽化してすぐは翅や体がべっこう色なので、この名がついた。

　このトンボが注目を集めたのは、1980年代を境に、急激に全国的に姿が見られなくなったことによる。朝鮮半島や中国からも知られてはいるものの、国内で確実に見られるのは、前述の桶ヶ谷沼の他、大分・鹿児島等ごくわずかに過ぎない。これは、生息地が開発されやすい平地や丘陵地の池だったため、埋め立てられたり、農薬や生活排水による水質汚染が原因とも考えられるが、他の要素も複合的に絡んでいるようだ。

　例えば「ヨシやマコモの茂った古い池」という生息地の環境そのものが、減少の原因とも考える研究者もいる。そもそも池や沼は、出来上がってから時間が経つにつれ、枯れた植物が堆積して次第に浅くなるものだ。これに伴って生えている植物も種類が変わり、深い池ではヒシやヒツジグサといった「浮葉植物」が優先するが、浅くなるとハスやコウホネが増え、さらに岸辺近くに生えるようなヨシやマコモが多くなって、やがては陸地へと変わってゆく。こうした変化は「遷移」と呼ばれる。ベッコウトンボが好む環境は、まさに池が陸地に変わる直前の段階と言っていいだろう。「古い池」という条件はこのためだ。遷移がさらに進んで水面が植物で被われると、彼らは姿を消してしまう。生息地を維持するためには、遷移を止めなければならない。

　かつてはこの働きを人間が担っていたようだ。例えば「真菰刈る」という言葉は、万葉集の昔から使われているが、これは池や川に茂ったマコモなどを刈り取って、ムシロや牛馬のエサとして使っていたことによる。これがくり返し行われていれば、当然池の底に堆積する植物は少なくなるし、開けた水面も維持できるだろう。実際、ベッコウトンボの生息地でも、保全のためにヨシやマコモの抜き取りが行われているところもある。

　減少の原因としては、このトンボの行動範囲が狭いこともあげられている。かつてのように、ため池が一定の間隔で配置されていれば、その間で交流が行われていただろうが、現在のように孤立した生息地では、何らかの原因で一時的にトンボがいなくなっても、もはやどこからも補充することはできない。

　結局、高度経済成長期を境に日本の農業が大きく変わり、ベッコウトンボの生息地であるため池が顧みられなくなったのが、減少の根本的な原因に違いない。このトンボを保全するには、重労働に支えられた昔の農業と同じくらいに、労力と手間をかける覚悟が必要なのではないだろうか。

ミヤジマトンボ
Orthetrum poecilops miyajimaensis

絶滅危惧Ⅰ類（CR＋EN）　蜻蛉目（トンボ目）　トンボ科

- **体　　長**　47mm
- **分　　布**　瀬戸内海の宮島（広島県）
- **生息環境**　海水が流れ込む砂浜の湧水池
- **発 生 期**　6～8月
- **減少の原因**　埋め立て・湧水の減少・水質汚染

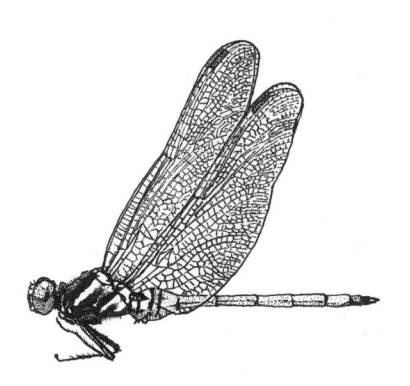

西74

ミヤジマトンボ♂
（口絵写真4頁参照）

生息域地図

　日本のトンボのなかで、ミヤジマトンボほど生息地の狭いものはいない。なにしろ、厳島神社で有名な広島県・宮島の、ごく一部の海岸でしか見つかっていないのである。このトンボが見つかったのは1936年。その翌々年には学会にも発表されたが、やがて日本は戦争に突入し、終戦前後の混乱でタイプ標本は行方不明になってしまう。また、人々は生活するのに精一杯で、トンボの研究どころではなかった。ようやく再発見されたのは、戦後10年もたった1955年のことである。

　余談になるが、戦災によって失われた貴重な標本は実に多い。なかには最初に採集された標本が失われて以降、再び見つかることがなく、その昆虫が日本に生息していたという証拠が、文献でしか残っていないものもあるほどだ。科学は戦争のたびに進歩するというが、戦火による生息地の破壊もふくめて、少

なくとも昆虫の分類学にとってはマイナスでしかないだろう。

　ミヤジマトンボはシオカラトンボに近い種類で、オスが白い粉をふいたような外見もよく似ているが、より腹が細いのが特徴だ。しかしなによりもこのトンボが特異なのは、その生息環境である。彼らのヤゴがすんでいるのは、海岸近くに湧き水によってできた水たまりで、しかも満潮のときは海水が入り込んでくるような場所に限られる。つまりミヤジマトンボは、ヒヌマイトトンボ（22頁）と同様、淡水と海水が混ざった汽水域で生活する、日本でも数少ないトンボなのだ。

　トンボに限らず、一般的に水生昆虫の多くは塩分を嫌う。従って川の河口や満潮時に海水の流れ込む水たまりといった汽水域は、水生昆虫にとっては生存空間が空いている。ミヤジマトンボやヒヌマイトトンボは、こうした環境にも耐える力を身につけることによって、他のトンボが利用できない生態的地位（ニッチ）を獲得できたのだろう。ミヤジマトンボの場合、生息地の水たまりに海水が入り込まなくなると、やがて姿を消してしまう例もあるというのが、なによりの証拠だ。

　現在もこのトンボの生息が確認されているのは、宮島のなかでも3カ所ほどだが、どこも波打ち際から50〜100mほど離れた谷間で、水たまりの周囲は高さ2mほどのヒトモトススキ（ススキとは縁遠いカヤツリグサ科の植物）が生えた湿地帯である。海外では、中国南部から知られている。

　ミヤジマトンボの絶滅が心配されているのは、こうした環境が人間の活動の影響を受けやすいためと考えられている。実際、このトンボが最初に見つかった山白浦の海岸では、海水浴場の整備のために生息地の湿地が埋め立てられ、そこにすむ個体群は絶滅してしまった。

　また、こうした開発が行われなくても、海浜でのレジャーが盛んになるに従って、生息地周辺への人の立ち入りが増え、なかにはゴミを捨てていくなどの不届き者も少なくない。さらに島の森林の荒廃や伐採によって保水力が落ち、湧水が減少する心配もある。流れ込む海水の汚染が進んでいることや、台風による環境の変化も影響があるに違いない。

　厳島神社を含めた宮島の一部は、1996年に世界遺産に登録された。しかし、貴重な点では決して劣らないミヤジマトンボの知名度は低く、宮島を紹介するインターネットのサイトでも取り上げられていない有様だ。世界的な文化遺産があったとしても、そこにすむたった1種のトンボを絶滅から救うことすらできないようでは、地元や国が文化的であるとはとても言えないだろう。

ナニワトンボ
Sympetrum gracile

絶滅危惧Ⅱ類(VU)　蜻蛉目(トンボ目)　トンボ科

- ●**体　　長**　35mm
- ●**分　　布**　東海地方以西の本州・四国
- ●**生息環境**　平地から丘陵地の周囲に木立のある池
- ●**発生期**　6～11月
- ●**減少の原因**　埋め立て・水際の整備・水質汚染・移入魚による食害

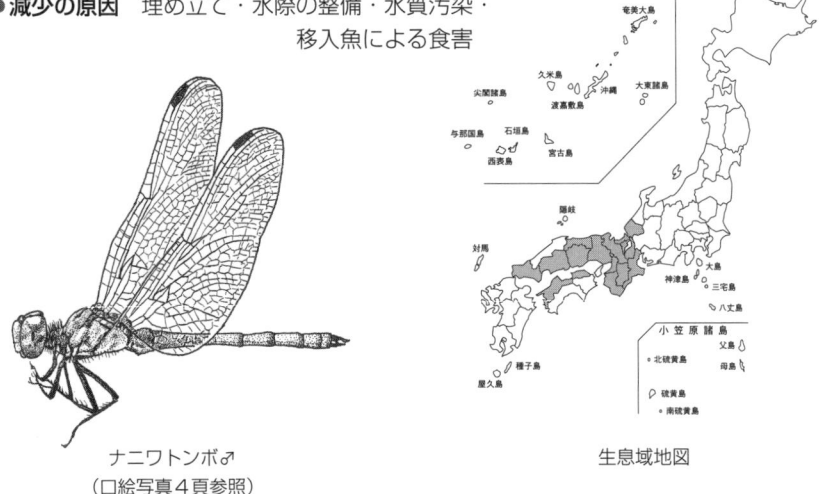

西54,84,90

ナニワトンボ♂
(口絵写真4頁参照)

生息域地図

　ナニワトンボの名は、最初に発見された大阪の「浪速」にちなんでいる。アカトンボのグループに属するが、一目でそれが分かる人は相当のトンボ通だろう。性成熟したオスは全身が青い粉をふいたようで、小型のシオカラトンボの仲間にしか見えないのだ。こんなアカトンボは、世界を探しても他にはいない。

　アカトンボの仲間(*Sympetrum*属)は日本からは21種が知られ、トンボ科のなかで1/3を占める大きなグループである。その多くは北方系で、ユーラシア大陸と共通する種類も少なくない。ただし、赤いトンボがすべてアカトンボの仲間とは限らない。オスメスともに全身がまっ赤になるショウジョウトンボや、九州から沖縄にかけて最近分布を広げているベニトンボなどは、それぞれ南方系の別のグループだ。

　ナニワトンボの生息地の多くは、西日本の平地や丘陵部によく見られるよう

な、灌漑用の浅いため池である。しかも池の周囲にアカマツ林があるような環境が望ましい。このトンボは羽化してしばらくの間は池を離れ、こうした林で暮らしてエサをとり、性成熟すると交尾・産卵のために再び池に戻ってくる。

　このように、羽化した場所から一時的に離れるトンボは珍しくない。その最も顕著な例が、一番なじみ深いアカトンボであるアキアカネだ。彼らは6月頃に平地の水田や池で成虫となるが、そこから数10km以上離れた山へと大群で移動して、秋になるまでそこで過ごす。夏の高原などで、たくさんのトンボを見かけるのは、たいていこうしたアキアカネだ。そして十分にエサをとり、オレンジ色だった体もまっ赤になって性成熟すると、再び群れを作って平地へと戻って来る。これはアキアカネが北方系のトンボで、暑い平地では過ごせないためらしい。彼らは涼しい山に避暑に来ているわけだ。よく似たナツアカネにはこうした習性はないが、彼らは亜熱帯である台湾にも分布しているので、それほど暑さには弱くないのだろう。

　同じように長距離移動をするトンボには、別の項でも紹介したウスバキトンボがあるが、このトンボの場合、羽化した場所に帰ってくることはない。彼らは北へ北へと移動を続け、途中で適当な水場を見つけて産卵すると、わずか1ヶ月ほどで成虫になって、再び北への旅を続ける。しかし日本国内で幼虫は越冬できず、すべて死んでしまうのだ。一見自滅的な移動だが、分布域を広げる意味があるとも考えられている。

　ナニワトンボについては、どこの生息地でも減少しているが、これにはため池の利用方法と深い関わりがあるらしい。かつては秋になるとため池は水を落とすことが多く、水位が下がって岸辺近くは池の底がむき出しになった。ナニワトンボはこうした地面に産卵する習性があるのだ。おそらく人間の活動が無かったころは、秋から冬の渇水期に起きる、生息地の水位低下に適応していたのだろう。雨の少ない瀬戸内地方が分布の中心なのは示唆的だ。しかし近年では、農閑期にため池の水を落とすこともなくなり、また、岸辺をコンクリートで改修してしまう例も少なくない。こうして産卵場所を失ったことが、彼らの減少の最大の原因のようだ。

　もちろんこの他にも、池自体の埋め立てや、農薬や生活排水による水質汚染、ブラックバスなどの肉食外来魚の密放流といった、止水性のトンボに共通の問題も抱えている。しかし結局は、彼らも多くの里山の昆虫と同じように、農業の形態が変わったことによって、生息地を失ったと言えるだろう。

オオキトンボ
Sympetrum uniforme

絶滅危惧Ⅰ類(CR+EN)　蜻蛉目(トンボ目)　トンボ科

- ●体　　長　47〜52mm
- ●分　　布　本州・四国北部・九州北部
- ●生息環境　平地から丘陵地の抽水植物が多い開けた池
- ●発生期　7〜11月
- ●減少の原因　埋め立て・水際の整備・水質汚染・移入魚による食害

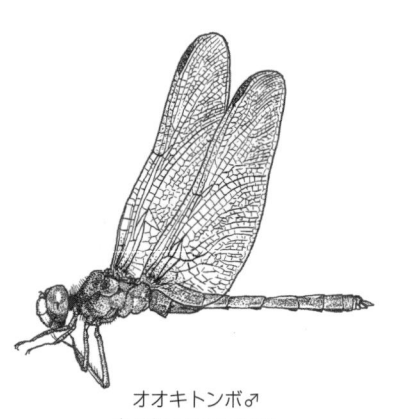

東48　西54,84,112

オオキトンボ♂
(口絵写真4頁参照)

生息域地図

　オオキトンボはその名の通り、翅も体もオレンジ色の大きなアカトンボだ。世界のアカトンボのなかでも最大といわれ、海外では朝鮮半島や中国東北部などからも知られている。
　日本のアカトンボには多くの種類があることは別の項でも述べたが、その生息環境にはいくつかのパターンがある。なかでも最も広い範囲で見られ数も多いのは、池でも水田でも繁殖できるアキアカネやナツアカネ、ノシメトンボといった種類だ。これらの種類の生活サイクルは水田の耕作パターンとうまく合っていて、秋に産みつけられた卵はそのまま冬を越し、春にかえった幼虫は田植えの前には羽化してトンボになってしまう。つまり、田植えの際に耕され、生活環境が破壊されて死んでしまうことを避けられるわけだ。なかには、水路の水たまりに生息するミヤマアカネのように、耕作の影響を免れるごく狭い環

境を見つけてくらしているものもいる。彼らは人間の活動のおかげで、生息地を大きく広げたトンボと言えるだろう。

これに比べて、マユタテアカネなど多くのアカトンボは、幼虫の時期が田植え以降になるので、水田にはすむことはできない。しかし、かつての農村では、灌漑用のため池を作ることで、彼らの生息地を保障してくれていた。特にため池、水田、雑木林がモザイクのように入り組んだ里山では、リスアカネやネキトンボのような暗い水辺を好むトンボもすみ着ける池も少なくない。さらに、池の広さやため池に生える植物によっては、浮葉植物が生えた広い池を好むキトンボ、ヨシが生えた浅い池を好むマイコアカネ、岸辺の湿地を好むヒメアカネといった具合に、環境に合ったさまざまな種類の生息を可能にした。水田ほどではないものの、彼らもまた、人間の活動にうまく適応した種類である。アカトンボはまさに、人間と自然の共生のシンボルだったのだ。

オオキトンボの場合、その生息環境は「平地から丘陵地の抽水植物が多い池」だ。現代の日本でこの条件を満たす池は非常に少なくなり、同じような環境を好むトンボの多くは絶滅の危機に瀕している。オオキトンボの生息地では、ナニワトンボやコバネアオイトトンボ（絶滅危惧Ⅱ類）など、他ではなかなか見られない種類と出会えることが多いが、これらのトンボの減少の原因も、池の埋め立てや岸辺をコンクリートで固めてしまう改修工事、農薬や生活排水による水質の汚染、ブラックバスなどの肉食外来魚による食害と、ほとんど共通している。2007年のRDB見直しによりオオキトンボが一つ上のカテゴリーになったことからも分るように、状況が進んでいるのは明らかだ。

これらの問題を解決することは、オオキトンボただ1種を救うことではなく、そこにすむ多くの種類のトンボや水生昆虫、淡水魚までを保全することになるのは、言うまでもないだろう。

しかし、こうした希少種の減少も、日本のアカトンボ相が崩壊する、単なる前兆に過ぎないのかもしれない。ため池が使われなくなってきた今、より条件の厳しい種類から次々に減少し、やがてはマユタテアカネのような普通種も姿を消さないとは断言できない。事実、近年になって水田の構造や耕作パターンが変わり、冬場に水が無い乾田になったり、田植えの時期が大幅に早まったことによって、ノシメトンボばかりが増加していると指摘する研究者もいる。

数千年に渡って続いてきたトンボと人間の関係は、生物との共生という難しいテーマにとっても示唆に富んでいる。はたしてここで断ち切ってよいものか、十分に議論する必要があるだろう。

イシイムシ
Galloisiana notabilis

絶滅危惧Ⅰ類(CR+EN)　非翅目(ガロアムシ目)　ガロアムシ科

- **体　　長**　約10mm？
- **分　　布**　長崎県道ノ尾
- **生息環境**　山地の石や落ち葉の下・洞窟？
- **発生期**　通年？
- **減少の原因**　森林の伐採・石材採掘・住宅開発？

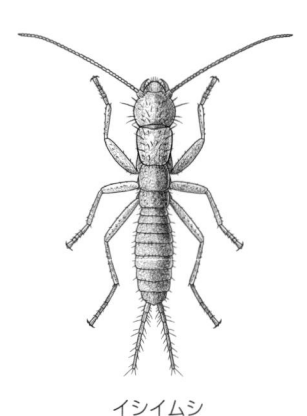

イシイムシ　　　　　　　　　　　　　生息域地図

　イシイムシは、非翅目のなかで唯一RDBに掲載されている種類だが、今までにただ一頭、しかも幼虫しか採集されておらず、実態がよく分からない昆虫である。種の特徴について、クエスチョンマークばかりが並ぶのも、ご容赦願いたい。ただし、名前の由来が、日本昆虫学会の会長を務め、多くの著書で年配の昆虫愛好家にはなじみの深い昆虫学者・石井悌にちなんでいるのは確かなようだ。

　彼は長崎県道ノ尾（現在の西臼杵郡長与町）でこれを採集し、イタリアからガロアムシを採集に来ていた昆虫学者・シルベストリに託したらしく、1927年に新種として記載されている。しかし研究者のなかには、ガロアムシの比較は成虫で行わなければ意味がなく、さらにシルベストリの記載には不備があるため、新種とは認められないという意見もある。

基準産地（新種とされる生物の最初の採集地）である道ノ尾付近は、その後に市街化が進んでおり、生息するような環境が残っているとは考えられない。結局、種としての存在も曖昧なまま、記載以降の記録がないことを根拠に、絶滅の恐れがあるとしたのだろう。

　しかし、イシイムシはともかくとしても、ガロアムシの仲間がRDBに記載されるべき昆虫であることは間違いない。生息環境が悪化している恐れがあるからだ。この虫の仲間は、日本では北海道から九州に分布し、肉食性で地中にすむ小昆虫などを襲って食べている。成虫になってもまったく翅がなく、山地の落ち葉や石の下、朽ち木の中、洞窟などの、人の目が届きにくい環境にすむ。かといって、人里離れた深山にばかりいるわけではなく、東京西部の里山でも見つかっているほどだ。ただし、高温や乾燥には非常に弱く、森林が伐採されればすぐに姿を消してしまう。また、石材などの採掘で、洞窟ごと姿を消してしまうことも考えられる。見つけにくいために、存在を知られないまま絶滅してしまうこともあり得るだろう。

　ガロアムシの仲間は1913年にカナダで発見され、新たな昆虫の目・非翅目として学会に大きな反響を呼んだ。ところが、そのわずか2年後には、フランスの外交官、E・ガロアが日光で新種を採集し、日本にも非翅目が生息することを確認した。ガロアムシの名前は、もちろん彼にちなんでいる。

　その後この仲間は、北アメリカ北西部、ロシア沿海州、朝鮮半島などで発見され、北太平洋をとりまく形で分布していることが明らかになった。こうした分布のパターンや、低温に適応した習性をもつことから、氷河期の生き残りではないかと考えられている。しかも古い時代の昆虫の特徴をそのまま残しており、たいへん貴重な存在なのだ。おまけに、日本はそのなかでも生息している種類が多い「ガロアムシ大国」である。残念なことに、昆虫愛好家の間ですら、これが広く認識されているかは疑問だが。

　ただし、ガロアムシへの関心は高まりつつあり、多くのアマチュアが参加して1978年に行われた、環境庁（当時）の「自然環境保全のための基礎資料調査」では、環境の指標となる昆虫の一つとしてガロアムシが指定され、全国レベルでの調査がされている。これをきっかけに、新たに生息が確認された地域も少なくない。今後はこうした調査結果をもとに、より積極的な保護政策が立てられるべきだろう。正体不明のイシイムシだけを、レッドリストに掲載するだけで事足れりとしているようでは、認識不足も甚だしいのだ。

オキナワキリギリス
Gampsocleis ryukyuensis

準絶滅危惧(NT)　直翅目(バッタ目)　キリギリス科

- ●**体　　長**　55～58mm
- ●**分　　布**　沖縄本島・伊江島・宮古島・伊良部島
- ●**生息環境**　林や畑の周辺のイネ科の草地
- ●**発 生 期**　6～9月
- ●**減少の原因**　草地の減少・農薬散布・移入種による食害

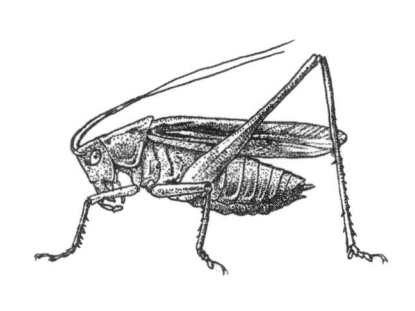

オキナワキリギリス　　　　　　　　　生息域地図

　キリギリスやコオロギといった直翅目の昆虫が、求愛や縄張り宣言のコミュニケーション手段として、鳴き声を利用しているのはよく知られている。これには翅をこすりあわせて音を出す場合が多いが、なかには腹と脚をこすり合わせたり、タップダンスのように脚を打ち付けたり、アゴや腹を振動させてものに押し付けるといった手段をとるものも少なくない。彼らは聴覚もたいへん鋭く、バッタは脇腹に、コオロギやキリギリスは前脚に鼓膜がある。これらはすみかである草むらや樹上が、視界が悪いために発達したと考えられている。

　鳴く虫というと秋の夜長という印象があるが、実際には昼間に鳴くものも多い。その代表的な種類がキリギリスで、真夏の炎天下の草むらでも「ギース・チョン」と大きな声を張り上げている。とりわけ沖縄本島から宮古島にかけて生息するオキナワキリギリスは、日本本土より一足早く梅雨明けする亜熱帯の

灼熱の太陽にも負けてはいない。この虫は1982年までは、本州から九州にかけて分布するキリギリスと同種と考えられていたが、体がひとまわり大きく翅が長いことなどから、沖縄固有の別種とされた。ちなみに北海道には、やはり翅の長い特徴をもつ大陸系のハネナガキリギリスがすんでいる。これら3種は、生態も鳴き声もよく似ているが、種分化の過程や日本への渡来ルートなどについては、まだまだナゾが多いようだ。

　オキナワキリギリスの生息環境は、本土産と同様にススキなどの丈の高い草地で、縄張りをもってくらしている点も同じだ。これは彼らが肉食の傾向がかなり強いためで、他の昆虫はもちろん、時には小型のカエルなどもえじきにしてしまう。このため、多くの個体がすむには、ある程度の広さの草地が無くてはならない。この虫の将来が心配されているのも、こうした環境が少なくなってきているためだ。

　これには、市街地化などの開発にも大きな原因があるが、沖縄の農業事情の変化も影響しているようだ。かつての沖縄の農業といえば、サトウキビとパイナップル栽培が中心だった。これは、土壌が酸性で作物が限られるうえ、灌漑施設があまり整備されていなかったため、台風の時以外には夏場に干ばつが続くという理由があげられるだろう。さらにはミカンコミバエやウリミバエ、アリモドキゾウムシなどの害虫の蔓延を防ぐため、ミカンやウリ類、サツマイモなどの本土への持ち込みが、厳しく規制されていた影響も大きい。

　しかしアメリカによる統治からの復帰後、こうした問題は次々と改善されていった。各地にダムや地下ダムができて夏場でも安定した野菜の生産が可能になり、害虫の根絶にも成功して作物の本土出荷もできるようになった（サツマイモは現在も禁止）。沖縄の代表的な作物であるゴーヤは、今では日本全国のスーパーでも当たり前に見られるが、これが可能になったのもつい最近のことに過ぎないのだ。

　こうした農業の変化には、マイナス面も現れている。機械化のための大規模な農地整備により、大雨の時に土壌が流出してサンゴ礁に被害を与えたり、効率化を求めての農薬や除草剤散布が、生物へ及ぼす影響も見逃せない。オキナワキリギリス減少の原因も、農地整備による草地の減少や農薬にあると考えられる。インドクジャクなど移入種の食害も小さくないだろう。

　もちろん、地域が自立するために、沖縄の農業がより発展することに異論は無いが、収奪型の本土の農業をそのまま取り入れる必要は無い。独自の「自然と共生できる農業」を模索するべきではないだろうか。

キリギリス科　オキナワキリギリス

コカワゲラ
Miniperla japonica

絶滅危惧Ⅱ類(VU)　襀翅目(カワゲラ目)　ミドリカワゲラ科

- ●体　　長　8mm
- ●分　　布　滋賀県宇治川(絶滅?)・島根県斐伊川
- ●生息環境　大きな川の中流域
- ●発生期　6〜8月
- ●減少の原因　河川改修・水質汚染

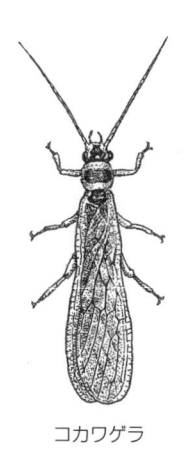

西66

コカワゲラ

生息域地図

　カワゲラは代表的な水生昆虫である。同じように幼虫が水中生活をするトビケラやカゲロウと混同されやすいが、イモムシ型の幼虫で、落ち葉や石をつづりあわせて巣を作るのがトビケラ、幼虫には大きなエラがあって、成虫になるとわずかな時間で死んでしまうのがカゲロウだ。カワゲラは、しっかりした脚で川底を歩き回る活動的な幼虫で、成虫は岸辺の茂みにいたり明りに集まるものをよく見かける。

　コカワゲラはチビカワゲラとも呼ばれ、かなり小型の種類で、かつては滋賀県の宇治川のみにすむと考えられていた。しかし採集されたのは1950年代に2度だけで、その後上流にある琵琶湖の水質汚染のため、他の水生昆虫とともに姿を消している。もしこの虫が宇治川の固有種なら、それは地球上からの絶滅を意味するわけだ。

カワゲラをはじめとする水生昆虫は、このように河川の環境の変化に敏感なので、水の汚れ具合を判定するのに使われる。これは、水の汚れに耐えられる度合いから
　１．貧腐水性—きれいな水にしか生息できない
　２．弱腐水性—少しの汚れなら生息できる
　３．中腐水性—かなり汚れていても生息できる
　４．強腐水性—非常に汚れていても生息できる
の四つに分類された水生生物を基準とし、一定面積の川底から採集された種類を、これに当てはめて水質を判断するという方法である。例えば、カゲロウやカワゲラの多くは貧腐水性、ヘビトンボは弱腐水性、コオニヤンマやヒゲナガカワトビケラは中腐水性、アカムシユスリカは強腐水性といった具合だ。
　この調査法は、特別な器具や薬品を必要としないので、水生昆虫の種名を調べる手段さえあれば、比較的簡単に水質を判定することができる。さらに、水生昆虫の生息状況からは、水質ばかりでなく、総合的な川の環境を知ることができるのも優れた点だ。最近では、環境問題への意識の高まりもあり、行政や多くの市民が協力して、各地でこうした調査が行われるようになった。
　1997年に全国規模で行われた「河川水辺の国勢調査」では、今まで宇治川固有と考えられていたコカワゲラが、島根県・斐伊川の中流域に生息しているのが発見され、研究者達を喜ばせた。また、それまで不明だった、幼虫と考えられるものも見つかっている。流れの速い浅瀬にすむという生態も解明され、保全のために欠かせないデータも集まりつつある。
　しかし、これで絶滅が回避されたと安心するわけにはいかない。斐伊川上流に、ダムの建設計画があるからだ。この川は、中国山地の脊梁から、出雲平野を流れて宍道湖に注いでいる。上流ではかつてタタラ製鉄が盛んで、薪炭用の森林伐採が進んだうえ、砂鉄を集める目的で土砂を洗い流していたため、これらが堆積して洪水がよく起こったことでも有名だ。ダムには、これを防ぐための治水の目的もあるらしい。
　しかし建設工事に伴う水質の悪化や、完成後の水量の減少、さらにはたまった土砂の放流などで、コカワゲラの生息環境が悪化することは十分に予想される。各地のダム計画が見直される傾向にある現在、建設が本当に必要なのか、再検討する余地もあるだろう。コカワゲラ絶滅の巨大な墓標にしないためにも。

ミドリカワゲラ科　コカワゲラ

イシガキニイニイ
Platypleura albivannata

絶滅危惧Ⅰ類(CR＋EN)　半翅目(カメムシ目)　セミ科

- ●体　　長　19～24mm
- ●分　　布　八重山諸島の石垣島北部
- ●生息環境　ヤエヤマヤシと広葉樹の混生林
- ●発生期　6～7月
- ●減少の原因　林床の乾燥化・移入生物による食害

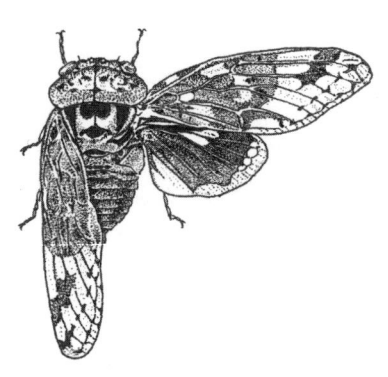

西142

イシガキニイニイ

生息域地図

　イシガキニイニイは、昆虫ではわずか5種類しか指定されていない「種の保存法に基づく国内希少野生動植物種」の一つだ。つまり、現在の日本で最も絶滅が危惧されている昆虫である。なにしろこのセミは、石垣島北部の米原にある、ヤエヤマヤシ林の周辺でしか確認されておらず、その個体数も年々少なくなっているのだ。

　このセミが発見されたのは、沖縄がアメリカから日本に返還される少し前の、1971年のことである。石垣島には、よく似た普通種のヤエヤマニイニイが広く生息しているが、後翅の斑紋に大きな違いがあることから、1974年に新種として記載された。鳴き声などは、他のニイニイゼミとあまり変わらない。

　イシガキニイニイの生息地であるヤエヤマヤシの林は、このセミ同様に貴重な存在だ。このヤシは八重山諸島の固有種で、石垣島の米原と、西表島の星立、

ウブンドゥルにわずかな群落が知られているに過ぎない。高さ20m、葉の長さは5mにもなる大型のヤシで、存在自体は古くから知られていたが、固有種だと分かったのは1964年のことである。ちなみに、群落自体はいずれも天然記念物に指定されているが、栽培は難しくなく、沖縄の各地や九州では街路樹に使われているほどだ。

　このセミが減っている原因の一つは、生息地への観光客の踏み込みが多くなり、土壌が乾燥してきたせいではないかと考えられている。ニイニイゼミのグループは、幼虫が土壌の乾燥に弱いものが多い。大都市などでも、アブラゼミ、ミンミンゼミ、クマゼミなどは、乾燥した環境でもわずかな緑地があればすみ着けるが、ニイニイゼミはある程度の面積があり下草におおわれるなどして、土壌が湿っていないと生息できない。ニイニイゼミの抜け殻が、全身泥におおわれているのは、何よりの証拠だ。

　米原のヤエヤマヤシ群落は観光スポットとして有名で、林内には遊歩道がはり巡らされ、ご丁寧にサンゴ砂まで敷いてある。また、林内に踏み込む観光客も多く、裸地化してしまった部分さえあるほどだ。現在、米原地区には巨大リゾートの計画もあり、これが建設されればさらに周囲の環境は悪化するだろう。貴重な自然や生物を観光資源としか考えない傾向が続く限り、いずれヤシもセミも消えてしまうに違いない。

　イシガキニイニイの生息地は、「種の保存法」に基づいて、2003年に9haの保護区が設置された。この法律には、生息地への立ち入り制限なども定められているので、いずれは環境の改善につながるかもしれない。

　しかし、このセミの存続を脅かしているのは、観光客だけではない。外来生物であるオオヒキガエルの食害が心配されているのだ。このカエルはサトウキビ畑の害虫退治のために持ちこまれたものだが、その繁殖力の強さと貪食ぶりで、世界各地で在来生物の脅威となっていることは、別項でも述べた通りだ。すでに石垣島では全島に広がり、自然度の高い原生林のなかでも普通に見つかっている。本土の都市の公園などでも、夕暮れ時に羽化のために穴からでてくるセミの幼虫を、ヒキガエルが捕食しているようすはよく見られるので、イシガキニイニイの幼虫がオオヒキガエルに捕食されていることも十分考えられるだろう。すでに本格的な駆除も始まっているが、放置している間に増殖してしまったため、根絶までには多くの労力と資金が必要となるに違いない。「種の保存法」が役に立たないのを証明することにならないためにも、重点的な取り組みが望まれる。

チョウセンケナガニイニイ
Suisha coreana

絶滅危惧Ⅱ類（VU）　半翅目（カメムシ目）　セミ科

- 体　　長　20〜26mm
- 分　　布　対馬
- 生息環境　山地の広葉樹林
- 発生期　　10〜11月
- 減少の原因　森林の伐採

西10

チョウセンケナガニイニイ
（口絵写真5頁参照）

生息域地図

　セミの声には夏を代表するようなイメージがあるようだ。実際にはハルゼミのように、4月から鳴き出すものもいるのだが、現代人のなかには、夏以外に鳴くセミを異常現象だと思い込み、時には新聞の投書欄を賑わせる者までいる。「自然の営みがおかしくなったためだ」と嘆きたいらしいが、こんな投書を取り上げた記者を含めて、自分の無知や自然体験の希薄さを嘆いて欲しいものだ。
　チョウセンケナガニイニイの場合も、鳴き始めるのは秋も深くなった10月半ばからなので、セミのイメージとはだいぶかけ離れているかもしれない。もっとも、すんでいるのは対馬の山地に限られているので、異常現象と騒がれることはめったに無いだろう。「チョウセン」の名前からも分るように、このセミも朝鮮半島から中国にまで広く分布している大陸系の昆虫だ。対馬には、やはり秋に姿を現す大陸系のアキマドボタルがすんでいて、島民にとっては

「ホタルは秋の風物詩」という認識が一般的なようだが、どちらの虫も近縁種より発生期が遅くなる点で、共通していることは興味深い。

　チョウセンケナガニイニイは姿もかなり変わっており、その名の通りに全身が長い毛におおわれている。また、セミのなかでは体の幅が広いニイニイゼミと比べても、さらに幅が広く体に厚みもあって、何やらデフォルメしたおもちゃのような印象だ。この体のおかげか、飛翔能力は他のセミより優れており、ハチドリのような空中停止飛行をしたり、スズメバチの攻撃も振り切ってしまうという。コナラやスダジイなどの高い木の梢にいることが多く、翅のまだら模様と全身の毛が、止まった木の幹との見分けをつきにくくして、捕まえるのは非常に難しいようだ。ちなみに、対馬には普通種のニイニイゼミもすんでいて、鳴き声も互いによく似ているが、こちらは発生期が7月からと早く、9月には姿を消してしまうので、野外で見間違える心配はないだろう。

　こうした対馬を特徴づける生物のなかには、生存を脅かされているものが増えている。特に森林性の種類には、絶滅すら危惧されるものも少なくない。山地の多い対馬では昔から林業が盛んで、自然林は下島の竜良山や上島の御岳などの周辺に、わずかしか残っていないためだ。一度伐採された森林も、コナラやアラカシなどの二次林として残っていれば良いが、年々スギやヒノキの植林の比率が多くなっている。

　こうした影響を真っ先に受けたのは、かつて対馬の原生林に生息していた鳥・キタタキである。これは体長46cmにもなる巨大なキツツキで、黒い体と白い腹に、オスは頭頂が赤いのが特徴だ。巨木に巣を作るため、森林の伐採によって繁殖環境を失い、1920年頃には絶滅してしまった。

　さらに現在では、ツシマヤマネコやツシマテンが危機的状況にある。いずれも自然林や二次林の縮小によって、生息地やエサが減少したことが最大の原因だが、エサの農薬汚染や交通事故、さらにはノイヌの増加、伝染病なども影響しているようだ。これらは大陸との関係を物語る種類ばかりで、絶滅することはいわば地球の歴史と生物の進化について、生き証人を失うことになると言っても大げさではない。

　チョウセンケナガニイニイの場合、まだそれほど危機には瀕してはいないが、見られる地域はごく限られており、さらに森林環境の悪化が進めば、いずれは影響が出てくるに違いない。生物と共存できるような形の林業経営は不可能なのだろうか。

セミ科　チョウセンケナガニイニイ

フクロクヨコバイ
Glossocratus fukuroki

準絶滅危惧(NT)　半翅目(カメムシ目)　ヨコバイ科

- ●体　　長　オス8〜9mm・メス14mm
- ●分　　布　本州・四国・九州
- ●生息環境　雑木林の下生え
- ●発 生 期　7〜8月
- ●減少の原因　生息地の開発・雑木林の放置

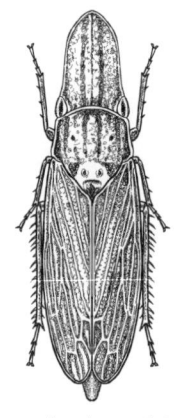

フクロクヨコバイ

生息域地図

　フクロクとは「福禄」のことである、と言われても現代では理解できない人の方が多いと思うが、七福神の一人で頭が長く上に伸びた老人が福禄寿だ。寿老人とも下法とも呼ばれ、中国伝来の長寿の守り神として知られている。
　生物のなかには魚のゲホウやクモのゲホウグモなど、この人物の名を冠したものが意外に多い。いずれも共通するのは、頭や体の一部が長く伸びており、その姿を福禄寿の頭に見立てたのだろう。フクロクヨコバイもメスの頭が長く前方に突き出していて、その名の由来は一目で分かる。ちなみにオスの頭はメスの半分ほどしか無い。
　彼らの属する半翅目は、非常にさまざまな形態と生態をもつグループの集まりで、セミ・アワフキムシ・ツノゼミ・ヨコバイの属する頚吻亜目、ウンカ・ハゴロモ・アブラムシ・カイガラムシの属する腹吻亜目、翅の一部が固く変化

したカメムシ類の異翅亜目の3つに分かれている。その多様性からも分るように、蛹の時期を経ない不完全変態の昆虫のなかでは、最も栄えている一群だ。

　ヨコバイの仲間は、植物の茎から汁を吸って生活しており、秋に現われるツマグロオオヨコバイなどがよく知られている。種類によっては寄主植物が限られる例も多く、そのために特殊な環境にしか生息しないものも少なくない。たとえば奄美・沖縄諸島のマングローブにすむキオビオモナガヨコバイが寄主とするのは、トウダイグサ科で有毒のシマシラキだけだ。

　フクロクヨコバイが依存しているのは、ごく普通種のススキであるにもかかわらず、生息地は非常に局地的である。これは雑木林の林床のやや暗い環境に生えるススキを好むという、彼らの習性にあるに違いない。

　かつての雑木林では、主な構成種であるクヌギやコナラが、15～20年に一度伐採されて薪や炭として利用された他、秋ごとに落ちる葉は集められ、肥料として使われてきた。落ち葉かきの邪魔にならないように、低木や下草などはきれいに刈り払われる場合が多い。そのため明るい環境が保たれ、ススキをはじめ、リンドウ・ノハラアザミ・アキノキリンソウなど、本来は草原に生える植物が林床や林縁に侵入している。これらは地下に養分を貯えるので、たび重なる刈り払いに強い種類でもある。

　雑木林を管理する作業は人力で行われるために、手入れの度合いにムラが生じる。フクロクヨコバイはそうした不均一な環境のなかから、自分の生息条件に合ったススキを見つけ、すみついていたのだろう。

　しかし高度経済成長以降、薪や炭は灯油やガスにとって替わられ、化学肥料の普及で落ち葉も必要がなくなった。多くの雑木林は役に立たない場所として、放置されるようになってしまったのである。この結果、今まで人間の干渉で足踏み状態だった植生の遷移が進み、林床にササや常緑樹が茂って暗くなると、明るさを好む草原性の植物は、全く生えることができなくなった。

　こうした変化は自然の本来の姿であり、植生の回復ととるべき向きもある。しかしそこにすんでいた生物の多くは行き場を失い、次々と姿を消しつつあるのは、RDBに掲載されている種類に、雑木林をすみかとしていたものが非常に多いことからも明らかだ。

　フクロクヨコバイも、県別のRDBに掲載されている例もあり、埼玉県ではすでに絶滅したと考えられている。彼らのような生物の生息環境を確保するには、昔と同じような自然に対する人間の干渉を続けるしかない。「自然は手をつけなければ守られる」という発想は、雑木林には通用しないのだ。

シオアメンボ
Asclepios shiranui

絶滅危惧Ⅰ類(CR+EN)　半翅目(カメムシ目)　アメンボ科

- ●体　　長　3.5〜4mm
- ●分　　布　長崎・佐賀県・対馬の沿岸
- ●生息環境　河口や塩田の水面
- ●発 生 期　7〜10月
- ●減少の原因　埋め立て・護岸改修

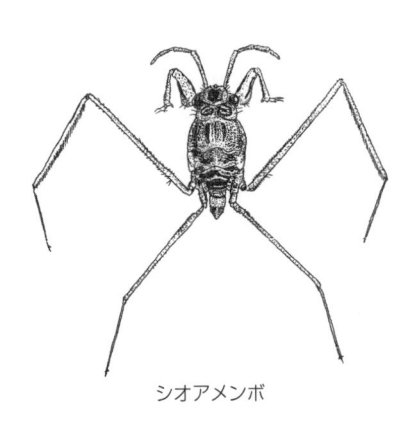

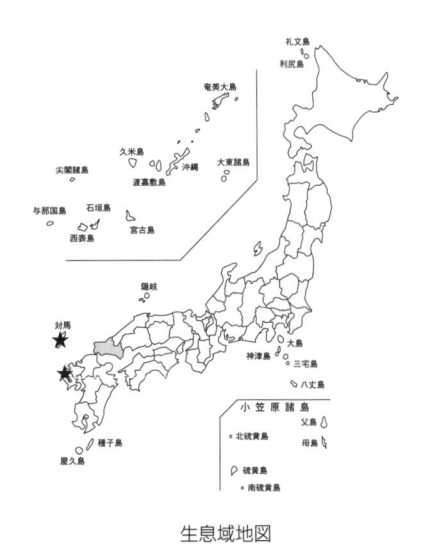

西10

シオアメンボ

生息域地図

　シオアメンボは、主に海面を生息域にしているウミアメンボの仲間だ。淡水でよく見られるオオアメンボなどに比べると寸詰まりの体で、一見すると流水にすむシマアメンボに似ている。実はこの種類もシオアメンボとは近縁で、海水と淡水という違いはあっても、波立つような不安定な水面に適応した体なのだろう。
　地球上のあらゆる環境に適応している昆虫でも、海をすみかとするものはごく少ない。海にはエビやカニといった昆虫に近縁の節足動物がニッチを占めていたため、進出できなかったようだ。海水と淡水が混ざる汽水域にいるヒヌマイトトンボなどですら、珍しい存在であることを考えると、シオアメンボのように海面を漂って、潮の流れに運ばれて来る昆虫の死骸などから体液を吸っているという習性は、例外中の例外と言ってもいいだろう。ちなみに半翅目の仲

間には海水生活に適応したものが多く、サンゴアメンボはサンゴ礁の海面にすんで、潮が満ちると水中のサンゴのくぼみに隠れて過ごし、ウミミズカメムシは、波しぶきがかかるような海岸の岩礁に生息している。能力的には、昆虫も海で暮らすことは可能なのだ。

ウミアメンボの仲間には、陸からかなり離れた沖合で見つかるものもいるが、シオアメンボはそれほど海面生活に適応しておらず、主な生息域は、河口の岸辺やかつての入浜式塩田の周辺である。

「入浜式塩田」とは、遠浅の海岸を利用してごく浅いプールを作り、満潮の時に引き込んだ海水を溜めて、天日で蒸発させるという製塩法である。こうして海水の塩分濃度を高くしてから、釜で煮詰めて塩にするわけだ。それまでの製塩は、海水がしみ込んだ海藻を乾かしてから焼く「藻塩焼き」や、砂に海水を撒いて塩が結晶したものをさらに海水で洗って煮詰めるといった「揚浜式」などの非効率な方法である。これらに比べると、入浜式は労働力や燃料も少なくてすみ、製品のクオリティも高いため、江戸時代に飛躍的な勢いで広まった。自然の力を巧みに利用した「エコな技術」は、何も現代だけのものではない。

なかでもシオアメンボが分布する瀬戸内海沿岸は、雨が少なく入浜式塩田による製塩には都合が良かったため、かつては日本の製塩業の中心だった。忠臣蔵で名高い播州（現在の岡山県）赤穂藩も、その財政基盤は製塩にあったといわれている。シオアメンボにとっては、まさに天国だったに違いない。

しかし戦後の高度経済成長期になると、こうした遠浅の海岸は、塩田に使うよりも埋め立てて工業用地に変えられることが多くなった。海水も汚染して食用には適さなくなり、さらにイオン交換膜法が開発されて、製塩が工場で行われるようになると、400年以上続いた入浜式塩田は姿を消した。

このため、塩田の水路などを主なすみかとしていたシオアメンボも運命を共にしたらしく、1970年頃の記録を最期に、山口県沿岸では絶滅してしまったと考えられている。この虫の学名の種小名「*shiranui*」の由来である「不知火」で有名な九州・有明海の生息地でも、干拓などで環境が悪化したためか、記録は途絶えてしまったが、最近になって長崎県と佐賀県から再発見された。なかでも佐世保市近くの島ではシオアメンボよりもさらに希少ともいわれるシロウミアメンボも見つかっており、ひょっとすると日本のウミアメンボ類にとって、最後の砦なのかもしれない。今まで彼らの生息環境を破壊しつづけてきた罪滅ぼしに、こうした島の一つぐらい保護区にしても罰は当らないと思うのだが。

アメンボ科　シオアメンボ

オヨギカタビロアメンボ
Xiphovelia japonica

絶滅危惧Ⅱ類（VU）　半翅目（カメムシ目）　カタビロアメンボ科

- ●体　　長　　2m
- ●分　　布　　本州西部・四国・九州
- ●生息環境　　渓流
- ●発生期　　通年
- ●減少の原因　　河川改修・水質汚染

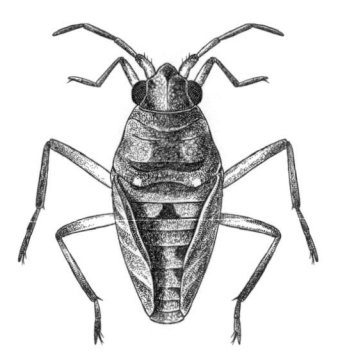

オヨギカタビロアメンボ　　　　　　　生息域地図

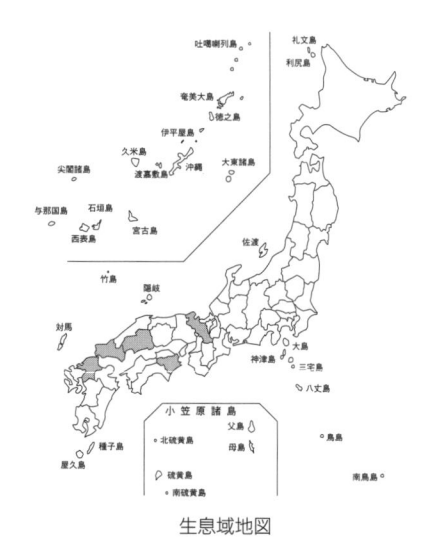

　水生昆虫とは、成長の過程で水中を生活の場とする昆虫で、カゲロウやトンボ、トビケラなどの他にも、脈翅目のヘビトンボやセンブリ、鱗翅目のミズメイガ、膜翅目のミズバチ、双翅目のカ・ガガンボ・アブなどもあげられる。水中は陸上より温度変化が小さく、鳥や寄生昆虫などの天敵から身を守りやすいうえ、エサも豊富といったメリットが少なくない。

　しかし彼らが水と縁があるのも幼虫のうちだけで、多くは成虫になれば活動域が空中や地上へと変わる。成虫になっても水中でくらせるのは、鞘翅目のゲンゴロウ・ミズスマシ・ヒメドロムシなどの甲虫と、半翅目のタガメ・アメンボ・マツモムシといった水生カメムシ類だけだ。彼らは水中で行動する際には邪魔になる後翅を固い前翅でおおうことや、呼吸法の獲得によって水中への進出を可能にし、さまざまな水環境へと適応していった。

なかでも水生カメムシは、種類数では甲虫に及ばないものの、日本には16科100種以上が生息するほどの多様性を誇る。このうちの約半数がアメンボ類だ。彼らは水面で活動し、落ちてきた昆虫などの体液を吸ってくらすという、他の昆虫が進出できなかったニッチ（生態的地位）を占めている。同じ水面生活者であるミズスマシが20種に満たないことから比べても、より環境に適応したグループと言えるだろう。

　アメンボが水面を自由に動きまわれるのは、長い脚の先に生えた細かい毛が水をはじき、表面張力を利用して浮かぶことができるためだ。6本の脚のうち中脚はボートのオールのように動かして推進力とし、後脚は方向を定める舵の役に、いちばん短い前足は体を支えたり獲物を捕えるのに使う。

　しかし彼らとて、一朝一夕にそんな優れた形態や生態を身につけたわけではない。体長数mmしかないカタビロアメンボの仲間は、アメンボ科に次いで種類が多いグループだが、水面での運動能力はさまざまで、水面の覇者として進化していく過程を見るようである。

　たとえばケシカタビロアメンボは、水面を滑るように移動することはできず、左右の脚を交互に動かして歩いたり走ったりする様は、陸生の昆虫と変わらない。これは近縁の科であるミズカメムシやケシミズカメムシも同様で、スタイルも陸生カメムシそのものだ。ところが同じ科でも八重山諸島の渓流にすむアシブトカタビロアメンボとなると、脚は短いものの体はひし形でプロポーションは普通のアメンボに近くなり、中脚を使って水面を滑走することもできる。この脚の先には扇のような毛の束があり、推進力を高めている。

　日本本土の渓流に見られるオヨギカタビロアメンボも、よく似た構造の脚をもち、流れの上を滑るように移動する。実はこうした水面が不安定な環境にすむアメンボの仲間は珍しく、他には同属で小笠原諸島に生息するケブカオヨギカタビロアメンボ（絶滅危惧Ⅱ類）や、全国に分布するアメンボ科のシマアメンボなど数種類に過ぎない。

　オヨギカタビロアメンボはどこの渓流にもいるという種類ではなく、確認されているのは、京都府・広島・福岡県など数ヶ所に限られる。これは砂防堰堤やダムの建設、道路工事などの影響で、彼らがすめるような渓流の環境が失われているためだ。小笠原諸島の近縁種も同様に激減している。

　もちろん治水による人間の生命財産の安全確保は必要だが、日本各地の渓流にまるで階段のように続く過剰な砂防ダムを見ると、公共事業によって土建業界の仕事を確保するのが目的としか思えない。

カタビロアメンボ科　オヨギカタビロアメンボ

タガメ
Lethocerus deyrolli

絶滅危惧Ⅱ類(VU)　半翅目(カメムシ目)　コオイムシ科

- ●**体　　長**　48〜65mm
- ●**分　　布**　北海道・本州・四国・九州・沖縄
- ●**生息環境**　平地や丘陵地の水田・ため池・小川
- ●**発 生 期**　通年（5〜6月に産卵）
- ●**減少の原因**　埋め立て・水際の整備・水質汚染・外来魚による食害

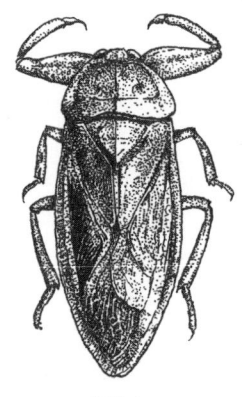

東80,82　西12,50,60,66

タガメ
（口絵写真5頁参照）

生息域地図

　タガメは日本最大の水生昆虫として有名で、カエルや魚類といった脊椎動物まで捕食する、浅い水域の王者だ。タガメの名も「田にいるカメムシ」の意味で、稲作を生活の中心としている日本人にとって、なじみ深い存在であったことを表わしている。しかし現在では、野外でその姿を見ることは非常に難しい。かつての昆虫図鑑には「養魚池の最も注意を要する大害虫」と書かれていたのが信じられないくらいだ。

　この虫は、有史以前にはたびたび洪水にみまわれる後背湿地の浅い池などで暮らしていたのだろう。ところが稲作が始まると、水田や用水路、ため池といった、彼らにとってすみやすい環境が、平地の広い面積を占めるようになった。ここにはまた、多くのカエルや淡水魚もすみ着くようになり、タガメにとっては食料に事欠くことも無かったのだ。

こうした環境では、秋の取り入れの前には水が抜かれて消えてしまう。もし年間を通じて水が保たれている状態が必要な生物であれば、この時に死に絶えてしまうわけで、水田にすみ着くことは不可能だ。しかしタガメの生活パターンは、初夏に浅い水域で繁殖するものの、羽化した成虫は秋には越冬のためにそこを離れて、周囲の雑木林などに分散して越冬する。水田の耕作パターンとうまく合っているわけだ。

　カエルなどの場合、水がある時期の水田で産卵・成長し、秋になる前に子ガエルとなって上陸する。淡水魚も、水田は産卵の場として使うだけで、成長した稚魚は用水路や川へと移動してしまうのだ。彼らはまさに、水田という人間の営為によって繁栄してきた生物と言えるだろう。

　こうした人間と生物の関係は、2000年以上にわたって続いてきたが、高度経済成長期を境に崩れ去ることになる。これらの生物を真っ先に直撃したのは農薬で、特にその毒性に敏感なタガメへのダメージは大きかった。直接の難を逃れたものも、残留農薬によって汚染されたエサをとることによって、結局は死に至った。さらに機械化が進み、耕作しやすいように水田の形を直線化したり、用水路をコンクリートで改修した影響も大きい。水草が豊かで流れが穏やかな浅い水域といった、タガメの生息環境が減少してしまったのだ。

　また、水田を逃れて、丘陵地のため池や休耕田に何とか安住の地を見いだしたものも、ゴルフ場や住宅地などの開発によって丘陵地ごと消滅したり、埋め立てや水際の整備によって生息環境を失っている。都道府県によっては、すでに絶滅が確認されているところも少なくない。

　一方、昔ながらの農業形態が残っている東南アジアで、屈指の米輸出国として有名なタイでは、タガメの近縁種が今でも健在だ。水田地帯の農村では夜間に明りをともして、そこに飛んで来る大量のタイワンタガメを捕獲するが、これは駆除のためではない。この虫のオスは、独特の香気をもつ食材としてタイでは珍重されており、捕らえたものはマーケットに出荷され、現金収入となるのだ。ちなみに、その香りは洋梨とよく似ており、見た目のイメージとかなり違う。

　おそらく、農薬が普及する前の日本の水田にも、同じくらいたくさんのタガメがすんでいたのだろう。タイの屋台でタガメ料理に舌鼓を打つ人々を見ていると、経済効率を追求するあまり我々が失ってしまったのは、単に水田の生き物だけではなく、自然との付き合い方そのもののような気がする。

コオイムシ科　タガメ

トゲナベブタムシ
Aphelocheirus nawae

絶滅危惧Ⅱ類（VU）　半翅目（カメムシ目）　コバンムシ科

- **体　　長**　約10mm
- **分　　布**　三重県以西の本州・九州
- **生息環境**　底が砂礫で水質の良い川の中流域
- **発 生 期**　通年
- **減少の原因**　水質の汚染・河川改修

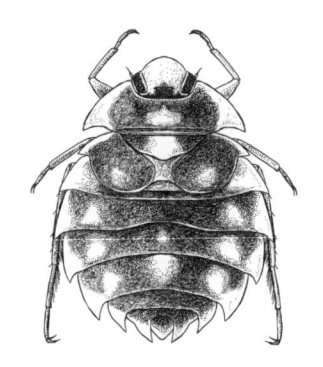

西104

トゲナベブタムシ
（口絵写真5頁参照）

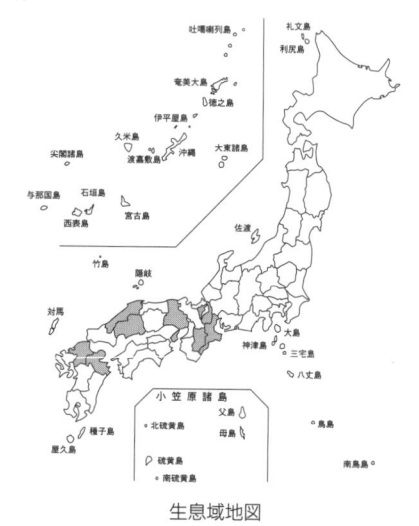

生息域地図

　ナベブタムシとは奇妙な名前だが、円形の体は文字通りナベのふたそのもので、異様なくらい平たい。日本には3種が生息しており、比較的良く見られるナベブタムシ*Aphelocheirus vittatus*に比べると、他の2種はいずれもRDB掲載種である。なかでも琵琶湖周辺固有のカワムラナベブタムシ（絶滅危惧Ⅰ類）は、近年では全く姿が見られなくなった。

　この仲間は川底に堆積した砂や砂礫の中に潜ってくらしており、夜に活動しトビケラやカゲロウなどの水生昆虫の幼虫を捕える。他の水生カメムシ類と同様に、尖った口吻を獲物に突き刺して体液を吸い、うっかりつかむと刺されることも珍しくない。水面に浮かび上がることはほとんど無く、平たい体型は水底をはい回るように泳ぐのに適応しているようだ。個体によって変化が大きい体の斑紋も、砂礫の粒に擬態しているようで見つけにくい。

彼らのように流水を生活圏としている水生カメムシ類はほとんどいない。こうした環境では冬に獲物の数が増えるため、他の多くの水生昆虫と違って繁殖するのもこの時期を選ぶなど、生態も特化している。
　彼らの活動を支えているのが、「プラストロン呼吸」という特殊な呼吸法である。これは水中に溶け込んだ溶存酸素と自分が吐き出した二酸化炭素を、体の表面に作った空気層を介してガス交換するもので、鞘翅目のヨコミゾドロムシ（136頁）をはじめとするヒメドロムシ類なども取り入れているシステムだ。タガメなどの水生カメムシのように、水面まで出て呼吸管から空気を吸わずにすむという点で、より水中生活に適応していると言えるだろう。ちなみにトンボやカゲロウ、トビケラなど多くの種類では、幼虫の間は水から出ることがないため、エラ呼吸や直腸より水中の溶存酸素を取り込む。
　しかし近年では川の汚染が進み、汚れの元である有機物を微生物などが分解するために、溶存酸素が消費されて減少してしまい、水生昆虫がすみにくい環境が増えている。きれいな流れにしかすめない生物というのは、それだけ多くの溶存酸素を必要とする種類なわけだ。
　さらに有機物や土砂の粒子などが川底の砂礫のすき間を埋めると、そこには水の流通がなくなって酸欠状態となり、やがてはヘドロ化してしまう例が少なくない。これではトゲナベブタムシのような呼吸法をもち、堆積した砂のなかにすむ生物は、生きていけなくなって当然だろう。とくに彼らの生息地である川の中流域は人間の生活圏に近いため、その影響を受けやすい。
　有機物による川の水質汚染の原因の多くは生活排水である。とくに高度経済成長期には、都市への人口集中が進んだものの、下水処理が追いつかなかったために、汚水を直接川に流していた例も少なくなかった。
　現在では日本の下水道普及率は70％を超えているが、その多くが雨水も汚水も一緒に処理する合流式で、雨量が多いと処理しきれない汚水も川に流れ込んでしまう。さらに高度処理が進んでいないため、微生物の栄養となるリンや窒素などは、そのまま排水される場合が多い。建設や維持にかかる経費も莫大で、1㎥の汚水を処理するのに100万円もかかる例すらあるという。
　実際には進歩した浄化槽など、より効率的な処理法もあるのだが、すでに下水道事業は公共工事の多くを占め、土建業界や省庁も絡んだ巨大な利権の温床にもなっていて、なかなか方針を転換するのは難しいようだ。ここでも人間の目先の欲によって、生物が割を食っているという構図が浮かんでくる。

コバンムシ科　トゲナベブタムシ

ズイムシハナカメムシ
Lyctocoris beneficus

絶滅危惧Ⅱ類(VU)　半翅目(カメムシ目)　ハナカメムシ科

- ●体　　長　約4mm
- ●分　　布　本州・四国・九州
- ●生息環境　水田・河川敷
- ●発生期　通年
- ●減少の原因　農業形態の変化・農薬散布

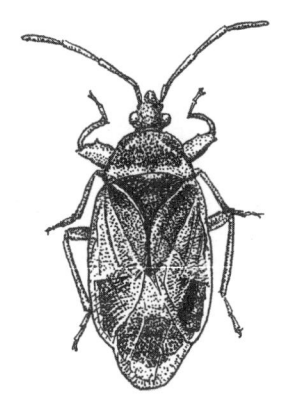

ズイムシハナカメムシ

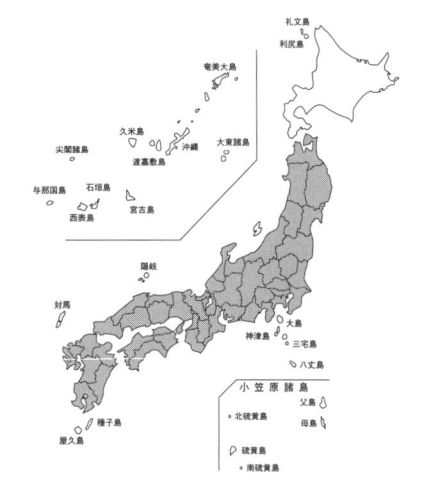

生息域地図

　ズイムシハナカメムシほど、近年の日本の稲作形態が変化した影響を、まともに受けた昆虫はいないに違いない。かつてはイネの害虫の天敵として、重要かつありふれた存在だったのに、害虫の数が少なくなると同時に、絶滅が危惧されるほどに激減してしまったのだ。
　このカメムシは捕食性で、衛生害虫としてよく知られるトコジラミ(ナンキンムシ)に近い種類だ。野積みになった稲わらや枯れ枝の間などにすみ、ストローのような口を獲物に突き刺して体液を吸う。エサの多くは「ニカメイチュウ」と呼ばれるニカメイガの幼虫である。
　2000年以上にわたる稲作の歴史のなかで、ニカメイチュウは多くの農家を悩ませてきた。この幼虫は「ズイムシ」とも呼ばれ、イネの茎に入り込んで食害するので、苗が倒れたり、穂が実る前に白く枯れてしまったりする。イネの

害虫としては、ウンカと共に最も大きな被害をもたらすもので、時には大発生し飢饉を引き起こしたほどだ。かつては有効な防除法もなく、農家は「虫送り」のような呪術にすがるしかなかった。
　しかし戦後になって、さまざまな防除法が開発された。なかでも効果を上げたのは、DDTやBHCといった農薬だ。これらは毒性も強く、人体への影響が問題になったため、1971年には使用が禁じられ、現在では多少は安全性にも配慮した、有機リン系やピレストロイド系のものが主に使われている。ただし農薬は、ニカメイチュウなどの害虫ばかりでなく、その天敵や多くの水生生物にも壊滅的打撃を与えた。ズイムシハナカメムシも、この時期に大幅に数を減らしたと考えられている。
　農薬と平行して、ニカメイチュウの習性を利用した防除も普及した。彼らが越冬する場所は、野積みになった稲わらやイネの切り株の中だ。そこで、わらを燃やしたり細かく切って撒いたりするのと同時に、早めに水田を耕してしまえば、幼虫の越冬場所を奪うことができる。昔の田園風景によく見られたわらを積んだ「にお」が、近年では見られなくなったのは、そうした理由もあるためだ。この方法も、ニカメイチュウには大きな打撃を与えたが、同じような場所で越冬するズイムシハナカメムシへの影響も少なくなかっただろう。
　さらに品種改良で、ニカメイチュウが成長しにくい、細い茎が数多く分けつ（枝分れ）するイネへの転換も図られた。
　これらの対策により、長年にわたって農家を悩ませてきたニカメイチュウの被害も、ついに1970年代中頃からは目立たなくなった。現在では、かつて猛威を振るっていたのが信じられないくらいに姿を見ることも珍しく、中国から輸入されたわらから幼虫が発見されて、大騒ぎになるほどだ。
　ニカメイガもズイムシハナカメムシも、日本人が稲作を始める以前には、チガヤのようなイネ科植物の草原で、食う食われるの関係を保ちながら、細々と暮らしていたに違いない。その後、人間の手によって、水田という絶好の生息環境が広い面積で整備されたおかげで、爆発的に勢力を伸ばしたのだろう。
　最近、一部ではニカメイガが復活し始めているようだ。天敵関係にある生物同士が数を減らした場合、捕食者の方が先に姿を消すことがほとんどだが、ズイムシハナカメムシの場合は絶滅寸前の危機からは救われたようで、2007年のRDB見直しによって絶滅危惧Ⅱ類へと1ランクのダウンリストをしている。次にニカメイチュウと人間の闘いがある時は、天敵である彼らをもっと丁重に扱ってやりたいものだ。

オオサシガメ
Triatoma rubrofasciata

絶滅危惧Ⅱ類(VU)　半翅目(カメムシ目)　サシガメ科

- ●体　　長　約23mm
- ●分　　布　沖縄本島以南の琉球列島
- ●生息環境　木造家屋のすき間など
- ●発生期　通年
- ●減少の原因　家屋の近代化・ネズミの減少

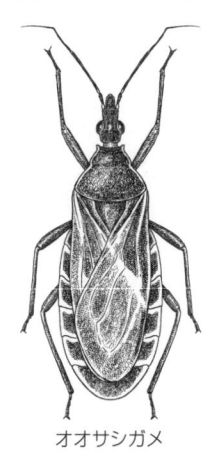

オオサシガメ　　　　　　　　　　生息域地図

　半翅目の昆虫には、水生カメムシの多くに見られるように、他の生物の体液を吸って生活しているものが多い。陸生の種類でも、日本から120種ほどが知られているサシガメのグループの大部分は、昆虫やクモ、ヤスデなどを捕える。冬に公園のマツなどに行われる「わらまき」の下には、この仲間のヤニサシガメが見つかるが、彼らはおもにマツケムシ（マツカレハの幼虫）をエサにしており、森林害虫の天敵として人間とも深い関わりがあると言えるだろう。

　オオサシガメは、台湾から中国南部、東南アジアに広く分布し、日本では沖縄本島から宮古島、石垣島、与那国島などで見つかっている熱帯系の昆虫である。彼らが特異なのは、ネズミ類の巣にすみつきその血を吸って暮らしていることだ。ネズミが駆除されたり他へ移動したりすると、今度は木造家屋のすき間などに潜んで、夜間に人の体から吸血する場合が少なくない。

彼らは動きは遅いものの、わずかな体熱の違いから感知して、皮膚の下にある血管を正確に探り当てる。たいてい寝ている間に吸血されるため、気づいた時には後の祭りで、刺された痕は腫れ上がってしばらく痛む。ヨーロッパにすむ近縁種は、唇から吸血する場合が多いため「キス虫」と呼ばれるという。また、中南米に広く生息する数種類では、原虫のトリパノソーマを媒介することが知られており、これが原因で消化器などに疾患を起こす「シャガス病」は患者数も多いため、重大な衛生害虫として有名だ。

　幸いオオサシガメにはそのような習性は無く、被害は痛みだけなので、衛生害虫としてはそれほどたちの悪いものではない。最近では、彼らが吸血する際に血液の凝固を止めるために注入する唾液から、脳梗塞の治療薬を開発しようという研究も進んでいるらしい。

　国内では近年オオサシガメの姿を見ることは少なくなり、RDBでのカテゴリーも準絶滅危惧から絶滅危惧Ⅱ類へと引き上げられた。これは生息地であった琉球列島の家屋の多くが、コンクリート製のものに立て替えられた事によると考えられている。かつてのこの地方の住居は、高温多湿のために開放的で、観光ポスターに見られるような漆喰で固められた屋根瓦か茅葺きの木造家屋がほとんどだったが、戦後のアメリカ統治時代から、台風対策のために鉄筋コンクリートのものに建て替えられる場合が多くなった。

　当然こうした住居には、オオサシガメがすみつけるようなすき間も少なく、またネズミの駆除も進んだため、彼らの生息環境は急速に失われつつあるようだ。同じ半翅目の吸血性昆虫であるトコジラミ（ナンキンムシ）も、やはり住環境の変化で減少していったことは興味深い。

　これに対して、ごく最近になって日本で分布を拡げているのが、中国南部からの移入種と考えられているヨコヅナサシガメである。オオサシガメよりさらに大きく腹部の白と黒の斑紋が鮮やかな種類で、市街地の並木や雑木林でも見つかり、サクラやエノキなどの幹上に集団で生活して他の昆虫を捕える。うっかり刺されるとオオサシガメ同様に非常に痛い。

　以前は西日本でしか見られなかったが、今では関東から次第に北へも生息域を伸ばしつつあり、地球温暖化の影響との説もあるようだ。強力な捕食者であることから、生態系への影響も少なくないと考えられる。

　オオサシガメもまた、ハワイのいくつかの島では移入種として知られている。おそらく物資などにまぎれ込んで侵入したに違いない。彼らも里山の昆虫と同様に、人間の生活の変化に翻弄されている生物の一つと言えるだろう。

サシガメ科　オオサシガメ

フサヒゲサシガメ
Ptilocerus immitis

絶滅危惧Ⅱ類(VU)　半翅目(カメムシ目)　サシガメ科

- ●体　　長　6〜7mm
- ●分　　布　本州西部・四国・九州
- ●生息環境　森林
- ●発生期　通年?(成虫越冬)
- ●減少の原因　農薬の空中散布

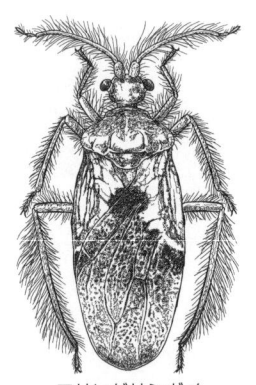

フサヒゲサシガメ 　　　　　　　　生息域地図

　昆虫を捕えて体液を吸うカメムシには、もっぱらヤスデを捕えているアカシマサシガメのように、限られた種類だけを獲物にする狭食性のものが少なくない。フサヒゲサシガメは、その名の通り触角や脚が長い毛で被われた一種異様な姿の日本固有種で、エサにしているのはアリだ。

　アリは攻撃的な捕食者として多くの昆虫にとって脅威となる存在で、カメムシのなかにはホソヘリカメムシの幼虫やアリガタメクラガメのように、その姿に擬態して敵の目を逃れているものも多い。しかしフサヒゲサシガメの場合は、平たい体でマツやサクラの樹皮下に集団で潜み、分泌した誘引物質でアリをおびき寄せては餌食にしてしまう。

　ほとんどのカメムシが、何らかの異臭を放つことはよく知られており、越冬時には家屋に侵入した場合などには「不快害虫」として嫌われる。この匂いは

同種間のコミュニケーションに使われるフェロモンでもあり、また敵から身を守るためにも発達したものだが、フサヒゲサシガメのように獲物の捕食に利用する例は珍しいようだ。

近年になって彼らは各地から急速に姿を消しており、和歌山県ではすでに絶滅、愛媛県でも50年近く記録がない。このため2007年のRDB見直しによって、「準絶滅危惧」から「絶滅危惧Ⅱ類」へとカテゴリーが上がった。これは、松くい虫防除のための農薬空中散布が大きな原因とも考えられている。

フサヒゲサシガメの生息地でもあるマツ林には、佐賀県・虹の松原のような景勝地も多く、「白砂青松」という言葉もあるように日本の景観には欠かせないものとされてきた。門松にも使われるなど文化的にも重要な存在である。

ところが1970年代頃から、西日本を中心にマツ林が次々と枯れはじめ、次第に全国へと広がっていった。日本の伝統的景観が消えることを危惧したためか、1977年には「松くい虫防除特別措置法」が成立している。

松枯れの原因となる病気は、海外より侵入したマツノザイセンチュウによって引き起こされ、マツに寄生するマツノマダラカミキリが媒介するといわれているが、「松くい虫」という特定の昆虫がいる訳ではない。どうやらこの法案を進めた林野庁（当時）には、害虫退治というイメージを広げる必要性があったようだ。その理由としてささやかれているのが、全国的に使用量が減りつつあった農薬の、新たな消費先の確保である。なにしろ法施行後は年間1000トン以上の農薬を「松くい虫」防除の目的でマツ林に散布し続けたのだ。

しかしこうした施策によっても松枯れの勢いは一向に衰えず、その一方でマツ林とその周辺にすむ生物には壊滅的な打撃を与えた。島根県・壱岐では、全国的にも生息地が少ないオオウラギンヒョウモンが、空中散布のために絶滅している。マツ林にすむフサヒゲサシガメが減少するのも当然だろう。

本来マツという木は、他の木が育つことができないような土地に真っ先に生えるパイオニア的植物であり、マツ林も人間が伐採や落ち葉かきなどの撹乱を続けたため、雑木林と同様に遷移の進行が抑えられ保たれてきたものだ。高度成長を境に人手が入らなくなり、さらに当時深刻だった大気汚染にも弱いときては、容易にマツノザイセンチュウにとどめを刺されても不思議ではない。

そもそもマツ林を含めた里山の景観は、人々の活動なくしては成立しなかった環境だ。それを農薬によって無理やり保とうとした林野行政の姿勢は、「木を見て森を見ず」ということわざそのものと言えるだろう。

Colum② RDBの掲載種選定はえこひいきか?

　RDBに掲載された種類を見て感じることは、目によって偏りが非常に大きいことである。日本で確認されている昆虫約30000種のうち、種類の多い目から順番に並べると、鞘翅目（甲虫）約9100種、双翅目（ハエ・カ）約5300種、鱗翅目（チョウ・ガ）約5200種、膜翅目（ハチ・アリ）約4100種、半翅目（セミ・カメムシ）約2800種となる。これ以外の目はぐっと少なくなって、いずれも400種以下だ。最も少ないのは非翅目（ガロアムシ）の6種である。ただし、これは1989年のデータなので、現在もっと増えているのは確実だ。

　このうちRDB（情報不足を除く）に掲載されているのは、鞘翅目170種、双翅目10種、鱗翅目100種、膜翅目31種、半翅目68種である。最も多い鞘翅目が多くを占めることは分るとしても、双翅目や膜翅目はかなり少ない。半翅目の比率が高いのは、環境の変化に弱いアメンボやタガメなどの水生昆虫が多いせいだろう。

　注目すべきは鱗翅目の内訳である。チョウとガを合わせた鱗翅目は、ほとんどガによって構成され、その比率は16:1とも20:1ともいわれている。しかしRDB掲載種はチョウが91種と、9種のガの10倍をも占めるのだ。

　こうした傾向は、グループごとの愛好家の数を反映していると言っていいだろう。実は昆虫愛好家のなかで最も大きな人口を占めているのはチョウを対象としている人々なのだ。もちろん研究も進んでおり、何を食べているかといった生活史についても、全ての昆虫のグループの中で最もよく解明されている。当然、昆虫の保全についての発言力も大きくなるため、掲載種の数が多くなったという一面もあるようだ。

　チョウに続いて愛好家が多いのは甲虫だが、あまりに種類が多いため、自分の好みのグループに絞って採集・研究する場合が多く、人口は分散されている。オサムシ・カミキリムシ・クワガタムシが人気のベスト3だ。RDBのなかで多くを占めるメクラチビゴミムシやゲンゴロウも、密かなブームになっているという。

　これ以外の昆虫では、愛好家人口は一気に少なくなる。それを考えると、RDBを見る限りでは、カメムシの愛好家・研究者の健闘は著しい。

　いずれにしても、RDBの内容にはこうした要因に左右される部分も大きい。各都道府県版ではこの傾向はさらに著しく、研究者がいなかったりデータがないという理由で、ごく限られた目のリストしか作れなかったり、逆に何でも掲載してしまうという場合も多いように見える。RDBはまだまだデータを積み上げていく段階にあるのだ。

鞘翅目（コウチュウ目）

カガミムカシゲンゴロウ　*Phreatodytes latiusculus*
ヤシャゲンゴロウ　*Acilius kishii*
フチトリゲンゴロウ　*Cybister limbatus*
シャープゲンゴロウモドキ　*Dytiscus sharpi*
クロオビヒゲブトオサムシ　*Ceratoderus venustus*
ヨドシロヘリハンミョウ　*Cicindela inspecularis*
ルイスハンミョウ　*Cicindela lewisi*
イカリモンハンミョウ　*Cicindela anchoralis*
イワテセダカオサムシ　*Cychrus morawitzi iwatensis*
マークオサムシ　*Limnoarabus maacki aquatilis*
リシリノマックレイセアカオサムシ　*Hemicarabus macleayi amanoi*
ワタラセハンミョウモドキ　*Elaphrus sugai*
ツヅラセメクラチビゴミムシ　*Rakantrechus lallum*
カドタメクラチビゴミムシ　*Ishikawatrechus intermedius*
ヨコハマナガゴミムシ　*Pterostichus yokohamae*
オガサワラモリヒラタゴミムシ　*Colpodes laetus*
アマミスジアオゴミムシ　*Haplochlaenius insularis*
キイロホソゴミムシ　*Drypta fulveola*
キバネキバナガミズギワゴミムシ　*Armatocillenus aestuarii*
セスジガムシ　*Helophorus auriculatus*
ヤマトモンシデムシ　*Nicrophorus japonicas*
ミクラミヤマクワガタ　*Lucanus gamunus*
ヨナグニマルバネクワガタ　*Neolucanus insulicola donan*
オオクワガタ　*Dorcus curvidens binodulus*
オオコブスジコガネ　*Omorgus chinensis*
ヤクシマエンマコガネ　*Onthophagus yakuinsulanus*
ダイコクコガネ　*Copris ochus*
ヤンバルテナガコガネ　*Cheirotonus jambar*
オオチャイロハナムグリ　*Osmoderma opicum*
ヨコミゾドロムシ　*Leptelmis gracilis*
ツマベニタマムシ　*Tamamushia virida*
クメジマボタル　*Luciola owadai*
クスイキボシハナノミ　*Hoshihananomia kusuii*
ムコジマトラカミキリ　*Chlorophorus kusamai*
フサヒゲルリカミキリ　*Agapanthia japonica*
アオキクスイカミキリ　*Phytoecia coeruleomicans*
キイロネクイハムシ　*Macroplea japana*
ヒメカタゾウムシ　*Ogasawarazo rugosicephalus*

カガミムカシゲンゴロウ
Phreatodytes latiusculus

絶滅危惧Ⅰ類(CR+EN)　鞘翅目(コウチュウ目)　コツブゲンゴロウ科

- ●体　　長　1.4mm
- ●分　　布　高知県
- ●生息環境　浅層地下水
- ●発 生 期　通年？
- ●減少の原因　地下水の枯渇

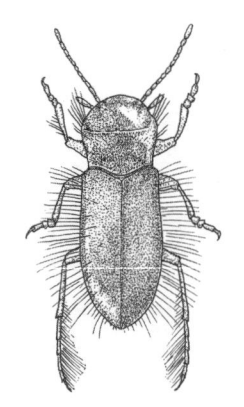

（イラストは近縁種のメクラゲンゴロウ）

生息域地図

　日本の昆虫のなかで最も生息を確認するのが難しいのは、ムカシゲンゴロウやメクラゲンゴロウの仲間に違いない。なにしろ彼らがすんでいるのは、地面から数メートルも下にある地下水層の中なのだ。甲虫のなかには、メクラチビゴミムシのように、洞窟や堆積した礫の下などにすむものも知られているが、これほどまでに完全な地下生活をするものはいないだろう。いずれの種類も、井戸からくみ上げられた水から発見されたもので、オオメクラゲンゴロウ（絶滅危惧Ⅰ類）のようにこれまでに1頭しか採集されていない種類も多い。
　ムカシゲンゴロウの仲間は5種類、メクラゲンゴロウの仲間は3種類が知られているが、この2つは科も違い、分類学的には離れたグループだ。しかし体の特徴には共通のものが多く、光のない地下生活に適応して複眼は無くなり、かわりに周囲を探るセンサーとしての長い毛が体じゅうに生えている。また、

飛ぶための後翅がなく、体の色が薄い点は、多くの地下にすむ昆虫と同様だ。

　地下水は降った雨が地中にしみ込み、「難透水層」と呼ばれる粘土質の層にさえぎられて、砂利や砂などの「礫層」の間にたまったもので、地下10メートル程度までの「浅層地下水」と、もっと深いところにある「深層地下水」に分けられる。かつて手押しポンプなどでくみ上げて利用されていたり、崖の下などから湧き水として地上に現れるのは浅層地下水で、近年、工業用や水道用の水源として、モーターによって深井戸からくみ上げられているのは、主に深層地下水だ。

　ムカシゲンゴロウやチビゲンゴロウがすんでいるのは浅層地下水の方で、どのようにしてここへ入り込んだかは、推測するしかない。もともと渓流の砂礫のなかなどで暮らしていた種類が、川の地下を流れる伏流水や湧き水などを通じて、地下水に入っていったと考える研究者もいる。

　地下水層は、生物の生息には過酷な環境に思えるが、水温は1年を通じて一定のうえ、天敵も少ないので、案外すみやすいのだろう。ただし、メクラゲンゴロウが飼育下では8ヶ月も絶食に耐えられることからも分るように、やはりエサは獲りにくいらしい。ちなみに、容器の中で観察した限りでは、メクラゲンゴロウは活発に泳ぎ回ることができるが、ムカシゲンゴロウは底を歩き回る程度の運動能力しか無いそうだ。

　安定した環境で暮らしていた彼らだが、近年、地下水の様相が変わってきた。地域によっては過度のくみ上げによって枯渇し、地盤沈下などの被害が出ている。また、それほどではなくとも、地表をアスファルトや建物でおおわれて、降った雨が地中にしみ込むことが少なくなったうえ、トンネルや地下室の建設によって、地下の水脈が断ち切られてしまうことも多い。すでに湧水が枯れるなどの影響も出ているが、これらが地下水性ゲンゴロウの生息にもダメージを与えている可能性は高いだろう。トサムカシゲンゴロウ、トサメクラゲンゴロウなど絶滅危惧I類のうち3種は、高知市にある秦泉寺の井戸から見つかったものだが、周囲は市街化が進んで、すでに50年以上見つかっていない。

　ようやく最近になって、一部の自治体では浸透性雨水マスや透水性舗装といった、地下に雨水を浸透させるための取り組みがなされるようになってきた。しかし、日に日に悪化する地下水をめぐる環境を改善するにはほど遠い。まったく目の届かない場所であるだけに、気付かないうちに地下水性ゲンゴロウが絶滅してしまうことが危惧される。どんな対策がとれるかは難しいが、地下水保全などの予防的な措置が必要だ。

コツブゲンゴロウ科　カガミムカシゲンゴロウ

ヤシャゲンゴロウ
Acilius kishii

絶滅危惧Ⅰ類(CR+EN)　鞘翅目(コウチュウ目)　ゲンゴロウ科

- ●体　　長　14.5〜16mm
- ●分　　布　岐阜・福井県境の夜叉ケ池
- ●生息環境　水生植物のない底が砂利の池
- ●発 生 期　通年(7〜8月に羽化)
- ●減少の原因　水質汚染

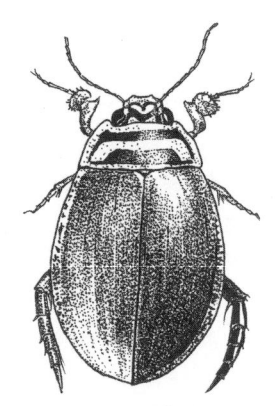

裏148

ヤシャゲンゴロウ♂

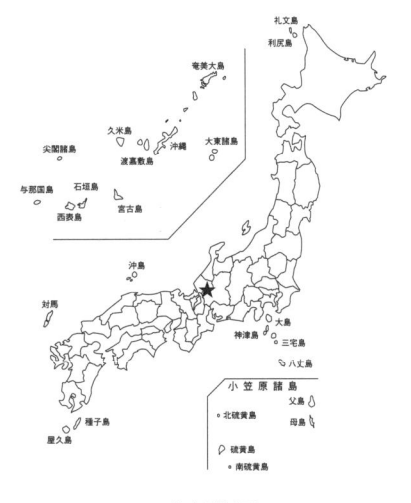

生息域地図

　ヤシャゲンゴロウは、ゲンゴロウの仲間では唯一、「種の保存法」という法律によって保護されている昆虫だ。この法律は、日本国内で絶滅が危惧される73種(2005年現在)の動植物について、捕獲や譲渡の禁止ばかりでなく、保護区の指定や保護増殖事業の実施といった部分にまで踏み込んでいる。いろいろ不備な点も多いものの、これまでの日本の自然保護行政が、天然記念物に指定して捕獲禁止の看板を立てる程度で、開発による生息地の破壊には知らぬ顔を決め込んでいたのに比べればかなり進んでおり、罰則も懲役刑があるほど重い。昆虫では、ヤシャゲンゴロウ以外にも、ベッコウトンボ・イシガキニイニイ・ヤンバルテナガコガネ・ゴイシツバメシジミの4種が、この法律に基づく「国内希少野生動植物種」に指定されている。

　ヤシャゲンゴロウにこうした法律の網がかかっているのは、日本の昆虫の中

で、その生息範囲がもっとも狭いものの一つだからに違いない。なにしろこの虫は、福井・岐阜県境の標高1100mの尾根上にある、周囲わずか270m、水深約8mの夜叉ケ池からしか見つかっていないのだ。ここには流れ込む川などはなく、水源は雨水と周囲のブナ林からの伏流水に限られている。冬には日本海の季節風をまともに受ける豪雪地帯にあり、雪解け水を保水力のある森林が貯えているおかげで、水量を保てるのだろう。

　池にはイモリは多いものの魚はすんでいない。その他の水生生物も、モリアオガエルやクロサンショウウオのオタマジャクシ、オオルリボシヤンマのヤゴ程度と貧弱だが、ヤシャゲンゴロウの幼虫はこれらのほとんどをエサにし、池の食物連鎖の頂点に立つ存在だ。幼虫の体も特殊化しており、細長い体で毛の生えた足をオールのように動かして、活発に泳ぎ回る。ヤシャゲンゴロウにごく近縁な種類としては、北海道と本州の中部地方以北の高地にメススジゲンゴロウがすんでいるが、こうした習性は共通している。おそらく、これらは同じ先祖をもち、夜叉ケ池に隔離されたものがヤシャゲンゴロウに種分化したと考えられている。

　ヤシャゲンゴロウの生息地は夜叉ケ池だけなので、保全のためにはここの環境を守るしかないのだが、近年の登山ブームが与えている影響は少なくないようだ。かつては池を訪れる人も希だったが、岐阜県側も福井県側も、歩いて2時間程度の距離に大きな駐車場をもつ登山口があるため、紅葉シーズンなどには多くの登山客が訪れる。これらの中には、行楽気分で池の畔で宴会をして、飲み残しの酒や汁をあたりに撒いたり、池で食器を洗う者まであるという。また、周囲の茂みで用を足す者も少なくないらしい。こうした行為のために池が富栄養化しても、水の流入が少ないうえに水温が低く、水生植物もほとんど無いので、池自身の自浄作用はほとんど期待できない。水の汚染は、ヤシャゲンゴロウにとって致命的な影響を与えるだろう。最近では環境保全を目的にしたパトロールも行われているが、無神経な登山者は後を絶たないそうだ。

　夜叉ケ池には、泉鏡花の小説にもなった龍神伝説があり、麓の集落には恵みの雨を保障してくれるという信仰がある。昔の登山家の本などを読むと、かつてはこうした地元の信仰には敬意を払い、神聖な場所で酒盛りなどすることなどはなかったと言う。現在の登山ブームの中心である中高年は、社会的には規範となるべき存在のはずだが、その傍若無人な振舞いを見ると、どうもそれは期待できないようだ。

ゲンゴロウ科　ヤシャゲンゴロウ

フチトリゲンゴロウ
Cybister limbatus

絶滅危惧Ⅰ類（CR+EN）　鞘翅目（コウチュウ目）　ゲンゴロウ科

- **体　　長**　33〜39mm
- **分　　布**　琉球列島
- **生息環境**　平地の水生植物が豊かな深い池沼・休耕田
- **発生期**　通年
- **減少の原因**　埋立て・休耕田の乾燥化・水質汚染

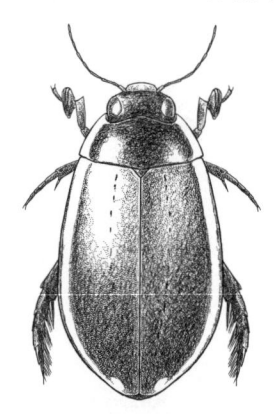

フチトリゲンゴロウ 　　　　　　　　　生息域地図

　トンボに代表される多くの水生昆虫が、生活史の一部だけを水中で過ごすのに対し、ゲンゴロウは成虫になっても水中での活動が可能な「真の水生昆虫」の一つだ。日本でこうした生態をもつ種類は、タガメなどの水生カメムシを除けば甲虫に限られており、12科320種ほどが知られている。このうちゲンゴロウ科は127の種と亜種が見つかっていて、ガムシ科の67種、ヒメドロムシ科の52種と比べても、その多様性は他を大きく引き離す。

　もっとも、一般的に知られているゲンゴロウ（準絶滅危惧）のような大型の種類はそれほど多くなく、科の大部分を占めているのは、名前にセスジ・ツブ・チビ・ケシなどがつく体長10mm以下のグループだ。なかにはマルチビゲンゴロウのように2mmに満たないものも珍しくない。

　彼らが多様化できたのは、さまざまな水環境に適応する能力に長けていた結

果だろう。姿を見ることができるのも池沼や水田ばかりでなく、湿地、河川、渓流と幅広い。なかには河川敷や荒れ地に一時的にできた水たまりなどを好むセスジゲンゴロウ類や、海水の混ざるタイド・プールで見られるチャイロチビゲンゴロウのようなものもいる。メクラゲンゴロウに至っては、一生を地下水のなかで送ることは別項でも述べた通りである。

　彼らは移動能力も優れており、飼育する際はふたをしないと飛んで逃げてしまうし、街灯などの明りに引き寄せられた個体は路上でよく見つかる。このため小笠原諸島や大東諸島などの大洋島にも分布を拡大できたようだ。

　これほど適応力に優れているゲンゴロウ科だが、レッドリストでは絶滅危惧Ⅰ類では10種、Ⅱ類では2種、準絶滅危惧では5種も掲載されている。これは日本の水環境がいかに悪化しているかを表わしていると言えるだろう。とくに近年減少が著しい種類には、平地や丘陵地といった人間にとって身近な環境に生息し、かつては普通に見られたという例が多い。

　フチトリゲンゴロウは、海外では台湾、中国から東南アジアを経てインドまで広く分布する南方系の種類である。国内で見られるのは渡瀬線以南の琉球列島に限られるのでなじみは薄いが、この地域に生息しないゲンゴロウのニッチを占めていると考えられる大型種だ。

　彼らの生息地は平地に見られる水生植物が豊かな池だが、かつての琉球列島では米作りが盛んで灌漑用のため池も各地に作られ、こうした環境には事欠かなかったに違いない。しかし1960年代に入ると、当時この地域を統治していたアメリカと世界有数の砂糖生産国キューバとの対立によって砂糖が高騰したため、補助金を交付までして稲作からサトウキビへの転換が進められた。この結果、1955年に12500haもあった水田は1/10以下に激減し、米の自給率はわずか5％にまで低下したほどだ。ちなみに現在のサトウキビは、砂糖価格の下落によって国からの補助金で支えられる作物となっている。

　この傾向は本土復帰後の現在も続いており、比較的米作りが盛んだった石垣島でも、多くの水田や池が埋め立てられてサトウキビ畑に変わった。こうした変化は当然、水生昆虫の生息に大きな影響を及ぼさずにはおかない。なかで最も大きなダメージをうけたと考えられるのがフチトリゲンゴロウであり、かつての生息地のほとんどではすでに絶滅した可能性が高い。

　RDBでの本種の扱いは、主な減少の原因をマニアの採集としていながら、こうした環境の変化の深刻さにはほとんど触れていない。マニアに全く責任がないとは言えないが、その内容は片手落ちの誹りを免れないだろう。

ゲンゴロウ科　フチトリゲンゴロウ

シャープゲンゴロウモドキ
Dytiscus sharpi

絶滅危惧Ⅰ類(CR+EN)　鞘翅目(コウチュウ目)　ゲンゴロウ科

- ●体　　長　28～33mm
- ●分　　布　東北以南の本州
- ●生息環境　丘陵地の水田・休耕田
- ●発 生 期　通年（6月に羽化）
- ●減少の原因　丘陵地の開発・水田の乾燥化・圃場整備

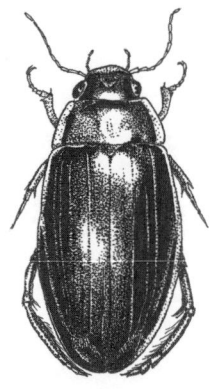

囲90,110

シャープゲンゴロウモドキ♀
（口絵写真6頁参照）

生息域地図

　シャープゲンゴロウモドキは、かつて本州中部の平野に分布していた日本固有種で、1960年代に絶滅したと考えられていた。ところが1984年に房総半島で再発見され、現在では北陸から山陰にかけても見つかっている。

　この虫の生活サイクルは変わっていて、冬に交尾し、3月には水草の茎などに産卵する。そして田植え前の水田などで成長し、6月には新成虫となって現れる。水田で繁殖する大型のゲンゴロウ類はもちろん、水生昆虫の多くが田植えの終わったあとに産卵し、幼虫が育つのと対照的だ。

　これと同じパターンはカエルにも見られ、ニホンアカガエルやヤマアカガエルは、まだ氷が張るような時期に産卵し、オタマジャクシは田植え前の水田で育つ。一方、ヌマガエルやトノサマガエル・ダルマガエルは、田植えが終わった水田で繁殖する。ちなみにオタマジャクシの時期は、前者がシャープゲンゴ

ロウモドキ、後者がその他のゲンゴロウの幼虫期と一致するので、それぞれのエサとして都合が良い。

　こうした2つのパターンが出来上がったのは、それぞれの生物の起源にあるようだ。ゲンゴロウモドキの仲間は、ユーラシアから北アメリカにかけての全北区に広く分布する北方系のグループで、シャープゲンゴロウモドキはその中でもっとも南に分布する種類である。一方、ゲンゴロウの仲間は、日本では南へ行くほど種類が増えることからも分るように、広く熱帯地方にも分布を広げている南方系のグループだ。これはカエルでも同様で、アカガエルの仲間は北方系、ヌマガエルやトノサマガエルは南方系に属する。

　カエルの場合で見てみると、夏になると水温は30度以上に達することも多い水田では、南方系の種類のオタマジャクシは耐えられるが、北方系の種類の場合は生き延びることができない。北方系のトンボであるアキアカネが、平地の水田で羽化しても、夏は涼しい山で過ごすのと同じように、アカガエルやゲンゴロウモドキの仲間は、夏の暑さを避けるために、まだ寒いうちから繁殖を始めると考えられている。

　ただし、田植え前に繁殖できる水田には条件がある。水はけが悪く、冬の間も水たまりができるような「湿田」でなければならない。日本では、平地の水田はたいてい湿地に作られたし、谷間を利用した「谷戸田（谷津田）」も、常に湧き水が流れ込むような環境だった。北方系昆虫の繁殖場所には事欠かなかったのだ。

　ところが近年、農業の近代化が進むと、トラクターなどの耕作機械を入れやすくするため、水田の水はけを良くする「乾田」化が進んだ。特に最近の圃場整備事業では、広い面積を土木機械でならしたうえに、機械耕作に都合に良い大きさや形に整え、灌漑もコンクリートの水路やパイプによって行われるようになった。

　こうした工事による生物への影響は大きく、圃場整備が進んだ水田では、アカガエルがほとんど見られなくなってしまったという。当然同じ生活パターンをもつ、シャープゲンゴロウモドキも安泰ではいられない。そのためか、現在も彼らの姿が見られるのは、丘陵地で整備ができない谷戸田の休耕田といった湿地がほとんどだ。

　しかしこうした場所も、水の管理がされなければ、いずれは乾燥化が進んで湿地ではなくなる。また、丘陵地自体が開発されてしまう例も少なくない。最近では里山の再評価が進み、水辺の生物のための環境づくりへの取り組みも始まりつつあるが、シャープゲンゴロウモドキの未来も、こうした活動に託すしかないのだろうか。

クロオビヒゲブトオサムシ
Ceratoderus venustus

準絶滅危惧(NT)　鞘翅目(コウチュウ目)　オサムシ科

- **体　　長**　4.7mm
- **分　　布**　四国(足摺岬)・九州
- **生息環境**　照葉樹林
- **発 生 期**　夏季(5～6月・9月)
- **減少の原因**　照葉樹林の伐採・観光開発

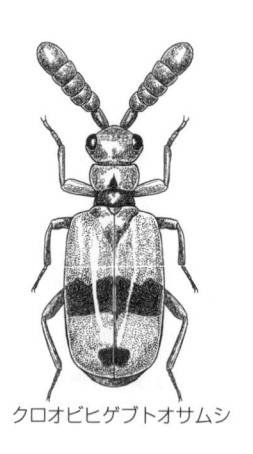

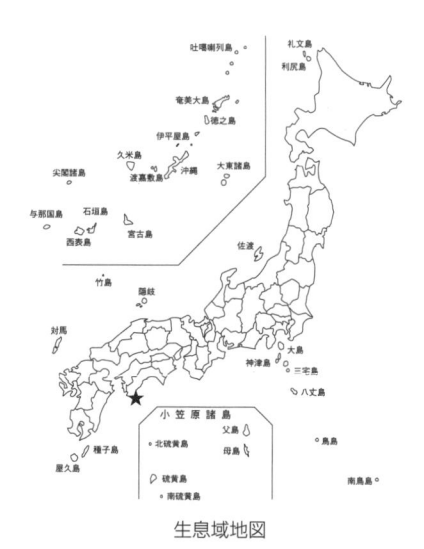

西92

クロオビヒゲブトオサムシ

生息域地図

　クロオビヒゲブトオサムシは、その名の通り触角が癒着(ゆちゃく)して5節だけになり太く平らに発達した奇妙な姿をしている。同じ甲虫のアリヅカムシの仲間にも、やはり触角の先端がふくれたり節が退化しているものが多く、これはアリと共生するという、彼らに共通の特殊な習性が生んだものらしい。ただし、こうした生活への適応度にはかなり差があり、日本ではアリヅカムシに10種以上が知られているのに対し、ヒゲブトオサムシの仲間ではこの虫だけだ。

　アリが昆虫界の嫌われ者であることは別項でも述べた通りだが、その巣に共生する「蟻客(ぎゃく)」と呼ばれる昆虫には、前述のグループやアリヅカエンマムシ、アリノスハネカクシといった甲虫以外にも、アリヅカコオロギ、アリノスアブやゴマシジミ(192頁)の幼虫、メナシシミなどさまざまな種類がいる。これらの多くはアリに体の形や匂いを似せたり蜜を分泌するなど、攻撃を受けない

工夫をして、食料をかすめ取ったり幼虫や蛹を食べてしまう。
　こうした蟻客たちが共生する相手は種類ごとに決まっていることが多く、クロオビヒゲブトオサムシの場合も、立ち木に生息するクボミシリアゲアリだけに依存すると考えられている。
　この虫が発見されたのは、四国の最南端である高知県の足摺岬である。ここは黒潮に洗われる影響もあって温暖多湿で、シイやタブで構成される照葉樹林には、アコウ、クワズイモ、リュウビンタイなどの亜熱帯植物も豊富だ。もちろん昆虫でも、ミナミヤンマ、アカギカメムシ、コゲチャヒラタカミキリ、アシズリエダシャク、ヤクシマルリシジミといった、九州南部や琉球列島などと共通する南方系の昆虫が見られることで名高い。
　ヒゲブトオサムシの仲間も、世界では熱帯から亜熱帯にかけて400種が知られているので、この虫が南方的要素の強い足摺岬で見つかったのはうなずける。しかし他では九州でわずかな記録があるに過ぎず、いまだに確実な生息地はここ一ヶ所だけだ。クボミシリアゲアリの分布は、関東以西の太平洋側を中心に、琉球列島最西端の与那国島まで確認されているので、アリ以外の要素が生息のカギとなっているに違いない。
　クロオビヒゲブトオサムシが準絶滅危惧に選定されているのは、このように生息地が限られていることが理由だろう。しかし足摺岬は、足摺宇和海国立公園の一部であることに加え、海岸に面した森は漁業にとって重要な「魚つき保安林」となっているので、彼らのすむ照葉樹林も比較的良く残されている。こうした自然が保たれている限り、この虫の将来は安泰だと思われ、最近では採集や撮影される例も増えてきたという。
　そんな良好な環境を反映してか、この地域には昆虫以外にも注目すべき生物が多い。ニホンカワウソ（絶滅危惧IA類）が日本で最後まで確認されていた他にも、砂浜に上陸産卵するアカウミガメ（同IB類）や九州と隔離した分布をするオオイタサンショウウオ（同II類）が見られ、沿岸の島にはカンムリウミスズメ（同II類）の繁殖地やオヒキコウモリ（同IB類）のねぐらがある。
　ただし名高い観光地なので、過剰な施設や道路の整備を行ったり、森の下生えを刈り払う、夜間もこうこうと照明をつけるといった、客の便宜ばかりを考えた事業には注意が必要だろう。また、近年イノシシが増えて林床を荒らしているという情報も気にかかる。

ヨドシロヘリハンミョウ
Cicindela inspecularis

絶滅危惧Ⅱ類(VU)　鞘翅目(コウチュウ目)　オサムシ科

- ●体　　長　9～12mm　　　　　　　　西 54,84,94,106,108,114,126
- ●分　　布　本州・四国の瀬戸内海沿岸・九州・種子島
- ●生息環境　河口付近の砂泥地の水辺
- ●発 生 期　6～10月
- ●減少の原因　埋め立て・河川改修

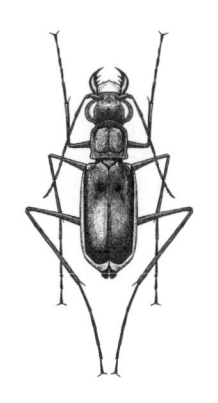

ヨドシロヘリハンミョウ
（口絵写真6頁参照）

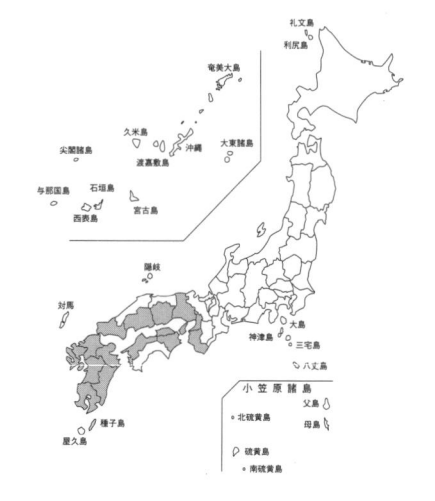

生息域地図

　ハンミョウの多くが好む明るく開けた裸地は、雨が多くて植物がよく茂る日本では見つけにくい環境だ。そのために、マガタマハンミョウやホソハンミョウのように、森林や草原へと進出した種類もいる。しかし裸地を求めて、他の虫があまりみられない特殊な環境にすみついているものも少なくない。これまで紹介したものの他にも、河口や海岸の砂地を好むハラビロハンミョウ（絶滅危惧Ⅱ類）や、岩礁を好むシロヘリハンミョウなどがあげられる。なかでもヨドシロヘリハンミョウは、河口付近のヨシが生えたような干潟をすみかとするという変わり種だ。名前も、最初に発見された大阪の淀川河口にちなんでいる。もともとは南方系の種類で、種子島や台湾、中国南部ではマングローブの干潟に生息しているらしい。

　干潟は、川から運ばれた土砂が河口や湾の奥に堆積したもので、干潮になる

と一面の泥の原が現れる。昆虫の生息環境としては適していないが、カニやゴカイ、二枚貝などがきわめて豊かで、これらを狙って集まるシギやチドリといった野鳥も多く、たくさんの生物を支えているという点では類を見ない。また、微生物による海水の浄化能力も高く、稚魚などが成育する場でもあるので、漁業にとっても重要な環境だ。

　日本は複雑な海岸線を持ち、川が急流で運ばれてくる土砂も多いため、各地に干潟が発達した。なかでも有名なのは、長崎・佐賀・熊本三県の沿岸に広がる有明海だろう。ここは広大なことはもちろん、ムツゴロウやワラスボといったユニークな魚類をはじめ、日本では他で見られないような生物が数多くすんでいることで知られている。特に長崎県の諫早湾干潟は、生物が豊富なことで知られており、ここに流れ込む本明川のヨシ原も、全国でも数少ないヨドシロヘリハンミョウの生息地の一つだった。しかもここの個体群は、固有の亜種とも考えられる特徴をもっていたのだ。

　しかし、高度経済成長期になると、遠浅で埋め立てに都合が良い干潟は、日本各地で次々と工場用地へと変わっていった。現在の太平洋から瀬戸内海沿岸にかけての工業地帯は、たいていこの時期に造成された埋め立て地だ。当然、干潟をすみかとするヨドシロヘリハンミョウには、大きな打撃となったに違いない。70年代になって、オイルショックや反公害運動の盛り上がりなどで、その勢いは衰えたものの、大規模農業用地やゴミ処理場としての埋め立ては続いている。また、河川改修でヨシ原が根こそぎ消えてしまう例も多い。

　諫早湾の場合も、1950年代の食料増産時代に立てられた農林水産省による干拓計画が、農業をめぐる情勢が変わっても続けられた。同じような意図で進められていた島根県・宍道湖の埋め立てが、「時代遅れ」との判断で中止されたのとは対照的だ。貴重な生物の絶滅や、漁業への悪影響を危惧する声を退け、1997年には「ギロチン」と称される衝撃的な堤防閉切りの映像とともに、諫早湾は完全に海と仕切られてしまった。干上がっていく干潟に取り残された生物を少しでも救おうという、大勢のボランティアの活動も間に合わず、死体が累々と続く無惨な光景が残されたのは記憶に新しい。当然、河口に残されたヨドシロヘリハンミョウも絶滅した。

　その後、この埋め立ての影響と考えられる漁業被害が起こり裁判になっている。一度決定した事業は変更しないという硬直した行政の姿勢は、日本の自然に最も大きなダメージを与えている要素と言っても、決して過言ではあるまい。もっとも、そうした行政の存在を許しているのは、我々有権者なのだが。

オサムシ科　ヨドシロヘリハンミョウ

ルイスハンミョウ
Cicindela lewisi

絶滅危惧Ⅱ類(VU)　鞘翅目(コウチュウ目)　オサムシ科

- ●**体　　長**　15〜18mm
- ●**分　　布**　近畿以西の本州・四国・九州
- ●**生息環境**　河口付近の砂泥質の水辺
- ●**発 生 期**　夏季
- ●**減少の原因**　埋立て・河川改修

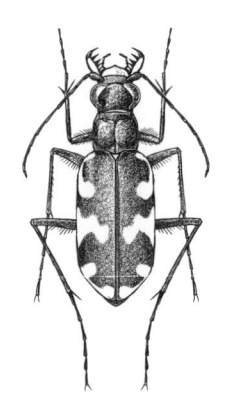

西74,78,84,108

ルイスハンミョウ
(口絵写真6頁参照)

生息域地図

　ハンミョウの仲間には、海岸の砂地や干潟を好むものが少なくないことは別項でも述べた通りで、全24種のうちの1/4を占める。ルイスハンミョウはこれら海浜性の6種のなかでも最大の種類だ。
　彼らの生息環境は、イカリモンハンミョウ(92頁)やカワラハンミョウ(絶滅危惧Ⅱ類)が見られるような海に面した砂浜ではなく、川の河口域の砂と泥が混ざった岸辺を好む。同じ場所にはヨドシロヘリハンミョウ(88頁)が見られることも多いが、エサをめぐって競合するようなことはないという。ハンミョウの仲間は、大あごの大きさによって捕える獲物のサイズがある程度決まっており、同じ場所にすみながらもエサを分け合うようになっているらしい。海岸という限られた環境を、なるべく多様な生物が利用できるような一種の「すみ分け」が働いているのだろう。同じような例は、干潟でエサをあさる

鳥・シギのくちばしの大きさや形による獲物の違いにも見られる。

　ルイスハンミョウは朝鮮半島や中国にも広く分布しており、九州経由で日本に入ってきた時期は約5万年前と、ハンミョウの中でも最も新しいと推定される。その後この虫は、古くからいた大あごの大きさが近いハラビロハンミョウ（絶滅危惧Ⅱ類）との競争に勝ち、彼らを押しのける形で分布を拡げたらしい。この2種類の分布域が重なっていないのは、そのためと考えられている。

　そのルイスハンミョウも、現在では生息地を奪われて追い立てられつつある。しかし今度の相手は他のハンミョウではない。大きな川の河口は人間の経済活動が盛んな場所であり、生息地が次々と埋め立てられたり、河川改修によって干潟や砂浜が削られたりする場合が非常に多いためだ。

　「四国三郎」の異名をとる徳島県・吉野川河口では、大河に運ばれた土砂が堆積して広大な干潟やヨシ原、砂浜が広がり、この虫やヨドシロヘリハンミョウをはじめ、オオヒョウタンゴミムシ、ウミホソチビゴミムシ（いずれも準絶滅危惧）といった海浜性昆虫が豊富である。さらには全国有数の生息地であるシオマネキ（準絶滅危惧）に見られるように干潟の生物や魚が多いため、多くの水鳥が渡りの途中で栄養を補給する中継地としても重要だ。

　吉野川には巨大な河口堰（せき）の建設計画があったが、上にあげた多くの生物への影響が無視できないこともあり、住民の反対運動によって中止に追い込まれた。しかしルイスハンミョウの生息地では、これとは別の港湾整備計画が進められており、完成すれば彼らが絶滅する可能性が極めて高い。現に南に隣接する那賀川では、河口付近の埋立てによって姿を消している。

　これに対しては、計画地の一部に人工の砂浜を造成し、ここへ移植するという対策が立てられているという。こうした保全策が「ミティゲーション」と呼ばれることは別項でも紹介したが、日本で行われている事業は、発祥の地であるアメリカでの手法を換骨奪胎したものに過ぎないようにも見える。

　そもそもアメリカでのミティゲーションの目的は、悪影響を及ぼさない開発を行うことに重点が置かれ、対策の段階も「回避」「軽減」「代償」の3つに分かれている。もちろん「回避」が最も望ましいことは言うまでもない。開発で消滅する環境を別の場所に復元する「代償」も、場合によっては現状の倍以上の面積を義務づけられ、監督官庁の審査を受けねばならないほど厳しいものだ。現状より確実に生息地が縮小し、成功の可能性さえ不明な場合も多い日本のミティゲーションが、果たしてその名に値するのか大いに疑問が残る。

イカリモンハンミョウ
Cicindela anchoralis

絶滅危惧Ⅰ類（CR＋EN）　鞘翅目（コウチュウ目）　オサムシ科

- **体　　長**　12～15mm
- **分　　布**　石川・鹿児島県・種子島
- **生息環境**　遠浅の砂浜
- **発 生 期**　7～8月
- **減少の原因**　護岸工事・人や自動車による撹乱・砂浜の浸食

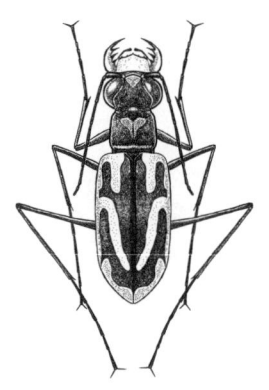

東144　西114,126

イカリモンハンミョウ
（口絵写真6頁参照）

生息域地図

　ハンミョウの仲間は肉食性で、主に地表性の昆虫などを捕らえるため、明るく開けた環境にすむ種類が多い。幼虫も、地面にトンネルを掘って獲物を待ち伏せするという、開けた裸地に適応した習性を持つ。

　イカリモンハンミョウの生息地も、植物が豊かな砂丘へ続く、細かい砂のなだらかな砂浜で、波打ち際近くでも獲物を狙って走り回る姿が見られる。ただし、こうした環境ならどこでもいるというわけではなく、確認されているのは、石川県能登半島・宮崎から鹿児島にかけての沿岸・種子島などに過ぎない。

　なかでも石川県の生息地の現状は、イカリモンハンミョウの将来を暗示していると言ったら大げさだろうか。能登半島の日本海側には、100km近くも砂浜が続き、かつては各地にこの虫が生息していたようだ。ところが1970年代、この海岸沿いに能登有料道路が出来ると、砂浜と砂丘は分断されてしまった。

さらにこの道路のおかげでアクセスが良くなったために海浜でのレジャーが盛んになり、イカリモンハンミョウの活動期に多くの人々が生息地に入り込んでくるようになった。

　こうした傾向にますます拍車をかけたのはアウトドアブームである。四輪駆動車やオフロードバイクで砂地を走るレジャーのため、各地の砂浜や砂丘には多くの車輌が入り込むようになったのだ。当然こうした行動は、海浜性の動植物に影響を与えずにはおかない。太平洋岸ではウミガメの産卵地が踏みつぶされ、縦横に走るわだちに孵化した子ガメが落ち込んで死んでしまうといった事態が続発した。あげくの果てには、車両の侵入を防ごうと保護団体が張ったロープにオフロードバイクが引っかかり、死亡事故まで起きたほどだ。

　能登半島の場合、砂が細かくて走りやすいこともあって、こうした車輌が集まるようになり、千里ヶ浜では「渚ドライブウェイ」と名づけられ、観光バスまでもが砂浜を走ることが出来るようになった。

　これだけの要因が重なれば、イカリモンハンミョウの生息環境を保つことは、もはや難しいと言わざるを得ない。個体数は激減して、一時は能登半島からは絶滅したと考えられていた。近年になって、能登有料道路沿線から外れた海岸に、わずかに生き残っているのが発見されている。

　しかし、この生息地すら、たとえ人や車輌の立ち入りを禁止したとしても、いつまでも安泰という保証は無い。能登半島ではここ数年、波による砂浜の浸食が目立ち始めたのだ。前述の「渚ドライブウェイ」でも、車輌が波をかぶることが多くなってきたという。原因は、半島の付け根に河口をもつ手取川のダム建設や砂利採取の影響によって、今まで海に流れ出ていた砂の量が減ったためと考えられている。また、護岸や港湾工事によって潮に運ばれる砂の流れが変わってしまったのも原因のようだ。行き過ぎた国土開発が、予期せぬ形で影響を及ぼしたと言えるだろう。

　こうした傾向は全国的で、すでに日本の砂浜の13％が消失したとも言われている。三保の松原や天橋立といった砂浜が続く景勝地も例外ではない。波の緩衝地帯を失うことによる防災面での影響も深刻だ。しかし何よりも、イカリモンハンミョウのような、環境破壊や観光客に追いつめられた、砂浜性昆虫の息の根を止めてしまう心配がある。彼らの種類はそれほど多くはないが、他の環境では決して生きることができないのだ。

イワテセダカオサムシ
Cychrus morawitzi iwatensis

絶滅危惧Ⅱ類(VU)　鞘翅目(コウチュウ目)　オサムシ科

- ●体　　長　12〜13mm
- ●分　　布　岩手県中部の北上高地
- ●生息環境　山地の落葉広葉樹林
- ●発 生 期　7〜9月
- ●減少の原因　森林伐採

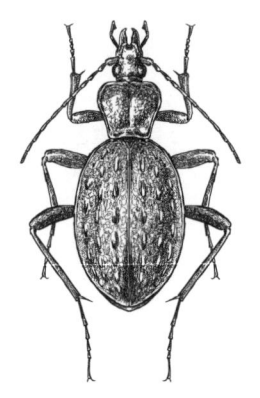

イワテセダカオサムシ　　　　　　　　生息域地図

　生物の分布は、単にその種がどんなものを食べ、どんな環境を好むかといった生態だけによって決まるわけではない。生息する土地そのものがどういった過程で出来上がったか、気候がどう変化したのかも大きな要因となる。逆に生物の分布から、過去の日本の姿を推理することも可能だ。イワテセダカオサムシは、まさにそんな地史学上の生き証人と言える昆虫である。

　オサムシとしてはかなり小型で、その名の通り背中が膨らんだ寸詰まりの特異なスタイルをもつ。日本の他のすべてのオサムシが含まれるオサムシ族とは非常に古い時代に分かれ、ただ一種でセダカオサムシ族に属している。

　彼らは北海道からサハリン、南千島に広く生息するセダカオサムシの一亜種だが、その分布域は他の亜種とは飛び離れた、岩手県中部のごく狭い範囲の山地だけだ。北海道と本州のオサムシ相は、共通種はいるものの基本的には大き

く違ううえ、こんな隔離(かくり)的な分布のパターンを示すものは他にいない。これはイワテセダカオサムシが現在の生息地にすみついたのが、比較的古い時代だったためと考えられている。

かつて陸続きで共通の生物も多かった北海道と本州が、津軽海峡によって隔てられたのは200万年前に始まった氷河期というのが通説だ。この時代は寒冷化が進んで海面が下がり、水深の浅い宗谷海峡や間宮海峡が陸続きになって、大陸系の多くの生物が北海道に侵入した。一方、それ以前に渡来して本州から隔離された種類のなかには、寒さに耐えられず絶滅してしまったものも少なくない。この結果、北海道の生物相は大陸系のものが多くを占めるようになり、哺乳類では70%以上を占めるほどだ。

その後、氷河期が終わると、今度は本州にすむ北方系の生物が温暖化を逃れて北へと移動したが、行く手を津軽海峡にさえぎられ、高山や湿原、湧水のような寒冷な環境へと逃れることができたもの以外は姿を消した。

イワテセダカオサムシも、この過程で北上山地の一角に生息地を見出した遺存的な種類のようだ。ここには他にも、北海道でしか見られないはずのエゾマツやアカエゾマツが隔離的分布をしている。日本最古の地層として知られるうえ、冬は雪が少なく乾燥し夏季はヤマセ（低温の北東風）の影響を受けるこの地域は、北方系の生物が生息できるだけの条件を備えているのだろう。

彼らが宮古市北部の山地で発見されたのは1979年で、それ以外の生息地はいまだに見つかっていない。ミズナラなどの落葉広葉樹の森林にすみ、地上を歩き回ってはカタツムリを捕えてエサにしている。

ここではこれまで森林がよく保たれていたが、近年は伐採が進んだ。もともとこの地方は、「南部牛追歌」で知られるように江戸時代から牛馬の放牧が盛んであり、近年はより効率的な経営のため、山地の森林を伐採して大規模な放牧地を造成する例が増えてきたのだ。イワテセダカオサムシの生息地周辺にも、このような放牧地がいくつかあり、キャンプ場なども開設されている。当然、彼らも何らかの影響を受けていると思われるが、生息状況の調査が進んでおらず、実態は把握できていない。

こうした開発に伴う生物保全については、「近隣に似たような環境があるから」という理由で、計画通り進められるのが通例だ。しかし他のオサムシと同様に飛ぶことができず移動力が小さい彼らには、ようやくたどり着いた安住の地から、よそに移ることなどほとんど不可能だろう。今後は生態調査に基づいた、よりきめの細かい対策が望まれる。

オサムシ科　イワテセダカオサムシ

マークオサムシ
Limnoarabus maacki aquatilis

絶滅危惧Ⅱ類(VU)　鞘翅目(コウチュウ目)　オサムシ科

- ●体　　長　25～30mm
- ●分　　布　栃木・新潟県以北の本州
- ●生息環境　低地の湿地・泥炭地
- ●発 生 期　通年（9月に羽化）
- ●減少の原因　護岸工事・乾燥化

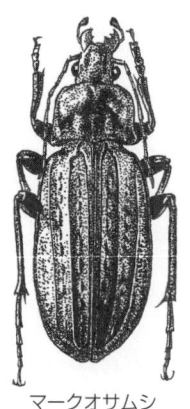

圏48,50,68,70

マークオサムシ
（口絵写真7頁参照）

生息域地図

　オサムシと言われてすぐに実物をイメージできる人は少ないに違いない。夜行性のうえ、地上を足早に歩き回っているので、目にする機会はあまりないだろう。しかし昆虫愛好家の間では、大変人気のあるグループとして不動の地位を築いている。マンガの神様として有名な手塚治虫のペンネームも、この虫にちなんでいるほどだ。
　その人気の秘密は、オサムシの仲間の地域変異にある。彼らは、地表や落ち葉の下にいるミミズ・カタツムリ・他の昆虫の幼虫などを捕らえて暮らしており、翅が退化して飛ぶことができないものが多い。そのために移動能力が乏しく、川や高い山があると越えることができず、他の集団との交流が無くなって地域ごとに隔離されやすい。これらがそれぞれ独自の進化を遂げて、多くの種や亜種に分かれているのだ。2006年現在、日本には45種のオサムシが確認さ

れているが、亜種の数は190以上にのぼる。

　マークオサムシは、東日本の限られた地域にのみ分布する、特異なオサムシである。生息地の多くは川や池の周辺で、寒冷な気候のため枯れたヨシなどが腐らずに堆積してできた泥炭の湿地や河川敷、休耕田などだ。彼らは半水生と言っていいほどこうした環境への依存度が高く、小型のカエルや巻貝までエサにしている。

　また、他の日本のオサムシには見られない彫刻のような模様の上翅をもっていて、何となく異国的な雰囲気が漂っているためか、愛好家の間では人気が高い。それもそのはずで、この虫は旧北区の広い地域にすんでいる種類なのだ。

　愛好家を夢中にさせるオサムシの地理的変異や種分化には、その土地の歴史が隠れている。例えば、ある地域に周囲と違う特徴をもつオサムシがすんでいれば、彼らはかつて長い間隔離されていたために、独自の進化をとげたものと考えることができる。いったい何が彼らの移動を妨げていたのか。オサムシファンにはその推理がたまらない魅力のようだ。

　さらに最近では、DNAを解析することによって、これらのオサムシの進化と地球上の地形の変動の間に、大きな関係があることも分ってきた。例えば、世界のオサムシが現在見られるような大きなグループに分かれたのは4000〜5000万年前で、インド亜大陸がユーラシア大陸にぶつかって、ヒマラヤ山脈が出来上がった時期と一致すると言われている。また進化する過程でも、同じような環境で暮らすうちに、全く違う系統の種類同士の姿が似通ってしまったり、その逆もあり得るという結果も出た。マークオサムシの場合も、ユーラシア大陸より渡って来てから本州で種分化が起こり、似ても似つかないアキタクロナガオサムシが生まれたと考えられている。三重県からは、175万年前のマークオサムシの化石も見つかっていて興味深い。

　オサムシのDNA解析による分類については始まったばかりで、今までの形態に基づく分類と大きく違うために課題も多いが、研究が進めば日本列島の成立についての貴重なデータとなることだろう。

　しかしマークオサムシの生息地である泥炭地は、排水工事が行われて乾燥化したり、川や池の護岸工事によって根こそぎ消え去りつつある。すでに絶滅した産地も少なくない。DNA解析という新しい手段によって、地球の歴史や進化のナゾが明らかにされつつあるのも、生きたオサムシがいてこそである。こうした存在に対する我々の態度は、自分たちのルーツ探しに夢中になるのに比べると、冷淡すぎるのではないだろうか。

オサムシ科　マークオサムシ

リシリノマックレイセアカオサムシ
Hemicarabus macleayi amanoi

絶滅危惧Ⅰ類（CR+EN）　鞘翅目（コウチュウ目）　オサムシ科

- ●体　　長　17〜18mm
- ●分　　布　北海道の利尻島
- ●生息環境　利尻岳の高山帯
- ●発 生 期　夏季
- ●減少の原因　登山客の増加による生息環境の悪化

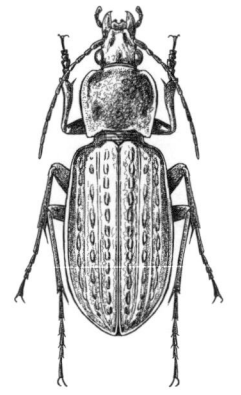

東36

リシリノマックレイセアカオサムシ　　　　　　生息域地図

　2004年、北海道のオサムシ相に31年ぶりに新たな種類が加わったことは、昆虫研究者の間に大きなセンセーションを巻き起こした。今までシベリアから朝鮮半島北部にかけてしか生息しないと考えられていた、マックレイセアカオサムシの発見である。小型ではあるものの、点刻を配した緑の上翅の縁と胸は赤く彩られ、金属光沢が美しい種類だ。その生息地は、北海道の北端に浮かぶ利尻島に限られており、この島固有の亜種としてリシリノマックレイセアカオサムシと名づけられた。

　世界を生息する動物の種類によって地理的に区分した「動物地理区」のなかで、ユーラシア大陸の北部を占める「旧北区」は、オサムシの分布の中心にあたる。目映いばかりに輝くヨーロッパのコガネオサムシ類や、彫刻のような中国のカブリモドキが代表的なものだが、大部分が同じ区系に属する日本も負け

てはおらず、世界に類のないほど特化した固有種・マイマイカブリをはじめ種類が豊富だ。ちなみにトカラ列島以南は東南アジアからインドにかけてを占める「東洋区」に属し、国内でここに生息するオサムシは一種もいない。

　日本のオサムシの顔ぶれは、北に行くほど大陸の影響が強くなる。とくに北海道には、本州には全く生息しないアイヌキンオサムシ、オオルリオサムシ、オシマルリオサムシといった金属光沢が色鮮やかなグループが見られ、愛好家の憧れの的だが、いずれも近縁種がサハリンや大陸に分布している。

　リシリノマックレイセアカオサムシが生息するのは、利尻島の中央にそびえる利尻岳（1712m）の高山帯に限られる。この山は裾野がそのまま海へ広がるような姿から「利尻富士」とも呼ばれる火山で、約4万年前には現在の形となった。これはちょうど氷河期末の最終氷期にあたり、海水面が100mも低下し大陸とつながって、多くの大陸系の生物が北海道へ渡ってきた時期と一致する。おそらく彼らもこうして利尻島へとたどり着き、噴火が落ちついたこの山にすみついたのだろう。高山帯には他にも、リシリキンオサムシ（絶滅危惧I類）、エゾヒサゴゴミムシなど固有の昆虫が生息し、リシリヒナゲシ、ボタンキンバイといった植物もここでしか見られない。

　特筆すべきは、これらの高山帯にすむ固有種と比べても、リシリノマックレイセアカオサムシの生息範囲はさらに狭く、頂上付近に限られている。そこは年の半分は雪と氷におおわれ雪崩によって侵食された岩峰であり、彼らはまさにしがみつくようにして世代を重ねて来たのだろう。

　近年、利尻岳では登山者が増えてシーズン中には渋滞が生じるほどだ。この山は火山性の地質のため崩壊しやすく、登山道が著しく侵食されて、植物群落にも大きな被害が目立ってきた。また、排泄物による汚染も危惧されている。当然こうした影響は、この山固有の昆虫にも及んでくるに違いない。

　そのため利尻礼文サロベツ国定公園を管理する環境省では、最近の登山者に普及している歩行用ストックの石突きにカバーをつける、必ず携帯トイレを使って排泄物は持ち帰るといったルールを設けている。さらにこの山の高山帯はすべて国立公園の特別保護地区に指定されており、石ころ一つ枯れ枝一本たりとも持ち帰ることができないほど、厳しい規制が敷かれている。

　かつて経済的な余裕と技術を持った一部の登山家しか訪れることのできなかったこの山が、大衆化されることによってきゅうくつな規制に縛られていくのは、リシリノマックレイセアカオサムシをはじめとする固有の貴重な生物を守っていくために避けられない道だろう。

ワタラセハンミョウモドキ
Elaphrus sugai

絶滅危惧Ⅱ類(VU)　鞘翅目(コウチュウ目)　オサムシ科

- ●体　　長　8mm
- ●分　　布　栃木・群馬・千葉・埼玉県にまたがる渡良瀬遊水池・青森県
- ●生息環境　ヨシ原の地表
- ●発 生 期　3〜5月
- ●減少の原因　護岸工事・ヨシ原の減少

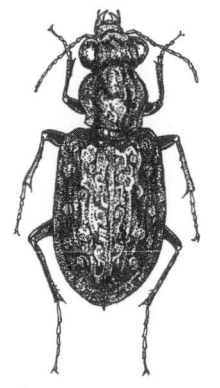

東80

ワタラセハンミョウモドキ

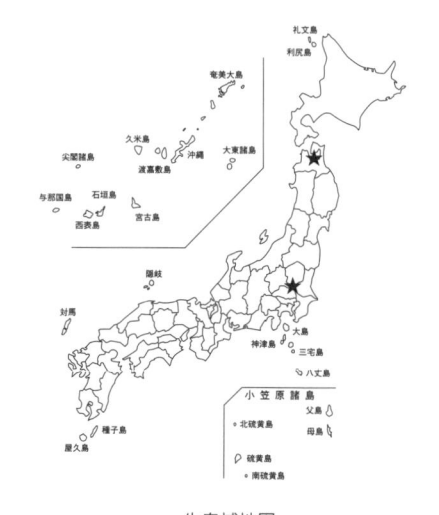

生息域地図

　ワタラセハンミョウモドキはその名の通り、関東四県にまたがる渡良瀬遊水池と青森県のみから知られる甲虫である。かつては茨城県の菅生沼でも見られたが、最近の記録はない。小型ながらも渋い金属光沢をもち、拡大して見ると彫刻のような凹凸のある体に青い斑紋がちりばめられていて美しい。この仲間は、複眼が大きくハンミョウに似てはいるものの、実際にはゴミムシの1種で、わずか5種からなる小さなグループだ。そのほとんどが水辺などの湿った環境を好み、ワタラセハンミョウモドキも、ヨシ原の粘土質が露出したような場所を歩きまわっているのが見つかる。

　この虫の生息地の一つである渡良瀬遊水池は、洪水の防止のために、利根川に渡良瀬川など3つの川が合流する一帯に人工的に作られたもので、広さは33平方キロにも及ぶ。そこに広がる広大なヨシ原は、釧路湿原に次ぐほどの

規模といわれ、貴重な生物のすみかとなっている。RDBに記載されたものだけでも、鳥類のチュウヒ、昆虫のホンシュウオオイチモンジシマゲンゴロウ、植物にいたってはタチスミレやエキサイゼリなど40種以上にのぼるほどだ。さらには最近では、新種のワタラセツリフネソウなども発見されている。ワタラセハンミョウモドキも、学会に発表されたのは1987年とごく新しい。
　人工的に作られた環境にも関わらず、これだけ豊かな生物が生息しているのはなぜだろうか。かつて洪水をくり返した利根川流域に広がる後背湿地は、彼らの絶好のすみかだった。ところが治水が進むにつれてそうした環境は次々と消え、最後に残った駆け込み寺的存在が、この遊水池だったのだろう。さらに毎年春には「ヨシ焼き」が行われ、遷移が進んで陸地になるのを防いでいるのも、これらの生物にとってすみやすい環境が保たれてきた理由に違いない。別項でも述べたように、後背湿地の自然は、常に撹乱されることが必要なのだ。
　しかしここには、過去の自然破壊にまつわる暗い歴史がある。明治維新後、富国強兵を目指す政府は、各地で鉱山の開発も盛んに進め、渡良瀬川上流の足尾でも昔からあった銅鉱山が近代化された。ここは日本有数の銅山として、一時は全国の4割近くの産出量を誇ったが、銅を精錬する過程で発生する亜硫酸ガスで付近の山の木はすべて枯れ果て、硫酸を含んだ排水によって下流に大きな被害をもたらすことになったのだ。さらに山が保水力を失ったために洪水が頻発し、足尾銅山からの鉱毒の害は一気に広範囲に広がってしまった。
　これを防ぐために明治43年に作られたのが渡良瀬遊水池である。当時そこには380世帯2500人が住む谷中村があったが、強制的に立ち退かされた。これに反対し明治天皇に対して直訴まで行った運動家・田中正造の闘いは、公害闘争の原点として語り継がれている。国家による大規模な自然破壊のツケを払わされたこの遊水池が、現在では希少な生物たちのよりどころになっているというのは、実に皮肉な話と言えるだろう。
　もっとも、ここがいつまでも彼らの安住の場でありつづけるという保証は無い。ヨシ焼きはされているものの植生の遷移は少しずつ進み、乾燥化が進んで生えている植物の構成も変わりつつある。また、遊水池にさらに大きな治水能力を持たせるため、大規模な護岸工事を行う構想もあるようだ。もしこれが実現されれば、ワタラセハンミョウモドキをはじめとする湿地性の生物は、壊滅的打撃を受けるだろう。駆け込み寺を追い出された彼らを受け入れる環境は、すでにどこにも残されていないのだから。

オサムシ科　ワタラセハンミョウモドキ

ツヅラセメクラチビゴミムシ
Rakantrechus lallum

絶滅危惧Ⅰ類（CR+EN）　鞘翅目（コウチュウ目）　オサムシ科

- ●体　　長　4.6mm
- ●分　　布　熊本県五木村の九折瀬洞
- ●生息環境　石灰岩洞窟
- ●発生期　通年
- ●減少の原因　ダム建設による生息地の水没

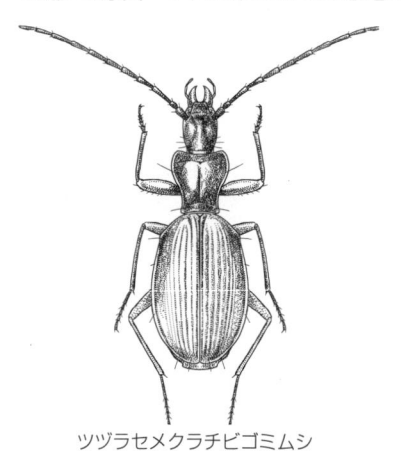

ツヅラセメクラチビゴミムシ　　　　　　　生息域地図

　メクラチビゴミムシの仲間は、日本で最も絶滅が危惧されている昆虫と言えるだろう。絶滅が2種、絶滅危惧Ⅰ類が11種という数は、それぞれのカテゴリーの中でも群を抜いている。この理由には、どの種類も他に類を見ないほど分布域が狭いことがあげられる。なにしろ彼らの生息環境は、地下にある特定の鍾乳洞周辺に限られているのだ。

　日本各地には、北上・秩父・伊吹などの山地、吉備高原、四国、山口県から九州北部にかけてなど、2億5000万年前のペルム紀を起源とする石灰岩地帯が多い。この地質は雨水や地下水に侵食されやすいために、地下には鍾乳洞または石灰岩洞窟と呼ばれる空間が生まれた。

　ここにすみついている生物は意外なほど多く、メクラチビゴミムシ以外にも、トビムシ、ゴキブリ、ハネカクシ、アリヅカムシなどの昆虫から、ホラヒメグ

モやナミハグモなどのクモ類、ヤスデ、ワラジムシ、さらに洞窟を流れる川の中には、エビやヨコエビまですみついている。地下は過酷な環境のように見えるが、エサとなる生物もいるうえ、年間を通じて温度や湿度が一定で、競争相手や天敵も少ないなどメリットも多いに違いない。

　これらの生物に共通の特徴は、暗闇への適応が進んだ結果、体の色や目が退化していることだ。もっとも、その段階は種によってさまざまで、「地下浅層」と呼ばれる沢筋などに堆積した礫の下にすんでいるメクラチビゴミムシには、少し色の薄い地表性の種類のようにしか見えないものも少なくない。一方、地下の深いところだけに生息しているものには、視力を失ったり体型も胸が大きくくびれ脚や触角も長いなど、特殊化が進んでいる。

　彼らのもう一つの特徴は、前述のようにそれぞれの産地が隔離されているため、洞窟ごとに種の分化が著しいことである。メクラチビゴミムシの場合、国内から30属400種もが知られているほどだ。

　ツヅラセメクラチビゴミムシも、熊本県五木村の九折瀬洞以外からは見つかっていない。この鍾乳洞は熊本県でも第2位の規模を誇り、全長は1200mにも及ぶ。その最深部には、やはり目の退化したメナシヒメグモ、イツキメナシナミハグモ（絶滅危惧Ⅰ類）といった固有種が共にすみ、洞窟性生物の生息地としては一級の価値をもつと言えるだろう。

　ところが高度経済成長期に、この鍾乳洞の入口に面した川辺川に計画された九州最大の規模といわれる「川辺川ダム」により、この虫に絶滅の危機が迫っていることが明らかになった。ダムが完成すると九折瀬洞の入口はその水面下となり、多くの生物もろとも水没してしまうのだ。

　しかしアユの名産地である下流の球磨川への影響も予想され、根強い反対運動が長年にわたり続けられるうちに、当初の目的だった灌漑や発電の目的は次々と変更され、事業費も10倍の規模へとふくれあがってしまった。とくに近年では、国交省やその前身である建設省が長い間進めてきた「一度動き始めたら止まらない無駄な公共工事」の象徴的な存在にまでなっていた。2008年に熊本県知事が「治水はダムに頼らない方向を目指す」との方針を示したことで、最後の拠り所だった目的も失われ、建設は絶望視されている。

　日本の自然を破壊し続けてきた元凶の一つは、国によって進められた公共工事であると言っても過言ではない。川辺川ダムの建設中止が、自然と共生できる国土造りへの転換点になることを切に望みたい。

オサムシ科　ツヅラセメクラチビゴミムシ

カドタメクラチビゴミムシ
Ishikawatrechus intermedius

絶滅(EX)　鞘翅目(コウチュウ目)　オサムシ科

- **体　　長**　4.5～5.5mm
- **分　　布**　高知県伊野町の大内洞
- **生息環境**　石灰岩洞窟
- **発 生 期**　通年
- **減少の原因**　石灰岩の採掘

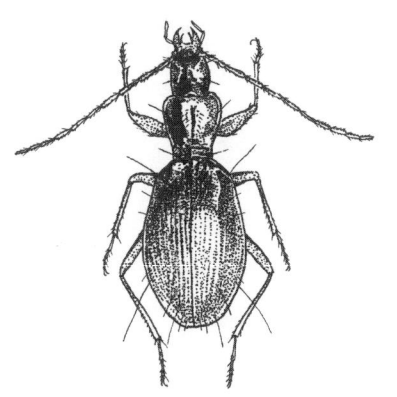

カドタメクラチビゴミムシ

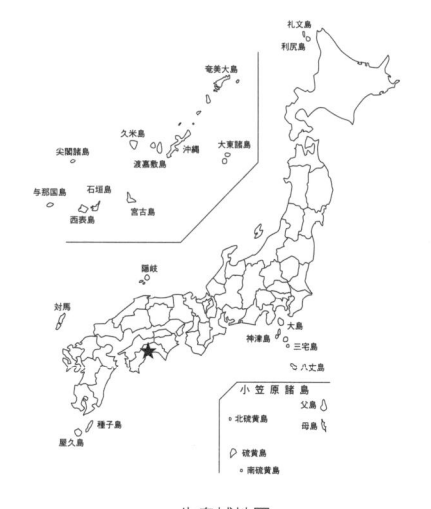

生息域地図

　大型の脊椎動物が数多く絶滅しているのに比べると、昆虫はなかなかにしぶとい。日本で今まで絶滅した動物をあげてみると、哺乳類ではニホンオオカミやニホンアシカなど4種1亜種、鳥類ではオガサワラカラスバトやキタタキをはじめとして、6種7亜種にも及んでいるが、昆虫ではわずかに3種。さらに、絶滅したと思われていたものが再発見されるという例が非常に多い。RDBの掲載種では、40年ぶりに再発見されたコカワゲラや、24年間消息不明だったシャープゲンゴロウモドキなどが有名だ。

　これは昆虫が、脊椎動物に比べて小型で生息の確認がしづらいうえ、繁殖力が大きく、わずかな生息環境さえあれば、そこにしがみついてくらすことができるためと言ってもいいだろう。家の中で繁殖していてなかなか駆除できない外来種のチャバネゴキブリの例をあげて、「根絶する方法は、家を無くしてし

まうことだ」といった研究者がいたが、生息環境が無くならない限り、昆虫を絶滅させるのは難しい。

　従って、現在これほど多くの昆虫がRDBに掲載されているということは、彼らのくらせる環境がいかに少なくなってしまったかということの表れでもある。　なかでもカドタメクラチビゴミムシとコゾノメクラチビゴミムシ *Rakantrechus elegans* は、生息環境が根こそぎ消えたために絶滅したと考えられる数少ない昆虫だ。

　彼らが生息していたのは、鍾乳洞などの石灰岩の洞窟で、カドタメクラチビゴミムシは高知県の大内洞、コゾノメクラチビゴミムシは大分県の小園の穴で発見された。どちらも光のまったく届かない環境に適応した種で、複眼と後翅は退化して飛ぶことはできない。体の色も地上性のゴミムシとちがって薄く、赤褐色をしている。彼らの生態には不明な点が多いが、コウモリの糞などを食べる洞窟性の生物をエサにして暮らしているようだ。

　こうした環境にすむ昆虫は、地上に出ることは無く隔離されているため、洞窟ごとに別の種に分化している例が多い。メクラチビゴミムシは、それが殊に顕著なグループだ。2006年現在で、日本からは約350種もが知られているが、確認された生息地が一カ所だけという種も少なくない。分布が狭く、特殊な環境に固有の生物が絶滅しやすいという例は、よく知られている通りである。

　しかし本来であれば、「洞窟」という環境は、外部からの影響をもっとも受けにくいはずだ。にも関わらず彼らが絶滅してしまったのは、高度経済成長期に石灰岩の採掘によって、洞窟が山ごと消えてしまったためだ。高知県や大分県は、日本でも有数の石灰岩地帯で、現在でも年間数千万トンが掘り出され、セメントへと加工されている。こうした鉱山は全国的にも多く、首都圏からも見える埼玉県の武甲山をはじめ、三重県の藤原岳、高知県の鳥形山、福岡県の香春岳など、山の形が変わるほど削られてしまった例も数えきれない。絶滅した2種類のメクラチビゴミムシの生息地も、そんな山の一つだったのである。本来、昆虫は絶滅の確認が難しいのだが、生息地がごく限られていただけに、その消失によって残念な結論を出さざるを得なかったわけだ。

　戦前の富国強兵政策に始まり、戦後の復興、高度経済成長からバブル経済に至るまで、セメント産業は、まさにそれを支える国策だった。鉱山開発に異を唱えることは、ほとんど不可能だったに違いない。しかしこうした経済優先の論理が消し去ったものが、たった2種類の虫だけではないことも、また確かだと言えるだろう。

オサムシ科　カドタメクラチビゴミムシ

ヨコハマナガゴミムシ
Pterostichus yokohamae

絶滅危惧Ⅰ類(CR+EN)　鞘翅目(コウチュウ目)　オサムシ科

- ●体　　長　約20mm
- ●分　　布　神奈川県横浜市の鶴見川中流
- ●生息環境　河川敷のヨシ原など
- ●発生期　通年（9〜10月が繁殖期）
- ●減少の原因　河川改修・河川敷への車輌乗り入れ・道路建設

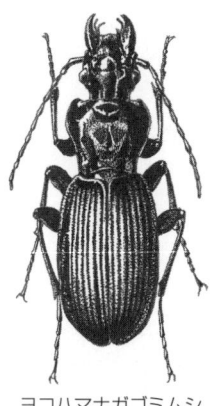

ヨコハマナガゴミムシ
（口絵写真7頁参照）

生息域地図

　ヨコハマナガゴミムシは、1969年に横浜市街に近い綱島で発見され、世界でも鶴見川両岸のわずか数100mの間でしか知られていない甲虫だ。洞窟などにすむものを別にしたら、おそらく我が国で最も分布範囲が狭い種類の一つだろう。生息地の周辺は、サッカーワールドカップ決勝の会場となった横浜国際競技場にも近く、都市化が進んでいて、昆虫の生息に適した環境などほとんど無い。鶴見川も2004年の調査では、「日本でいちばん汚れた川」という有難くない称号をもらってしまったほどである。そんななかで、わずかに残された河川敷のヨシ原にしがみつくように暮らしているのが、この虫なのだ。

　ナガゴミムシの仲間は移動能力が乏しいためか、日本では多くの種に分化しており、確認されているものだけで90種以上に及ぶ。山地性のものが多いなかで、ヨコハマナガゴミムシのように平地の真ん中にすむものは珍しく、これ

は今よりずっと気候が涼しかった氷河期に平地まで下りてきたものが、暖かくなってからも取り残されてしまったためと考えられている。「夏眠」をしたり、直射日光をきらうという生態にも、それがよく表われている。
　こうした生物は「遺存種」とよばれ、生息の条件が限られるものが多い。ヨコハマナガゴミムシの場合も、常に湿った環境を好むためか、河川敷が泥質の鶴見川のみから知られ、ごく近くにありながら砂礫の河原が多い多摩川などには生息していない。さらに後翅が退化して飛べないため、気に入った環境を求めて長距離を移動することもできなかったようだ。
　この虫が今まで生き延びてきたのは奇跡的にも思われるが、近年になって次々と危機に見舞われはじめた。まず生息地に悪影響を与えたのは、モトクロスバイクの乗り入れである。不整地でバイクを乗り回せる場所などはほとんど無い都市近郊では、河川敷は絶好の場所だったのだ。
　しかしこれとても、生息環境を荒らしはしたものの、壊滅的な影響を与えるものではなかった。真の危機は1990年代の初めに持ち上がった、大規模な河川改修計画である。洪水対策の名目で、ヨコハマナガゴミムシの生息地を含むヨシ原など約100ヘクタールに、遊水池を建設しようというものだったのだ。
　この計画が公表されるとすぐに、昆虫愛好家の団体や研究者ばかりでなく、今までこの虫の存在を知らなかった一般市民からも、大きな反対の声が上がった。鶴見川の河川改修による影響としては、すでにアカガネオサムシやヒヌマイトトンボが姿を消しており、昆虫関係者としてこれ以上の破壊に黙っていられなくなったのはもちろんだが、一般市民にとっても、身近に貴重な生きものがいることに新鮮な驚きがあったのだろう。
　当初「計画は変更できない」「虫をどこかへ移植できないか」と言っていた建設省（当時）も、あまりの反響の大きさに重い腰を上げざるを得ず、保全策がとられることになった。ちなみにこれには思わぬ副産物があり、モトクロスバイクの河川敷乗り入れは完全に禁止されたうえ、今までRDBに掲載すらされていなかったヨコハマナガゴミムシも、一気に絶滅危惧Ⅰ類という、最重要のカテゴリーにランクされることとなったのだ。
　最近になって、今度は首都高速道路のインターチェンジ建設のために、河川敷のほとんどが破壊される心配が出てきた。しかしこの10年の間に、開発の側も保護の側も問題解決能力を身につけており、絶滅回避のための模索が続いている。昆虫保護のための優れた前例になることを期待したい。

オサムシ科　ヨコハマナガゴミムシ

オガサワラモリヒラタゴミムシ
Colpodes laetus

絶滅危惧Ⅰ類(CR+EN)　鞘翅目(コウチュウ目)　オサムシ科

- 体　　長　9.5～13mm
- 分　　布　小笠原諸島の父島・母島・火山列島の南硫黄島
- 生息環境　広葉樹林の林床
- 発 生 期　通年
- 減少の原因　森林伐採・移入種による捕食

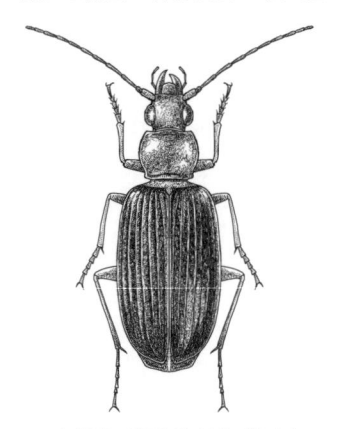

オガサワラモリヒラタゴミムシ

生息域地図

　オガサワラモリヒラタゴミムシは、名前に反して小笠原諸島の固有種ではなく、生息域がフィリピンからセレベス、ニューギニアを経てニューヘブリデスにまで至ることから、海流によって分布を拡げたことがうかがえる。
　本種をはじめ小笠原諸島の甲虫類は、2007年の昆虫RDBの見直しによっていきなり絶滅危惧Ⅰ類というカテゴリーに登場したものが多い。ゴミムシの仲間でも、オガサワラアオオサムシやハハジマモリヒラタゴミムシなどにも絶滅の危機が迫っていることが明らかになった。彼らは他の昆虫同様にグリーンアノールやオオヒキガエルといった移入動物の餌食となっており、倒木のすき間などに隠れて細々とくらしているようだ。
　最近、こうした地上で活動する昆虫の減少について、興味深い発表があった。オオヒキガエルが侵入して日が浅い地域でカエルの胃から確認されたエサには、

これらのゴミムシやムニンツヅレサセコオロギ（準絶滅危惧）のような昆虫、コガネカタマイマイなどの陸貝といった島の固有種が見られた。これに対して、古くからこのカエルが定着した地域では、エサのほとんどを移入種のワモンゴキブリやメクラヘビが占めていたのだ。つまりこの地域では、地上性の固有種が食い尽くされてしまったことを意味している。

オオヒキガエルは北アメリカ南部から南アメリカ北部に分布する大型の種類で、成長すると20cmを超すことも珍しくない。当然その食欲は凄まじく、地上性の昆虫や小動物を大量に捕食する。この習性が、熱帯のサトウキビ・プランテーションでたびたび大発生をするカンショコガネの駆除に役立つと考えられ、ハワイをはじめとする太平洋諸島、オーストラリア、西インド諸島などに人為的に導入された。小笠原諸島へは、戦後のアメリカ統治時代の1949年に、ムカデなどを駆除する目的でサイパンから父島に持ちこまれ、1974年には母島へも分布を拡げている。

このカエルは種小名に *marinus*（海の）とあるように、多少の海水が入る水域でも生活できるといわれ、一度に8000〜25000もの卵を産むほど繁殖力が旺盛だ。さらには耳腺には強力な毒をもち、天敵がほとんどいない。そのため導入された地域では爆発的に増え、農耕地以外にも生息域を拡げて、在来の地上性の小動物に大きな食害をもたらすことになった。IUCN（2頁）では、「世界の侵略的外来種ワースト100」にリストアップしているほどだ。

日本でも1978年頃に定着した石垣島では、イシガキニイニイ（56頁）の幼虫やヤエヤママルバネクワガタ（準絶滅危惧）といった地上性の昆虫への影響や、捕食したヘビが毒のために死ぬという被害が生じている。環境省では遅ればせながら特定外来種に指定して駆除に乗り出すとともに、隣りにある生物の宝庫・西表島への侵入を防ぐのに躍起な状態である。

小笠原諸島でも生息域の拡大を防ぐために、産卵のための水場に近づけないようにネットを張ったり、人海戦術で卵や幼生の駆除が行われているが、個体数が多いこともあってなかなか効果が現われていない。

こうした状況になるまで彼らが放置されていたのは、島民や行政の無関心にあるだろう。世界自然遺産の登録がかかっているために、今後の観光振興などの思惑もあって、慌てて移入種対策に力を入れているきらいもある。しかし結果的に小笠原諸島の自然の回復に結びつき、オガサワラモリヒラタゴミムシなどの生息が保証されるなら、それも良しとするべきなのかもしれない。

オサムシ科　オガサワラモリヒラタゴミムシ

アマミスジアオゴミムシ
Haplochlaenius insularis

絶滅危惧Ⅰ類(CR+EN)　鞘翅目(コウチュウ目)　オサムシ科

- ●体　　長　24〜26mm
- ●分　　布　奄美大島の湯湾岳
- ●生息環境　照葉樹林の林床
- ●発 生 期　通年
- ●減少の原因　森林伐採・移入種による捕食・登山客の増加

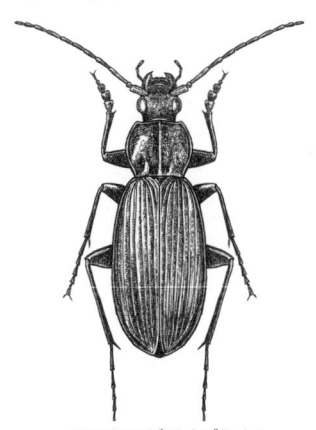

西132

アマミスジアオゴミムシ 　　　　　　　　生息域地図

　琉球列島は、日本のなかでも飛び抜けて特異な昆虫相をもつ島々である。その理由の一つは、世界の動物地理区分のなかで日本本土が属しているユーラシア系の「旧北区」とは違い、インド・東南アジア系の「東洋区」に属していることがあげられるだろう。その境界線はトカラ列島の小宝島と悪石島の間を通る「渡瀬線」で、この南北ではがらりと動物相が変わってしまう。

　しかし琉球列島の動物相の特異性は、単に南方系というだけではない。島ごとにその顔ぶれが大きく違うのだ。昆虫を例にあげれば、ヤンバルテナガコガネ（132頁）は沖縄本島の北部だけ、ミヤコマドボタル（準絶滅危惧）は宮古諸島だけ、アサヒナキマダラセセリ（174頁）は石垣島と西表島の山地だけに生息するという具合である。

　なかでも奄美諸島にはこうした固有種が多い。彼らの起源にはさまざまなパ

ターンが見られ、アカボシゴマダラ（206頁）やアマミシカクワガタは大陸や台湾のものとごく近いが、マルダイコクコガネ（絶滅危惧Ⅱ類）やスジブトヒラタクワガタは、周辺地域に近縁種が見当たらない。

これはかなり古い時代にこの島に隔離された後、周辺にすんでいたものが絶滅してしまったためと考えられ、「遺存種」と呼ばれている。こうした種が奄美の動物相を特徴づけており、有名なアマミノクロウサギ（絶滅危惧ⅠB類・特別天然記念物）やルリカケスなども、代表的な固有の遺存種だ。

アマミスジアオゴミムシも、近縁のスジアオゴミムシが日本本土から他の琉球列島、朝鮮半島、中国、台湾から東南アジアにまで広くすんでいるにもかかわらず、この島だけにしか見られない種類である。しかもその生息地は、島の最高峰である湯湾岳（694m）の頂上付近に限られる。彼らは後翅が退化して飛ぶことができないために移動力が小さく、こうした特異な習性や分布は前述のマルダイコクコガネとも共通だ。

彼らがこの狭い地域だけにすみついているのは、琉球列島の成立の過程に秘密があるらしい。長い歴史のなかで、この島々は沈降と隆起をくり返し、たびたび周辺の島や大陸とつながったり海面下に沈んだりしたと考えられている。湯湾岳は琉球列島の最高峰であるため、他の地域が水没した時も彼らの生息地が残っていたのだろう。この山は彼らにとっての箱舟だったのだ。

しかしそんな絶滅の危機を乗り越えてきた箱舟も、現在では難破寸前の状態と言っても過言ではない。この島は山が海からそびえているような急峻な地形が多いため、開発の手が入らずにまとまった面積の照葉樹林が残されてきた。ところが戦後、「奄美群島振興開発事業」の名のもとに国の補助金を投じ、林道建設や原生林の伐採によって雇用を生み出すという一過性の安易な振興策がとられたために、島の自然は大きなダメージをこうむった。

さらにはハブ退治の目的で放された移入種のマングースが、この島の固有種を片っぱしから食い荒らしつつあり、これには山奥まで延びた林道を通り森に侵入したノネコやノイヌも加担している。当然そのメニューには、地上性のアマミスジアオゴミムシやマルダイコクコガネも加わっていることだろう。

ようやく近年になってその価値が認識され、マングースの駆除や国立公園指定への準備、世界自然遺産登録への議論も始まっている。自然そのものを観光資源とする「エコツーリズム」も盛んになってきた。しかし登山道の整備がアマミスジアオゴミムシの減少の理由にあげられていることからも、その利用は細心の注意を払いながら行われるべきだろう。

オサムシ科　アマミスジアオゴミムシ

キイロホソゴミムシ
Drypta fulveola

絶滅危惧Ⅰ類(CR+EN)　鞘翅目(コウチュウ目)　オサムシ科

- **体　　長**　8〜9.5mm
- **分　　布**　東京都・神奈川県の多摩川河口、千葉県の小櫃川河口、外房沿岸
- **生息環境**　干潟のヨシ原
- **発 生 期**　通年(初夏に産卵)
- **減少の原因**　埋め立て・護岸工事

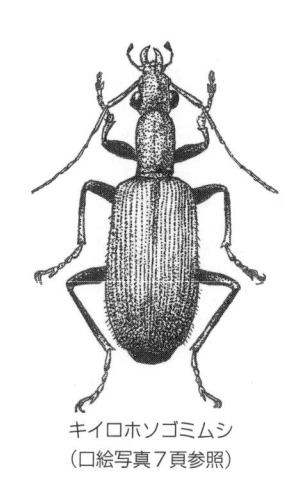

裏88

キイロホソゴミムシ
(口絵写真7頁参照)

生息域地図

　かつての江戸は、「自然との共生」という言葉が、そのままあてはまる町だったらしい。武家屋敷や寺社に豊かに茂った緑と、縦横にはり巡らされた水路には生きものの姿も多く、現在では絶滅に瀕しているトキやコウノトリ、ニホンカワウソまでがすんでいたという。江戸末期から明治初期にかけて来日した西欧人のなかには、そのありさまを驚嘆の目で見ていた者も少なくなかった。イギリスの貿易商で甲虫の研究家だったジョージ・ルイスも、おそらくそんな一人であったに違いない。彼は仕事のかたわら精力的に日本各地を旅してまわり、それまで知られていなかった多くの甲虫をヨーロッパの学会に紹介した。ルイスハンミョウやルイステントウなど、彼の業績を記念して和名に「ルイス」を冠する甲虫は、数10種にも及ぶ。

　キイロホソゴミムシがルイスによって初めて採集されたのも、1881年(明

治14年)、江戸・本所（現在の東京都墨田区）の隅田川べりでのことである。ここは両国橋のたもとにあたり、今でこそ両岸は城壁のようなコンクリート護岸に被われているが、当時は幕末のころとあまり変わりがない堤が続き、岸辺にはヨシ原もあったことだろう。ひょっとするとこの虫も、夏には川風に吹かれながら、花火見物としゃれ込んでいたのかもしれない。

　しかしその後、東京の下町は大きく変貌し、この虫も消息を絶ってしまう。ようやく再発見されたのは70年も後の1950年代、江戸川河口の千葉県・行徳である。距離的には東京の下町と目と鼻の先にも関わらず、当時ここには一面の干潟が広がっていた。ガンをはじめとする水鳥が集まる環境だったため、宮内庁の新浜鴨場がおかれていたほどだ。もちろん岸辺には、キイロホソゴミムシのすみかであるヨシ原が続いていた。

　ところが高度経済成長期に突入すると、東京湾沿岸の干潟は次々と埋め立てられて、工場や住宅地、遊園地へと変わっていった。当然この虫も行徳から姿を消してしまう。そして気がついた時には、東京湾の干潟の90%が失われ、自然の姿で残るのは、千葉県・木更津の小櫃川河口だけになってしまったのである。

　ここは今でも、かつての東京湾の風景が残っている場所で、沖合2kmにわたって「前浜」の干潟が広がり、その後背地である「後浜」には43ヘクタールのヨシ原が続く。渡りの時期には、たくさんのシギやチドリがゴカイやカニ、貝などのエサをあさって栄養を補給し、シオクグやハママツナといった塩性植物の群落も残っている。そしてつい最近まで、地球上で唯一残された、キイロホソゴミムシの生息地と考えられていたのだ。

　この干潟は、東京湾を横断するアクアラインの千葉県側の起点に近いため、高速道路や観光施設など、自然に悪影響を与えるような開発計画に常にさらされている。本来なら世界の重要な湿地を守るためのラムサール条約に登録されてもおかしくないのだが、それが進まないのは、開発がらみの思惑があるのかもしれない。地元の保護団体の活動によって、その重要性も一般に浸透しつつあるものの、将来が心配されている。

　皮肉なことに、小櫃川河口干潟の知名度が上がるのと同時に、キイロホソゴミムシの新産地も各地で見つかるようになった。一つは意外にも房総半島の太平洋に面した川の河口。もう一つは、なんと京浜工業地帯の真ん中にある、多摩川河口である。同じような環境にすむヒヌマイトトンボが大都市の近くでも生きているように、案外この虫にも、したたかな面があるのかもしれない。

オサムシ科　キイロホソゴミムシ

キバネキバナガミズギワゴミムシ
Armatocillenus aestuarii

準絶滅危惧(NT)　鞘翅目(コウチュウ目)　オサムシ科

- ●体　　長　約4.5mm
- ●分　　布　本州・四国・九州
- ●生息環境　河口域の砂浜や干潟
- ●発生期　通年
- ●減少の原因　埋立て・河川改修

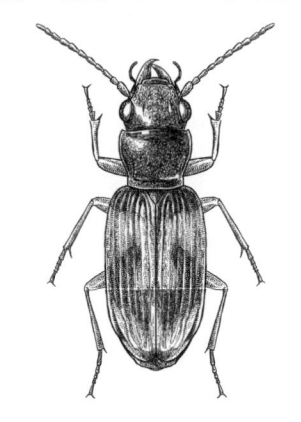

キバネキバナガミズギワゴミムシ 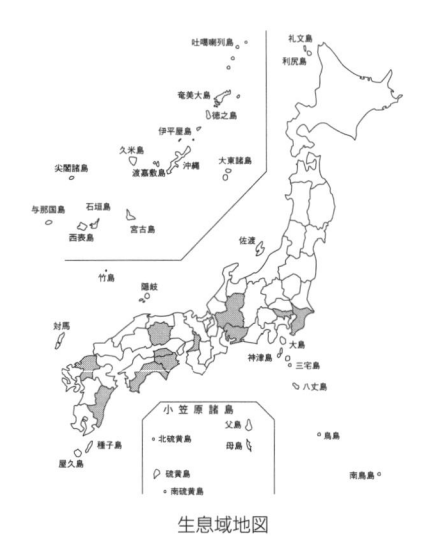　　　　　生息域地図

　河口などの海水の混ざる汽水域に発達した干潟にも、ハンミョウなどが生息することは別項でも述べたが、砂や泥の表面で活動するだけではなく、水に浸ってくらしているものも少なくない。
　こうした汽水への適応の最も顕著(けんちょ)な例が、2004年に琉球列島で確認されたクロシオガムシ（準絶滅危惧）だろう。体長は1.5mmほどに過ぎないこの虫の仲間が、最初に発見されたのはパプアニューギニアであることから、その名の通り黒潮に乗って分布を拡げてきたことがうかがえる。最近では九州や四国の太平洋岸の河口域でも見つかる例が増えてきた。
　キバネキバナガミズギワゴミムシやウミホソチビゴミムシ（準絶滅危惧）などの海浜性ゴミムシは、これほど水中生活に適応しているわけではないが、満潮時には完全に水没する潮間帯の砂泥の表面や石の下などで活動している。潮

が満ちている間は水中の砂礫のすき間にじっと潜んでいるらしい。

　干潟の水際を掘るとこうしたゴミムシ類を見つけることができるが、すき間のない完全な泥質や砂ばかりの部分には生息していない。このように生息環境の選り好みがあるので、川の流れや潮の満ち干の影響で場所によって多様な地中の状態が生まれるような、ある程度大きな規模の河口域が必要と考えられる。キバネキバナガミズギワゴミムシの生息が確認されているのも、東京湾沿岸、愛知県の木曽川、四国の吉野川や四万十川、宮崎県の五ヶ瀬川などだ。

　日本固有種であるこの虫が発見されたのは、大阪府の淀川河口である。かつてここは「浪速の八百八橋」と呼ばれるほど多くの川が入り組んで流れるデルタ地帯で、水運によって経済は発展したもののたびたび水害に襲われた。そこで明治時代に、河口の流れを一つにまとめ直線化した水路を開く大改修が行われて現在の姿となっている。

　こうした大きな開発にもかかわらず、岸辺にはかつての舟溜りに土砂が堆積した「ワンド」と呼ばれる水たまりが多く、周辺のヨシ原や干潟とともに生物にとっての絶好のすみかとなっていた。淀川水系の固有種であるオオサカサナエ（準絶滅危惧）をはじめ、ヒヌマイトトンボ（22頁）・エサキアメンボ（準絶滅危惧）といった昆虫や、日本で最も絶滅が危惧される淡水魚の一つ・イタセンパラも生息しているほどだ。ヨドシロヘリハンミョウ（88頁）もその名の通りここが発見の地である。古くから都市が発展し生物の生息地が少ない大阪にとっては、非常に貴重な存在と言えるだろう。

　しかし高度経済成長期を機に水の汚染が深刻となり、それが一段落した後は河川敷を埋め立ててのグラウンドや公園の造成が進んで、500近くあったワンドも約1/10までに減少してしまった。当然そこにすむ生物への影響も大きく、キバネキバナガミズギワゴミムシやヨドシロヘリハンミョウは、新種記載の根拠である「基準産地」から姿を消している。

　さらに近年は、釣りを目的に移入魚のブラックバスが密放流され、トンボや淡水魚に大きな被害を与えている他、1984年に完成した淀川大堰によって水位の変化がなくなったり、生物の行き来ができなくなった影響も大きい。

　キバネキバナガミズギワゴミムシの生息地は、人間の経済活動域に近い場合が多いため、どこも同様の危機にさらされている。わずか数mmの甲虫に過ぎない彼らだが、それが象徴する環境の価値は非常に大きいと言えるだろう。際限のない都市の膨張には、そろそろ歯止めがかけられるべきだ。

オサムシ科　キバネキバナガミズギワゴミムシ

セスジガムシ

Helophorus auriculatus

絶滅危惧Ⅱ類（VU）　鞘翅目（コウチュウ目）　セスジガムシ科

- 体　　長　5〜6mm
- 分　　布　関東地方・対馬
- 生息環境　低地の湿地・河川敷・休耕田
- 発生期　秋〜春
- 減少の原因　埋立て・河川改修・水質汚染・休耕田の乾燥化

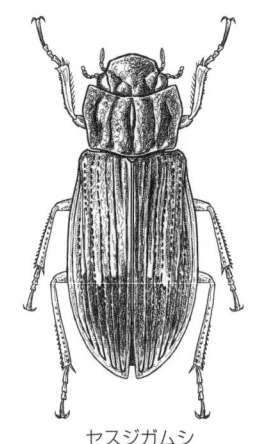

セスジガムシ

生息域地図

　セスジガムシの仲間は北方系の水生昆虫で、日本に生息する4種のうち3種は北海道を中心に分布し、世界からは150種ほどが知られている。よく似た名前でありながら、ラグビーボールを半分に切ったようなガムシ科とは、体型にかなりの違いがあるが、草の茂った湿地での生活に適応した結果のようだ。

　水生昆虫が生息する環境は、温暖な南の地域の方が豊かなようにも感じられ、実際にタガメや多くのゲンゴロウ類には南方系の種類が多い。しかしユーラシア北部などの地域では湿原が発達しており、日本でも東北や北海道で見られるエゾゲンゴロウモドキ（絶滅危惧Ⅱ類）が属するグループをはじめ、北方系の水生昆虫にとって絶好のすみかとなっている。

　ここでは湖沼が次第に埋まっていく過程で、枯れて水中に堆積した植物が寒冷な気候のために分解されずスポンジ状の泥炭となり、ヨシなどが生えた低層

湿原やミズゴケにおおわれた高層湿原ができあがった。日本では尾瀬ケ原や釧路湿原などに見られ、シベリアやスカンジナビア半島には数万平方 km にも及ぶ大規模なものも少なくない。

　ちなみに、湿原は多くの生物のすみかとして重要なだけではなく、泥炭に閉じ込められた大量の二酸化炭素が、温暖化や乾燥化により分解が進むと放出され、気候変動を引き起こす可能性があるという理由で注目されつつある。

　セスジガムシは、国内にすむこのグループのなかでは最も南に分布し、明治時代にシャープゲンゴロウモドキ（84頁）に名を残す昆虫学者のシャープにより神奈川県の箱根で発見されて、その後は関東各地や対馬でも見つかっている。中国大陸にも分布しているらしい。生息環境は他の北方系の種類のような湿原ではなく、平野部の河川敷や池沼、遊水池、休耕田などだ。

　おそらく彼らが分布を広げる過程で、この地域には少ない湿原に代わって、川がたびたび流れを変えることで維持されてきた平野の後背湿地に生息地を見出したのだろう。河川敷や池沼はまさにそんな環境の名残りであり、渡良瀬遊水池（100頁）に見られるヨシ原や休耕田のような、人間によって作り出された代替的な環境にも適応してきたと考えられる。こうした彼らの生息地は他の水生昆虫にとっても重要な存在で、ババアメンボやトダセスジゲンゴロウ（いずれも準絶滅危惧）などが見つかっている例もある。

　しかし近年の平野部の開発は、これまでしたたかに生き延びてきたセスジガムシを追いつめつつある。人間の活動域に近いため、農薬や生活排水による水質汚染の影響も受けやすく、休耕田も乾燥化や宅地化が著しい。県別の RDB に掲載されている関東各県でも、確認されている生息地はそれぞれ1〜2ヶ所程度で、姿を消してしまった例も増えてきた。

　セスジガムシは考古学的にも注目されている昆虫だ。高層湿原では強い酸性でものが腐りにくいため昆虫の翅なども残りやすく、とくにこうした環境にすむセスジガムシやネクイハムシの仲間のものが見つかる例が多い。これらのなかには現在その地域では見られない種類も少なくないので、気候や環境の変化を推理するための指標として使うことができる。

　もちろんこうした遺骸（いがい）のもつ意味も大きいが、大陸系の昆虫が日本にまで分布を伸ばしていたことの生き証人である彼らが、今後も生息し続けることの重要性とは比べものにならないことは間違いないだろう。

セスジガムシ科　セスジガムシ

ヤマトモンシデムシ
Nicrophorus japonicus

準絶滅危惧（NT）　鞘翅目（コウチュウ目）　シデムシ科

- ●体　　長　14〜25mm
- ●分　　布　本州・四国・九州
- ●生息環境　平地の草原・河川敷
- ●発 生 期　通年
- ●減少の原因　宅地造成・河川改修

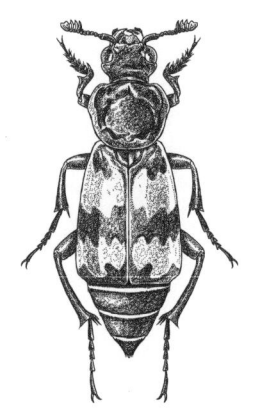

ヤマトモンシデムシ　　　　　　　　　　　生息域地図

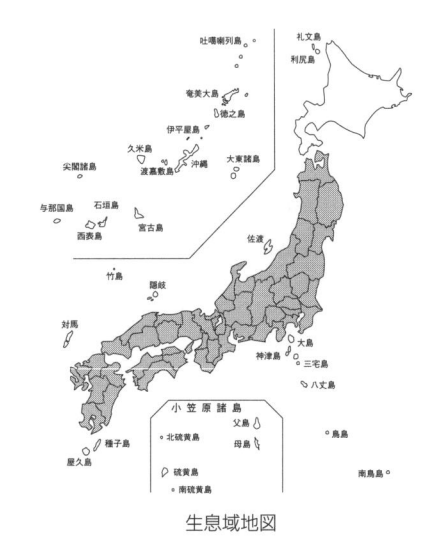

　現代社会では亡くなった人の遺骸は、心理的にはもちろん衛生面でも不快なものとして素早く片づけられてしまう。さらにそのシステム自体も目立たないように機能していることは、新設される墓地や葬儀場の多くが迷惑施設として近隣住民とトラブルになる例を見ても明らかである。
　自然界でも動物の死体を見る機会はめったにないうえ、これを片づける多くの「分解者」たちが働いている姿もあまり目につかない。そのためか、彼らは有機物を分解して植物の養分に変え、食物連鎖のサイクルを完結させるという、流行の言葉で言えば「エコな」存在であるにもかかわらず、その重要性はあまり認識されていないようだ。
　「埋葬虫」とも呼ばれるシデムシの仲間は代表的な分解者で、死んで間もない動物の死体にやって来て、その肉を食べると同時に卵を産みつけて幼虫のエ

サとする。日本には約30種が生息しており、死体の他にもハエのウジやカタツムリといった多様な食性をもつシデムシ亜科と、もっぱら死体を片づけるものが多いモンシデムシ亜科の二つのグループに分けられる。注目すべきは後者のなかに、幼虫につきそって子育てをするものがいることだ。
　彼らは死体をバラバラにして地中に埋め、幼虫を育てるための保育室を作る。そして食べた肉を吐きもどしたり排泄物をぬりつけて噛み砕き、幼虫のエサを準備してから卵を産む。幼虫がかえってからも口移しでエサを与えたり外敵から守り、翅と腹をこすり合わせてコミュニケーションをとるなど、その行動はミツバチやアリなどの社会性昆虫とあまり変わりがない。こうした生態は集団生活をする前の段階として「亜社会性」と呼ばれている。ヤマトモンシデムシもそんな種類の一つだ。
　シデムシの仲間は環境によって生息する種類が変化する。これは自然が豊かなほうがエサである動物の死体が多いことを考えれば当然だろう。たとえば東京近郊の場合、ほとんど森林植生が存在しない地域には生息していないが、公園などに点状に残っていればコクロシデムシが現れる例が多い。さらに森林植生が豊かに残っている郊外などでは、ヨツボシモンシデムシやクロシデムシが生息している。こうしたパターンが見られるため、その地域で確認された種類から環境がどれくらい良好なのか推測することも可能だ。
　どんなシデムシがいるか調べるには、腐肉によるベイトトラップが有効である。これはプラスチックのコップにひき肉などをひとつまみ入れ、口が地面すれすれになるように埋めたもので、匂いに引き寄せられたシデムシがやって来て転げ落ちると逃げられない。数多くかけると効果が上がるが、必ず全て回収しないと無駄に虫を殺すことになるので注意したい。
　ヤマトモンシデムシは、比較的森林が少ない環境でも見つかる種類だったが、これは都市化に適応していたわけではなく、彼らが平地の草地や河川敷のような開けた環境を好むためのようだ。宅地化や河川改修が進んでこうした環境が失われつつある近年では、各地から急速に姿を消しており、都道府県単位で作られたRDBでも14の府県で掲載されている。2007年のRDB見直しでいきなり準絶滅のカテゴリーに登場したのも理由がないわけではない。
　彼らの行動は決して快いものではないが、生態系にはなくてはならない存在だ。死体や分解者がいないことを前提にした自然観は、ゴミや排泄物は目につかないところへ送り込んで知らん顔をしているような「都市の論理」と重なっているに違いない。

ミクラミヤマクワガタ
Lucanus gamunus

準絶滅危惧(NT)　鞘翅目(コウチュウ目)　クワガタムシ科

- **体　　長**　24〜35mm
- **分　　布**　伊豆諸島の神津島・御蔵島
- **生息環境**　森林やササ原の林床
- **発 生 期**　4〜6月
- **減少の原因**　捕食生物侵入の危険性

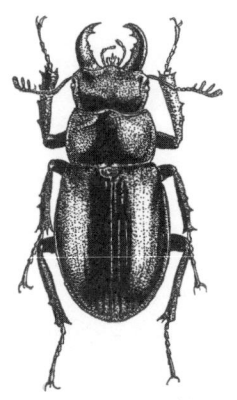

困98

ミクラミヤマクワガタ♂
(口絵写真8頁参照)

生息域地図

　南北に連なる伊豆諸島のうち、神津島は交通の便も良く、夏には大勢の若者が訪れる観光地として知られている。これに比べて御蔵島は全島が鬱蒼とした照葉樹林に被われ、小さな定期船が隣の島から1日1往復しているだけと対照的だ。ところがこの2つの島には、ミクラミヤマクワガタが生息するという共通点があるから面白い。
　ミクラミヤマクワガタは不思議なクワガタである。構造的にはりっぱな翅をもっていながら、照葉樹林の林床をはい回っているだけで飛ぶことができない。また、昼行性で他のクワガタのように樹液や灯火には集まらないうえ、発生期もたいへん早く、夏にはまったく姿を消してしまう。神津島と御蔵島以外、日本国内にはよく似た種類すら生息していないが、研究が進むにつれて、はるかに離れた中国西部の山岳地帯に分布するフクケンミヤマクワガタにもっとも近

縁であることが分かり、その謎はますます深くなった。

どうやら彼らがこの2つの島だけにいる理由は、日本列島や伊豆諸島の成立に深い関係があるようだ。一つの仮説としては、中国西部と日本がつながっている時代に、ミクラミヤマクワガタの祖先が日本にやって来た。そして当時、古伊豆半島の一部として日本本土とつながっていた伊豆諸島まで到達したが、その後の海面の上昇によって本土や他の島々から隔離され、2つの島だけに生き残ったという訳だ。

では、日本本土にもいたはずのミクラミヤマクワガタの祖先は、なぜ滅びてしまったのだろうか。これを説明するのが、国立科学博物館の動物研究部長だった黒沢良彦が提唱した「ヒキガエル仮説」である。神津・御蔵両島が古伊豆半島から切り離された段階では、ミクラミヤマクワガタの祖先はまだ日本本土にもすんでいた。しかしその後侵入してきたヒキガエルによって、地上性の彼らは食い尽くされてしまう。伊豆諸島にはヒキガエルが侵入しなかったので、生き残ることができたというのだ。たしかにオオヒキガエルの例では、近年に移入された土地で多くの地上性の昆虫が絶滅に瀕しているので、納得できる仮説ではある。もっとも、これを検証するのは、実際にミクラミヤマクワガタの生息地にヒキガエルを放しでもしない限り難しいだろう。

ところが近年、それが机上だけの話ではなくなってきた。御蔵島への定期船の発着地でもある三宅島に、ヒキガエルが侵入したのだ。これは一説によると、小学校の教師が教材用にと不用意に持ちこんだオタマジャクシが野外に放たれ、天敵のいない三宅島で大繁殖をするようになってしまったらしい。御蔵島へは食料はもちろん、建築資材などの多くも三宅島経由で持ちこまれる。これらに紛れ込んで、ヒキガエルが侵入しないという保証はないし、三宅島へ遊びにいった子供が、興味本位でオタマジャクシやカエルを持ちこまないとも限らない。もちろん三宅島の場合のように、無自覚な大人による移入も考えられる。これは神津島でも同様の問題だ。

御蔵島では、かつてランの1種ニオイエビネが絶滅寸前になるまで盗掘され、また近年ではイルカウォッチングの島として注目されていることから、ルールを定めた「エコツーリズム」による観光振興が図られている。以前は認められていたミクラミヤマクワガタの採集も禁止され、これを致し方ないことと自制している昆虫愛好家も少なくない。しかしその一方で、ヒキガエルの不用意な移入によってこの虫が滅びてしまったら、その自制は全くムダになってしまううえ、資料としての標本も残らないだろう。地元をあげての侵入防止策が望まれる。

クワガタムシ科　ミクラミヤマクワガタ

ヨナグニマルバネクワガタ
Neolucanus insulicola donan

絶滅危惧Ⅰ類（CR+EN）　鞘翅目（コウチュウ目）　クワガタムシ科

- **体　　長**　オス35〜64mm・メス33〜45mm
- **分　　布**　八重山諸島の与那国島
- **生息環境**　照葉樹林
- **発生期**　10〜11月
- **減少の原因**　森林伐採・森林の乾燥化・発生木の破壊

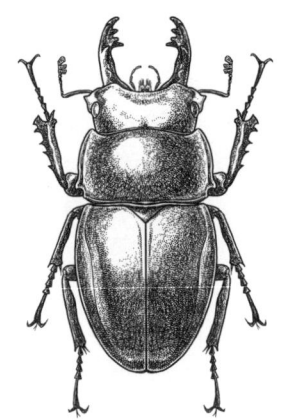

西146

ヨナグニマルバネクワガタ

生息域地図

　一時盛んだったクワガタブームもかなり落ちついたようだが、オオクワガタや外国産の種類がもてはやされたのに比べて、マルバネクワガタのなじみは薄い。これは国内での分布が琉球列島に限られるうえ採集や飼育も難しく、発生期も短いので流通に乗りにくいせいだろう。そのなかでもヨナグニマルバネクワガタの場合は、残念なことにこのブームが激減の一つの原因となってしまった数少ないケースと言わざるを得ない。

　マルバネクワガタのグループは、渡瀬線以南の東洋区を代表するクワガタの一つで、台湾、中国南部からインドシナ半島、インドといった大陸を中心に、40種前後が知られおり、琉球列島は分布の北限に当たる。国内では奄美大島にアマミマルバネクワガタ *N.protogenetivus*（絶滅危惧Ⅱ類）、請島にその亜種のウケジママルバネクワガタ *N.p.hamaii*（絶滅危惧Ⅰ類）、沖縄本島北部にオ

キナワマルバネクワガタ N.okinawanus（絶滅危惧Ⅱ類）、西表島と石垣島に本種の基亜種であるヤエヤママルバネクワガタ N.insulicola（準絶滅危惧）と小型種のチャイロマルバネクワガタの全4種2亜種が生息する。

　彼らの生態には特異な点が多く、発生期は9〜11月の秋に限られ発生期も1ヶ月程度とごく短い。小型種を除いて飛ぶことができず、照葉樹林の林床や時には路上を歩き回り、樹液や果物で作ったトラップにもやって来ない。体型も他のクワガタと比べて頭や大あごが小さく、一見メスのようにも見える。

　彼らの幼虫はイタジイやオキナワウラジロガシといった照葉樹などの、幹の一部が腐ってうろの中にたまった泥状の腐植質を食べて成長する。そのため大木が多く湿度の高い森が必要なのは、同じような生態をもつヤンバルテナガコガネ（132頁）と共通で、幼虫同士が同じうろの中で見られることもある。

　こうした生息環境は、森林が良好な形で残っていなければ維持されないが、与那国島でも他の島々と同様に伐採が進み、島の面積も狭いだけに受けるダメージも大きい。また、公共事業による工事が島の振興策となっているので、必要性が疑われるような道路や公園の建設がひんぱんに行われ、森に風が入るようになって乾燥化が進んだ。このためうろの多くは腐植質の水分が失われ、ヨナグニマルバネクワガタの幼虫のエサとして役に立たなくなっている。

　こうした影響を受けているのは昆虫ばかりでなく、ヨナグニシュウダ（絶滅危惧ⅠB類）やミヤラヒメヘビ（絶滅危惧Ⅱ類）といったこの島固有の爬虫類でも減少のスピードが顕著だ。

　さらに無視できないのは採集圧である。この島はマルバネクワガタの生息地のうちで唯一、ハブ類が生息していない。他の島では咬まれることを恐れて森に入ることも限られているが、その心配がないために採集者が集中したのだ。それでも目についたものを採っているうちはまだ良かったが、成虫を得るために幼虫を採集して飼育する技術が普及すると、幼虫はもちろんのこと、彼らが食べている腐植質もエサとして根こそぎ持ち去る例が増えた。生息基盤を奪われたヨナグニマルバネクワガタが激減するのは当然だろう。

　ウケジママルバネクワガタの場合、マナーの悪い採集者が集中して同様の事態が懸念されたため、天然記念物に指定され採集も禁じられてしまった。こうした行為がくり返されると、たとえ激減の主な原因が森林破壊であっても、採集者がそれを主張したところで何ら説得力はない。それどころか採集だけを禁止し、実効的な保全策をとらずにすませるためのスケープゴートにもなりかねないだろう。いつまでも採集を楽しむためには、各自の強い自覚が望まれる。

オオクワガタ
Dorcus curvidens binodulus

準絶滅危惧（NT）　鞘翅目（コウチュウ目）　クワガタムシ科

- 体　　長　30〜76mm　　　　　　　東72,120　　西10,44,50,104
- 分　　布　本州・四国・九州
- 生息環境　平地の雑木林から山地のブナ林
- 発 生 期　6〜9月
- 減少の原因　森林伐採・丘陵地の開発・発生木の破壊

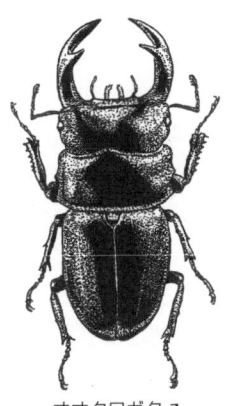

オオクワガタ♂
（口絵写真8頁参照）

生息域地図

　オオクワガタほどマスコミにセンセーショナルな扱いをされた昆虫も少ないだろう。特にオオクワガタの飼育ブームが最高潮に盛り上がった1999年に起きた「1000万円の巨大オオクワガタ騒動」は記憶に新しい。結局は「1000万円で売れた」ではなく「1000万円のものが売れた」というペットショップの話題作りだったらしいが、おかげで「オオクワガタは高いもの」という印象を社会に植えつけてしまった。

　たしかにこの虫は、以前から昆虫愛好家のあいだでも別格のものとして扱われてきた。それは、昼間は雑木林のクヌギの大木などのうろに潜み、夜遅い時間帯でないと活動しないため、なかなか見つけにくいという理由があるようだ。まわりにまだまだ自然が残っていたころの昆虫少年たちも、クワガタ採りに行くのはせいぜい朝早くに過ぎないので、この虫にお目にかからないまま長じた

者も少なくない。

　しかし現在でも、採集技術や情報が知れ渡ったにもかかわらず、野外でオオクワガタを見つけるのは非常に難しい。その一つの原因は、雑木林の減少である。この虫の主なすみかだった雑木林は、農家が肥料や燃料を得るために使われてきた場所だ。オオクワガタがすみかにするような巨木のクヌギも、10〜20年ごとに枝を切り、切り口から伸びた枝を再び育てることを長年くり返すことによって出来上がった。最近の研究では、もともとはブナ林や照葉樹林で細々とくらしていたオオクワガタが、人間によって作り出された雑木林という環境がすみやすかったために、そこに進出してきたという説もある。

　こうした雑木林は、日本の農業と2000年近く共生してきたが、高度経済成長期以降の農業の省力化とエネルギー革命によって、近年ではまったく使いみちのない場所となってしまった。そして人里に近く起伏がなだらかな場所にあったことも災いして、1970年頃から始まった開発ブームにより、次々と住宅地や工場、ゴルフ場などに変わっていったのだ。バブル崩壊以降はその勢いは多少鈍ったものの、今度は廃棄物の処理場としてつぶされる事態が続いている。また、放置によって昆虫がすみにくい環境になっていることも問題だ。

　さらに深刻なのは、残された発生木の破壊である。オオクワガタ飼育がブームになるにつれ、野外から成虫を採るだけでは飽き足らず、朽ち木から幼虫を採集してより栄養価の高いエサを与え、大きなサイズのものを愛好家が言うところの「作出」することが主流になった。

　この採集法は、初心者でも簡単に行えることから各地で盛んになり、オオクワガタが発生するような大きなクヌギの立ち枯れは、次々と崩されてしまったのだ。なかには枯れた部分を掘り崩すために、まだ生きている木をチェーンソーで刻んでしまう者まで現れたほどだ。このためオオクワガタの生息に絶対に欠かせない環境は、急速に失われていった。

　また、採集に伴って地元の生活道路への違法駐車やゴミの投げ捨て、クワガタを穴から追い出すための花火による山火事なども目に余るようになり、雑木林の立ち入りが規制されてしまったところも少なくない。

　オオクワガタの発生木は、何十年、時には百年以上の長い時間をかけて出来上がった。残しておけば今後も毎年発生が期待できるその木を、一時の欲望のために崩してしまうのは、まさに『金の卵を産むニワトリ』を殺してしまった昔話そのものである。雑木林を開発用地としか見ない効率主義と、何の変りもあるまい。

オオコブスジコガネ
Omorgus chinensis

絶滅危惧Ⅱ類（VU）　鞘翅目（コウチュウ目）　コブスジコガネ科

- ●体　　長　11〜13mm
- ●分　　布　茨城〜静岡県・伊豆諸島・長崎県・鹿児島県
- ●生息環境　海岸植生の豊かな外洋に面した砂浜
- ●発生期　春〜夏
- ●減少の原因　護岸工事・人や自動車による撹乱・砂浜の過剰な清掃

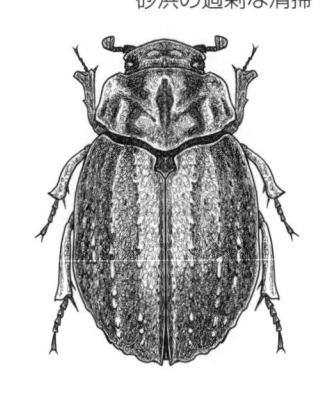

オオコブスジコガネ
（口絵写真8頁参照）

生息域地図

　ごつごつした背中が特徴であるコブスジコガネの仲間は、動物の死体などを処理する「分解者」として重要な役割を担っている。こうした昆虫には多くの種類が知られているが、それぞれが得意とする分野はさまざまだ。新鮮な死体にまず集まるのはキンバエやニクバエで、卵や卵胎生のウジを産みつける。やや腐敗が進むとハネカクシやタマキノコムシ、シデムシがやって来て腐肉を食べたり卵を産み、エンマムシのようにウジを食べに集まるものも多い。

　こうして一週間も経ったころには、死体は骨と皮を残した状態になってしまうが、これからがいよいよコブスジコガネの出番である。彼らは骨や皮、毛などに含まれるタンパク質のケラチンを食べるように進化したグループなのだ。文字通り最後の片付けをしてくれる掃除屋と言えるだろう。

　この虫の仲間は日本から15種が知られており、その多くは森林をすみかと

している。野外で動物の死体を見つけることは難しいので、出会えるチャンスは少ないように思えるが、木の上に営巣するサギ類のコロニーの下などでは、死んだヒナや獲物の食べかすが落ちているのでよく見つかるらしい。採集家はわざわざニワトリの羽毛を集め、トラップをしかけて捕えるという。

この科のなかでは最も大型のオオコブスジコガネは、その生態も特異であり生息しているのは海岸の砂浜だ。彼らは浜辺に打ち上げられる海鳥や魚を食べてくらしており、夕方から宵にかけて活動しエサの下などに集まってくる。とくに外洋に面した浜には、海流の影響でよく動物の死体が流れつくためか、黒潮やその分流の対馬暖流に洗われる地域に生息地が多い。

もっとも、彼らはどんな砂浜にもすんでいるわけではなく、幅が広く海岸植生の豊かな環境に限られる。こうした浜には他の海浜性昆虫も豊富で、同じ掃除屋のアラメエンマコガネ、オオヒョウタンゴミムシ（いずれも準絶滅危惧）、カワラハンミョウ（絶滅危惧Ⅱ類）をはじめとする海浜性ハンミョウといった甲虫の他、ニッポンハナダカバチ（160頁）なども生息する。

しかし別項でも述べた通り、こうした海岸沿いには道路建設や護岸工事が進み、たとえ砂浜は残されていたとしても、彼らにとってくらしにくい環境に変わってしまった。また、海岸をリクリエーションの場として多くの人間が押しかけるようになり、生息地や海岸植生は踏みつぶされ、はなはだしい場合はオフロードバイクや四輪駆動車が走り回って、回復ができないほどの打撃を受けた場所も珍しくない。

さらには観光客が不快に感じないようにと、海辺のゴミとともに海藻や動物の死体なども片づけられてしまい、まるで公園の砂場のように管理されている海岸も増えてきた。そこは景観だけを重視した環境であり、分解者が生存できるような自然のサイクルは完全に排除されている。これでは海浜性の昆虫が激減してしまうのも当然である。

結局のところ、人々は自然を求めて海岸を訪れてはいるものの、自分にとって都合の悪い存在は許せないようだ。蚊に刺されながら野生のホタルを見るのではなく快適な庭園に放されたものを料理を突きながら鑑賞するのと同様で、生物への関心を高めるどころか、かえって環境への負荷を大きくするような「自然体験」が幅を利かせているのが、日本の現状と言えるだろう。

汚いものや不快なもの、危険なものも自然の一部であるという認識が広まらない限り、オオコブスジコガネの将来は限りなく暗いが、人々の自然離れを見る限り不吉な予感は的中しそうだ。

コブスジコガネ科　オオコブスジコガネ

ヤクシマエンマコガネ
Onthophagus yakuinsulanus

絶滅危惧Ⅱ類（VU）　鞘翅目（コウチュウ目）　コガネムシ科

- ●体　　長　8.0〜11.5mm
- ●分　　布　屋久島
- ●生息環境　森林
- ●発 生 期　夏季
- ●減少の原因　森林伐採

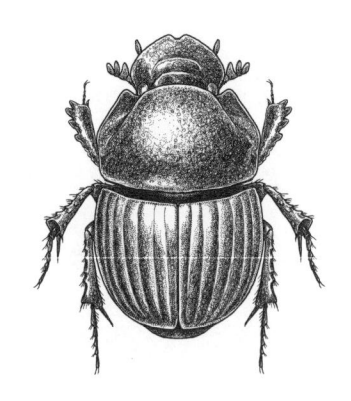

ヤクシマエンマコガネ

生息域地図

　ユネスコの世界自然遺産として知られる屋久島には、その自然の特性を表わすさまざまなキャッチフレーズがある。九州最高峰である宮之浦岳（1936m）をはじめ多くの峰が連なることから「海上アルプス」、6294mmという日本最多の年間降水量から「一月のうち35日雨が降る」、野生動物が多いことから「人2万、シカ2万、サル2万がすむ」といった具合だ。

　こうした自然条件に恵まれて、亜熱帯から寒帯までの植生が見られるうえ、ヤクシマリンドウ、ヤクシマシャクナゲなどの固有種は44種も知られている。当然、多様な植生に支えられた昆虫も豊富で、ヤクシマホソコバネカミキリやヤクシマミドリシジミのような固有種や固有亜種も非常に多い。

　1981年に発見されたヤクシマエンマコガネも、この島だけに生息する糞虫で、同じグループのなかでは珍しく飛ぶ力を失っている。最初の1頭が見つ

かってから20年も再発見されなかったのは、生息範囲が限られているうえに山が急峻で森が深いためらしい。屋久島の糞虫には、青い金属光沢が美しい固有種のヤクルリセンチコガネをはじめ28種が知られており、今世紀に入ってからもヤクシマアカチャダルマコガネ、アラメヒメコブスジコガネといった新種が次々と見つかっている。

　これらの糞虫は、先にあげたヤクザル、ヤクシカなどの糞に依存している種類が多いようだ。これらの動物は隔離された島の環境に適応し、本土のものより小型の亜種に進化している。2万という生息数は大げさだが、サルは9000～19000頭前後、シカは5000頭程度が生息すると考えられており、近年は増加して農作物への被害が顕著になってきた。RDBで準絶滅危惧だったヤクザルも、2007年の見直しによってリストから外されている。

　この島に見られる動物と糞虫の関係は、人間や家畜が現われる以前より続く本来の姿であり、とくにシカとの結びつきは深いと考えられている。環境破壊が進んでしまった日本本土ではなかなか目にすることができないが、春日大社の神獣としてニホンジカが天然記念物にも指定され保護されている奈良公園で、ルリセンチコガネをはじめとする60種近くの糞虫がシカの糞に群がっているようすに過去がしのばれる。

　しかし屋久島の豊かな自然にも、次第に赤信号が点滅しつつあると言えるだろう。高度経済成長期に行われた大規模な伐採もその一つだが、何と言っても1993年に白神山地などとともに日本初の世界自然遺産に登録された影響が大きい。飛躍的に増えた観光客が、小杉谷の縄文杉や永田浜のアカウミガメ産卵地といった特定の人気スポットに集中するため、踏み荒らしによる登山道や自然環境の荒廃が進んだり、ゴミや屎尿の処理が追いつかないといったオーバーユースが深刻になっている。

　一部では多様な屋久島の自然に触れるためのエコ・ツーリズムも盛んになりつつあるが、世界遺産を観光地の名声を高めるお墨付き程度にしか考えていない観光業者や、不勉強で有名スポットしか紹介しないメディア、さらにそれに踊らされているだけの観光客にはなかなか浸透しないようだ。

　こうした問題は知床などの世界遺産でも起きているが、このままでは未来に伝えられるべき自然そのものも損ないかねない。現に世界には「危機遺産」として登録を取り消された例もあるのだ。ヤクシマエンマコガネのような昆虫も含めた、多様な自然に関心が向けられるような活用が強く望まれる。

ダイコククガネ
Copris ochus

絶滅危惧Ⅱ類（VU）　鞘翅目（コウチュウ目）　コガネムシ科

- **体　　長**　20〜28mm
- **分　　布**　北海道・本州・四国・九州・佐渡・対馬
- **生息環境**　草原
- **発 生 期**　夏〜秋
- **減少の原因**　草原の減少・放牧の減少・植生の遷移・農薬汚染

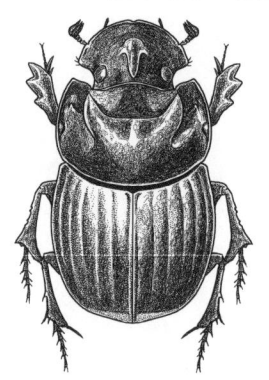

西12,68,110

ダイコククガネ
（口絵写真9頁参照）

生息域地図

　ダイコククガネは、動物の糞を食べるコガネムシとしては日本最大の種類として名高い。長く伸びた角と隆起した前胸、重量感のある漆黒の体には迫力があり、もし倍の大きさがあったらカブトムシと人気を二分したに違いない。

　日本にすむ約360種のコガネムシのうち1/3以上に当たる160種は、こうした「糞虫」と呼ばれるグループである。これには、紫・青・緑・金といった金属光沢をもつセンチコガネやオオセンチコガネ、頭や胸に複雑な角や突起をもつツノコガネやエンマコガネ、小型だが80種以上に種分化したマグソコガネ、コブにおおわれたコブスジコガネなどが含まれ、その形態の多様性だけでも飛び抜けている。

　さらに興味深いのはその生態である。日本には有名なスカラベのように糞玉を転がす種類は数ミリの小型種しかいないが、糞を食べに集まって産卵するば

かりでなく、トンネルを掘って糞を詰め込み幼虫のエサとするものは数多い。さらにダイコクコガネのグループでは、地中の育児室に糞を運び込んでボールにし、産卵したあとは親が寄りそって乾燥を防いだりカビが生えないように面倒を見るまでに進化した。

　糞虫は、生態系のなかでは有機物を分解して植物の栄養へと変える「分解者」として重要な存在である。有史以前は、自然界でシカやイノシシ、サル、タヌキといった野生動物のフンをもっぱら処理していた。やがて人間が増えると、彼らのなかにはその糞に食性を転換したものもいただろう。なにしろこれほど個体数の多い大型動物は他に類を見ないのだ。

　さらに文明が進んで、今まで日本列島に生息していなかったウシやウマが大陸より渡来すると、糞虫の黄金時代が到来する。戦争や荷役、耕作に使うために各地に牧（牧場）が作られ、一般の武士や農家に行き渡るようになると集落の周辺は採草地や放牧地となって、糞虫の生息地は大きく広がった。こうした人間と糞虫の友好関係は、肉食が一般化した明治以降はさらに勢いを増し、ほんの半世紀前までは続いていた。ダイコクコガネもこの頃までは、大都市近郊の牧場でも姿が見られたという。

　しかし高度経済成長を境に、農村の労働人口を都市に集めるために農業が近代化され、ウシやウマが耕作機械にとって替わられると状況は一変する。頭数が減ったばかりでなく飼育形態も畜舎で穀物飼料を与えられるようになり、牧場の多くも閉鎖された。アメリカとの貿易摩擦によって牛肉の輸入が自由化されると効率化はさらに進んだ。最近ではウシに投与される抗生物質により、エサとしてふさわしくない状態の糞が増えているとも考えられている。

　この結果、糞虫の生息環境は激減し、とくに大型のダイコクコガネのこうむった打撃は大きい。現在でも彼らの姿が見られるのは、放牧が行われている北関東の一部や島根県の三瓶山（さんべさん）、九州の阿蘇山麓などに限られている。各都道府県の RDB でも、千葉・神奈川・愛知県・大阪府などでは「絶滅」として扱われ、危険度が最も高いカテゴリーとされている例も珍しくない。

　こうした状況は、雑木林の例にも見られるように、自然に対する人間の干渉が減って、糞虫と動物の関係も有史以前に戻りつつあるとも言える。しかし彼らが帰るべき環境は、この数千年の間に大幅に縮小しており、ダイコクコガネのような大型種が生きのびることは難しいに違いない。

　近年になって牧畜の問題点が次々と明らかになっているが、我々の食について考えるうえで、糞虫たちとの関係も忘れてはならないだろう。

ヤンバルテナガコガネ
Cheirotonus jambar

絶滅危惧Ⅰ類（CR＋EN）・天然記念物　鞘翅目（コウチュウ目）　コガネムシ科

- ●体　　　長　53〜63mm
- ●分　　　布　沖縄本島北部
- ●生息環境　スダジイの大木が残る原生林
- ●発　生　期　9〜11月
- ●減少の原因　森林伐採・生息環境の乾燥化

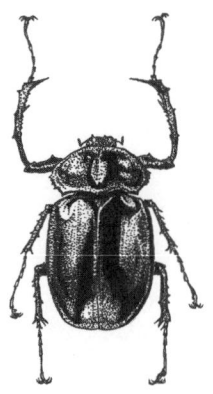

西14

ヤンバルテナガコガネ　　　　　　　　　生息域地図

　昆虫好きに限らなくても、ヤンバルテナガコガネの知名度は高いようだ。1984年1月、全国紙の一面に新種としての発見をセンセーショナルに報じられたことは、まだ記憶に新しく、それまでこんな大型の昆虫が見つからずにいたという驚きは大きかった。カブトムシがもっていた「日本最大の甲虫」の座をやすやすと奪ったため、多くの出版社は昆虫図鑑の改訂版を出さねばならなくなったというおまけまでついている。
　名前についた「ヤンバル」とは沖縄本島北部を指し、ここには長いあいだ開発の波が及ぶことなく、奥地の森にも人手が入らなかった。そのため近年、未知の生物の発見が相次ぎ、1981年のヤンバルクイナをはじめ、哺乳類ではヤンバルホオヒゲコウモリ、昆虫ではヤンバルクロギリスなど数多い。ノグチゲラなどの固有種に至っては長いリストができるほどで、琉球列島が「東洋のガ

ラパゴス」と呼ばれる所以でもある。

　ヤンバルテナガコガネが生息しているのは、こうした原生林に生えるスダジイなどの大木で、幹の一部が腐って空洞になった「うろ」にいることが多い。この中には泥状になった朽ち木が堆積していて、彼らの幼虫はこれを食べて成長するのだ。こうしたうろのある木は数が限られるうえ、♀の産卵数は10個程度と昆虫にしては極端に少なく、しかも成虫になるのに4年もかかる。また、幼虫はたいへん乾燥に弱いので、森の奥深くの風通しが悪く湿度も高い環境に生えた木にしかすみつくことができない。こうした環境は、世界有数の毒蛇・ハブにとっても絶好のすみかである。この虫が長い間発見されなかったのも、そんな理由があるようだ。

　ヤンバルテナガコガネほど、何重にも法の網がかかっている昆虫も少ないだろう。RDBでは最重要ランクの絶滅危惧1類であるばかりか、「絶滅の恐れのある種の保存法」によって、昆虫では5種類だけが該当する「国内希少種」に指定され、捕獲や売買、譲渡が禁じられている。さらには国指定の天然記念物でもある。

　しかし、こうした「保護政策」がとられているにも関わらず、この虫は確実にその数を減らしているようだ。最大の原因は原生林の伐採である。日本への復帰以降、ヤンバルの原生林にはすみずみまで林道がはり巡らされ、大規模な伐採が今も続いている。こうした木材は、細かく砕かれてチップに加工され、紙の原料にされてしまう場合も少なくない。さらに最近では「育成天然林整備事業」の名のもとに、自然林の下生えの刈払いまで行われ、林が乾燥してヤンバルテナガコガネの生息に適さない環境が広がりつつある。

　これらの事業は、沖縄振興という名目で国が補助金を出して行われており、続けなければ補助も打ち切られてしまうという。こんなシステムで、本当の地元の振興のためになるのか大いに疑問だが、長いあいだ離島の過疎地として顧みられなかったために雇用の場も少ない本島北部では、こうした補助金に頼らざるを得ないという事情もある。いずれにしても、総合的な計画性もなく、矛盾した政策を平気で行うような縦割り行政による弊害が、ヤンバルテナガコガネを絶滅へと駆り立てているのだ。また、「種の保存法」に基づく増殖計画も立てられてはいるものの、省庁間の遠慮からか「環境が悪化している」と述べるだけで、森林の大規模伐採に言及しようとせず、密猟の監視やうろの中の朽ち木を補給するといった場当たり的対策に終始している。役所の論理で保護策を進めようと考えている限り、この虫の危機を食い止めることは不可能に違いない。

オオチャイロハナムグリ

Osmoderma opicum

準絶滅危惧（NT）　鞘翅目（コウチュウ目）　コガネムシ科

- 体　　長　27〜28mm
- 分　　布　本州・四国・九州・屋久島
- 生息環境　山地の落葉広葉樹林
- 発生期　7〜8月
- 減少の原因　森林伐採・ナラ枯れによる発生木の減少

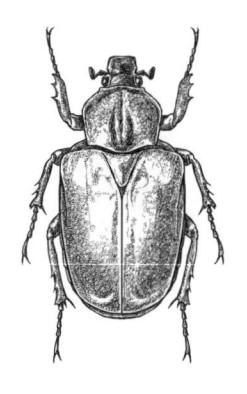

東52,102,148
西2,8,52,58,68,100,106,110,124

オオチャイロハナムグリ
（口絵写真9頁参照）

生息域地図

　ハナムグリとは奇妙な名前だが、これは「花潜り」の意味で、この仲間には花に集まって花粉などを食べる種類も少なくないことから名づけられた。もっとも、こうした食性をもたないものも多く、その代表的なものは樹液や腐った果物などに集まるカナブンのグループである。

　ハナムグリの特徴は、ずんぐりして背中が丸い一般的なコガネムシと違い、前翅が平たくその前縁が角張っている。さらに横から見ると縁が大きく湾曲し、このすき間から後翅を広げ硬い前翅はほとんど畳んだままで飛ぶことが可能だ。彼らの多くは昼行性で、空気抵抗を減らし高速飛行ができるように進化したのも、最大の天敵で飛行能力の優れた鳥に対抗するためらしい。

　オオチャイロハナムグリは日本にいるハナムグリ亜科のうち最大の種類で、このグループに多いカラフルな斑紋やメタリックな輝きはないものの、重量感

があって愛好家の人気は高い。この虫は広葉樹のうろに潜んでいることが多いが、オスには麝香とも焼きリンゴとも形容される独特の匂いを発してメスをおびき寄せる習性があり、この匂いを頼りに探し出すことも可能だという。
　彼らの幼虫は、ミズナラやカエデ、スギなどのうろの中にたまった泥状の腐植質をエサにしている。うろができるためにはある程度太い木が必要なので、その生息地も良好な森林が残されている山地がほとんどだ。
　高度経済成長期にはこうした森林の伐採が進んで植林地に転換され、彼らの生息環境の多くも破壊された。近年になって自然林保全の世論が高まり、かつてのような大面積の皆伐は少なくなったが、森林整備の目的で生物のすみかとして重要な老木ばかりを抜き刈りするような事例はいまだに聞く。
　しかし現在、それとは比べものにならないくらい深刻な事態が進行中だ。日本海側を中心とした地方に、1980年代から被害が広がりつつある「ナラ枯れ」である。これはミズナラやカシワといった木の病気で、ラファエレアと呼ばれる糸状菌（カビの一種）に感染することによって樹幹の中の形成層が壊死し、水を吸い上げられなくなって枯れてしまう。
　これを媒介するのは樹幹に穴を掘ってくらすカシノナガキクイムシで、糸状菌は彼らの幼虫が掘った坑道に沿って全体へと広がって行く。やがて木が枯れ翌年に羽化した成虫が飛び立って新たなすみかとなる木へ移動すると、その体についた糸状菌もともに感染を広げる。この虫は南方系で大木を好むことから、山の木が薪や炭に使われなくなり気候も温暖化して、彼らにとって都合のよい環境が増えたことが原因とも考えられているが、結論は出ていない。
　こうした枯死は夏に進行するので、まるで緑の森のなかにそこだけ紅葉したように目立つ。1990年代の後半からは爆発的ともいえる広がりを見せており、各県は対策に躍起だがその勢いは納まっていない。カシノナガキクイムシが羽化する前に、木を切り倒して処理してしまうのが有効なものの、予算手続きなどに時間をとられ初動が遅れて手遅れになる例が多いという。
　ミズナラはブナとともに日本の落葉広葉樹林の多くを占め、この木に依存する動物もドングリを食べるツキノワグマから葉を食べる昆虫まで非常に多い。もちろんオオチャイロハナムグリもその一つである。食物連鎖の土台となる植物が失われる影響は大きく、このままでは日本の生態系が崩壊する危険性をはらんでいるといっても大げさではないだろう。
　なぜかマスコミではあまり報道されないようだが、政府も国民もその重大さを認識して、一刻も早く対策に乗り出すべきだ。

コガネムシ科　オオチャイロハナムグリ

ヨコミゾドロムシ
Leptelmis gracilis

絶滅危惧Ⅱ類(VU)　鞘翅目(コウチュウ目)　ヒメドロムシ科

- ●体　　長　2.6〜3mm
- ●分　　布　本州・四国・九州
- ●生息環境　湧水のある池や川の下流
- ●発 生 期　5〜11月
- ●減少の原因　河川改修・水質汚染

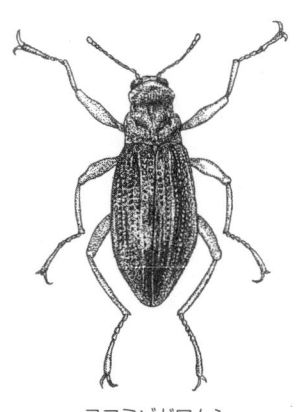

西66,94,104

ヨコミゾドロムシ
（口絵写真9頁参照）

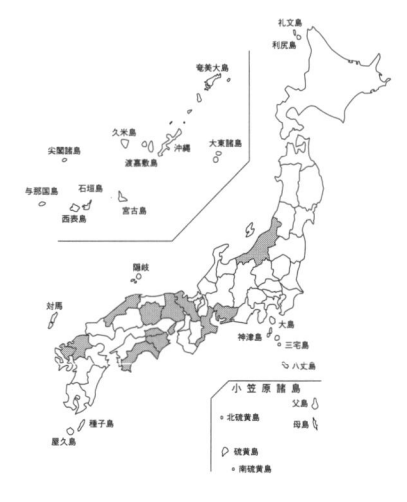

生息域地図

　ヨコミゾドロムシの属するヒメドロムシの仲間は、川底の石の表面に付着した藻類をエサにして暮らす、体長1〜5mmの小さな水生昆虫である。体型はあまり水中生活には適応しているように見えず、石などにしがみついて歩きまわるだけで、泳ぐことが出来ない。このため足が非常に長く、爪が発達しているのが特徴だ。しかし水中での呼吸方法は優れていて、水に溶け込んだ酸素を直接体に取り込む仕組みをもっている。おかげで成虫になってからも、水からまったく出ずに暮らすことが可能だ。こうした生活パターンの水生昆虫はごく少なく、たいていは成虫になったら陸上生活をするか、水面へ出て空気を取り込まなければ生きていけない。一見、水中に進出した歴史が浅いように見えるヨコミゾドロムシも、実は環境に高度に適応した昆虫なのかもしれない。

　しかし、人間の活動の影響を受けて汚れた川では、彼らは暮らしにくくなっ

てきた。川を汚す要素はさまざまだが、農薬や化学物質といった毒物を別にすれば、その大きな原因は下水に代表される有機物だ。これらは水中の微生物によって分解されて浄化されるが、この過程で水にとけ込んだ酸素を使う。微生物が有機物の分解に必要な酸素の量は「生物化学的酸素要求量（BOD）」と呼ばれ、川の汚染にもっともよく使われる指標である。汚れがひどければ、水中の酸素はどんどん微生物に消費されて少なくなり、BODの値も上がるわけだ。やがて酸素が使い尽くされてしまうと、今度は酸欠状態でも有機物を分解できる嫌気性の微生物が増え、メタンや硫化水素などの有害物質を吐き出すようになる。汚れきったドブ川から漂う悪臭は、これらの微生物が生み出したものだ。ちなみに、こうした川のBOD値は10mg/L以上である。

　水生生物の多くは、水中にとけ込んだ酸素を使って呼吸するため、BOD値が上がれば生存そのものが脅かされることになる。この他にも、土砂が流れ込んで浮遊物質が多くなったり、川底がバクテリアなどに被われて、エサとなる藻類が付着できないということも、姿を消す理由の一つだ。汚れやすい下流域を生息地とするヨコミゾドロムシの場合も減少が著しく、生息が確認されている川は、全国でも数えるほどしかない。図鑑などには「湧水のある池にすむ」と書かれたものもあるが、現在も見つかるのかどうかは不明だ。

　ところで、現在のヨコミゾドロムシの生息地には、島根県の斐伊川水系に代表されるような「天井川」と呼ばれるものが少なくない。これは、上流から運ばれた土砂が堆積をくり返すのに伴って堤防を築いた結果、その外側の土地よりも河床が高くなってしまったもので、時には川の下にトンネルを掘って、道路や鉄道が通っている例すらある。「天井川」という名前は、この状態を表したものだ。こうした川の中流域では、流れが川底に吸い込まれてしまい、伏流水となって川の下を流れていることも多い。そして下流で再び湧水となって地上に現れるが、長く地下を通って来るおかげで、本来なら汚れがちな下流域の水質も保たれることになるわけだ。

　しかしこうした川では洪水が起こりやすいため、治水のためのダムや河川改修が行われることが多い。ダムは水量の減少や放水による汚濁をよび、河川改修は川の環境を単純化して、水生昆虫の生息地を破壊する。全国の河川を管理する国土交通省では、しきりに「生き物にも配慮した治水」を提唱しているが、まだまだ巨大土木工事重視主義が転換したわけではないようだ。

ツマベニタマムシ
Tamamushia virida

絶滅危惧Ⅰ類(CR+EN)　鞘翅目(コウチュウ目)　タマムシ科

- 体　　長　13〜20mm
- 分　　布　小笠原諸島
- 生息環境　森林
- 発　生　期　5〜7月
- 減少の原因　森林伐採・移入種による捕食や寄主植物への食害

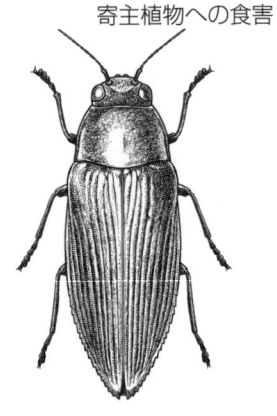

ツマベニタマムシ

生息域地図

　タマムシはその金属光沢で人間に強い印象を与える昆虫だ。見る角度によって色を変える「玉虫色」の輝きは、鞘翅の微細な凹凸に反射した光が互いに干渉しあって生まれるもので、モルフォチョウの翅などと共通するメカニズムである。彼らがこんな装いをしているのは、活動時間が主に日中なので、最大の天敵である鳥に対して威嚇するためという説もある。水田の上に貼られた光るテープからも分るように、鳥の多くはキラキラしたものが苦手らしい。
　もっとも、タマムシと聞いてすぐに頭に浮かぶヤマトタマムシのような強い輝きをもっているのは、日本にすむ210種のうちのごくわずかに過ぎない。同じメタリックでも焦茶や紺といった渋い色調のうえ1cmに満たない小型種がほとんどを占めている。
　ツマベニタマムシは小笠原諸島の固有種で、天然記念物のオガサワラタマム

シと並んで強い光沢をもつ種類だが、脚と体の縁、鞘翅の合わせ目が鮮紅色といったデザインは後者よりずっと派手な印象を受ける。北部の聟島列島からは、2003年になって紫がかった色に輝くものが見つかり、父島や母島のものとは別の亜種 T.v.fujitai として記載された。

　タマムシの幼虫は、枯れた木にトンネルを掘ってエサにするので、彼らの祖先も海流にのった流木ごとこの島に流れつき、長いあいだ隔離されて固有種や固有亜種へと進化したのだろう。これは決して荒唐無稽な仮説ではなく、アヤムネスジタマムシのように台湾から琉球列島を経て、九州沿岸、四国太平洋岸、紀伊半島から八丈島まで、点々と飛び離れて分布する種類などは、黒潮に運ばれたと考える方が合理的である。ツマベニタマムシがどこから流されて来たかは明らかでないが、日本本土や琉球列島に近縁の種類は見当たらず、遠くフィリピンに生息するものと共通の起源とも考えられている。

　小笠原諸島にはこの他にも、オガサワラムツボシタマムシ（母島亜種が絶滅危惧Ⅰ類・父島列島亜種が同Ⅱ類）、ツヤヒメマルタマムシ（準絶滅危惧）、シラフオガサワラナガタマムシといった固有種が少なくない。彼らは敏捷に飛びまわっては、センダンや固有種のヒメフトモモといった植物に集まって葉をかじったり、寄主である枯れ木に産卵する。

　しかし近年、こうした習性は彼らにとってマイナスに働いているようだ。別項でもたびたび取りあげた移入種・グリーンアノールと、日中に活動するうえに樹上性という行動パターンが一致したため、次々と捕食されてしまったのである。少なくともトカゲに対しては、彼らの輝きは威嚇の用をなさなかったらしい。現在では、ひときわ大型でグリーンアノールの口に入らなかったオガサワラタマムシ以外、父島と母島の在来タマムシの姿はほとんど見られなくなった。ちなみにこの島には、移入種であるウバタマムシやサツマウバタマムシも生息しているが、さらに体のサイズが大きいために捕食を免れている。

　ツマベニタマムシは亜種によって RDB での扱いが違い、ノヤギによる食害で植生が壊滅的な被害を被った聟島の亜種は絶滅危惧Ⅰ類、グリーンアノールの捕食が著しい父島・母島の亜種はⅡ類となっている。しかしノヤギが駆除されて聟島の植生が回復しはじめたことを考えると、いずれこの位置が逆転する可能性もないとは言えない。グリンアノールが侵入していない兄島などでは、比較的個体数も少なくないのがせめてもの救いだ。それほどこのトカゲによる被害は深刻だが、詳細については別項に譲りたい。

クメジマボタル
Luciola owadai

絶滅危惧Ⅱ類（VU）　鞘翅目（コウチュウ目）　ホタル科

- **体　　長**　12〜16mm
- **分　　布**　久米島
- **生息環境**　水質汚染がなく安定した水量の底が礫の小川
- **発 生 期**　4〜5月
- **減少の原因**　ダム建設・河川改修・水質汚染

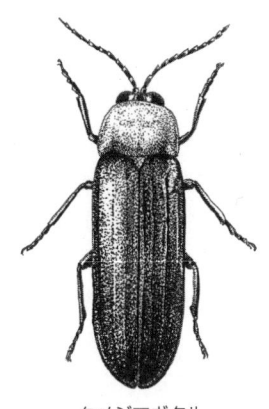

西136

クメジマボタル
（口絵写真10頁参照）

生息域地図

　意外に思われるかもしれないが、日本にいる約50種のホタルは、そのほとんどの幼虫が水と縁がない。例えば、名古屋城外堀に発生するヒメボタルや、対馬の秋を彩るアキマドボタルといった有名な種類も、一生を陸上で過ごす種類だ。彼らの多くは草むらや林床で暮らして、カタツムリやミミズのような小動物をエサにしている。ゲンジボタルやヘイケボタルのように、幼虫が水中で暮らして淡水性の貝を食べるという種類は、日本ではわずか3種、これは世界に約2000種いるホタルのなかでも、たいへん珍しい存在なのだ。

　クメジマボタルは、そんな数少ない水生ボタルの一つである。沖縄本島の西約50kmに浮かぶ久米島の固有種で、近縁のものは日本本土と台湾にいるが、近くの島からは確認されていない。日本本土にいるゲンジボタルに姿も習性もよく似ていて、幼虫がカワニナを食べるという点も同じだ。

ホタルといえば発光するものと思われがちだが、実は日本のホタルのなかで強い光を放つ種類は、その半分以下に過ぎない。ただし、幼虫はすべての種類が発光する。ホタルの幼虫は、刺激を受けるとイヤなにおいのする粘液を出し、魚などはこれを嫌うので、発光は敵に対する警戒色の一つとも考えられている。

　一方、成虫の発する光が使われるのは、おもにオスとメスの求愛のコミュニケーションのためだ。これにはいくつかの発光パターンがあるが、ゲンジボタルの場合は、オスが集団で点滅のタイミングをそろえて、これに同調しないものをメスと認識するが、点滅の間隔は地域によって異なり、西日本型では２秒間隔なのに対し、東日本型では４秒以上になることが知られている。最近各地でホタルの増殖事業が盛んだが、なかには遠い地域からもって来た発光パターンの違うホタルを放し、求愛行動を撹乱した結果、かえって減少に拍車をかけるという例もある。「外来種」の問題は国内にもあるのだ。異なる地域の生物を野外に放すことは自然破壊だという認識は、もっと広めるべきだろう。

　ゲンジボタルと違ってクメジマボタルの発光パターンは一定しておらず、琉球方言の「細かいものごとにこだわらない」という意味で「テーゲー型」とよばれているのは愉快である。

　久米島固有の生物には、このホタル以外にも注目すべき種類がいくつも知られている。その一つがキクザトサワヘビだ。このヘビは山地の渓流にすみ、水に潜ってオタマジャクシや水生昆虫をエサにするという珍しい習性をもつ。サワヘビの仲間は、琉球列島はもとより日本本土や台湾からも知られておらず、中国南部から東南アジアの山岳地帯にしか生息していない。クメジマボタルと並び、沖縄の島々の成立のナゾを秘めた貴重な生物なのだ。

　しかしこれらの固有種がすむ久米島の自然環境は、年々悪化の一途をたどっているようだ。特に河川では、現在沖縄各地でも問題になっている、農地からの赤土の流失が甚だしい。赤土は川底を被ってケイ藻が生えなくなり、これをエサとするカワニナが激減して、結果としてホタルの幼虫にも大きなダメージを与えている。また、生息地の上流にダムが造られ、工事による水質汚染や、取水で川の水量が減少する影響も見逃せない。さらに河川改修で水辺がコンクリートで固められ、ホタルが土に潜って蛹化する環境が無くなっている。クメジマボタルの最初の発見地・白瀬川では、これらの影響で個体数が激減してしまったという。沖縄県では天然記念物に指定し、地元でも「久米島ホタル館」を作って普及啓蒙に努めているが、積極的な生息環境の保全を行わない限り、この施設が「絶滅記念館」になるのは時間の問題と言えるだろう。

クスイキボシハナノミ
Hoshihananomia kusuii

絶滅危惧Ⅰ類(CR+EN)　鞘翅目(コウチュウ目)　ハナノミ科

- ●体　　長　6.5～8mm
- ●分　　布　小笠原諸島の父島・母島
- ●生息環境　森林
- ●発 生 期　6～7月
- ●減少の原因　森林伐採・移入種による捕食

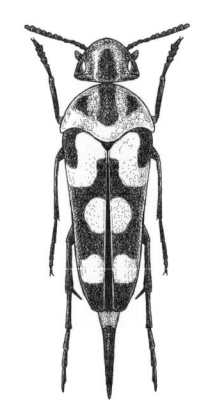

クスイキボシハナノミ

生息域地図

　2007年のRDB見直しにより、絶滅危惧Ⅰ類のカテゴリーで鞘翅目（甲虫）の種類数が大きく伸びたのは、小笠原諸島に生息するものが20種も追加されたことが大きいが、なかでも顕著だったのはハナノミの仲間が半数近くを占めるようになったことである。前回のリストが公表されてから7年の間に、彼らにどんな変化が起こったのだろうか。

　ハナノミの名前からすぐにイメージが浮かぶのは、かなり甲虫に詳しい人に違いない。この仲間はその名のように花に集まるものが多く、小さな頭に背中が大きく盛り上がり尾端が尖るという独特の体型をもち、後脚が発達しているのでよく飛び跳ねる。日本からは170種以上が確認されており、最大種でも16mm、小型のものは2mmほどのグループである。

　小笠原諸島からは、ほとんどが固有種か固有亜種である20種近くが知られ、

この島の昆虫相を特徴づけるグループの一つと言えるだろう。彼らの幼虫は朽木などを食べ、成虫はカミキリムシなどとともにムニンヒメツバキやヒメフトモモ、オオバシマムラサキといった在来種の花に集まる。クスイキボシハナノミは、この島々に4種が分布するホシハナノミのグループに属し、背中の黄斑がひときわ鮮やかな固有種だ。

小笠原諸島がアメリカの統治から本土に復帰した直後の1976年に行われた調査では、彼らをはじめ訪花性の昆虫が多数採集されている。ところが1980年代から父島でその数が急激に減りはじめ、やがて母島もそれに続き、2000年代にはどちらの島からもほとんど姿を消してしまった。

この減少には一定の傾向が見られ、ハナノミに限らず日中に活動するものばかりが減って夜行性のものにはあまり変化がないこと、オガサワラクマバチのような大型の種類には当てはまらないこと、父島・母島だけに限られることなどが上げられた。そこで犯人として浮かび上がってきたのが、移入種であるグリーンアノールの存在だ。

このトカゲは北アメリカ東南部から南アメリカ北部が原産地で、日本には生息しないイグアナ科に属している。体長は20cm近くまで成長し、体の色を変えられることから「アメリカカメレオン」とも呼ばれていた。指の先にはヤモリのような指下板があるので、垂直の樹上でも活動が可能だ。

彼らが父島に入ったのは、まだアメリカ統治下にあった1960年代と考えられている。すでに侵入・定着していたマリアナ諸島のグァム島から、ペットとして持ちこまれたか物資にまぎれ込んで運ばれたらしい。その後1984年には母島にも侵入し、現在では両島の海岸から山の頂上まで、至る所で姿が見えるほどに大増殖している。

このトカゲのエサは主に昆虫で、茂みの上などで待ち構えては、近づいてくるものを片っぱしから餌食にしている。これでは昼行性の昆虫が激減するのも当然で、新たにレッドリストに追加された小笠原諸島の昆虫のほとんどが、このトカゲが原因で壊滅的な被害を被ったと考えられている。

事態の深刻さが明らかになった現在では、環境省による対策が進行中だ。「指定外来生物」として、飼育、譲渡、野外へ放すなどを禁じる一方、希少な生物の生息地に侵入できないよう囲いを設置したり、他の島へ拡散させないために物資にまぎれ込みやすい港周辺で、粘着式のワナを使った捕獲も進む。

安易に持ちこまれた移入種への対策は、たった一種だけでも多くの労力と資金を浪費することを、すべての国民に普及啓蒙するべきだろう。

ムコジマトラカミキリ
Chlorophorus kusamai

絶滅危惧Ⅰ類（CR+EN）　鞘翅目（コウチュウ目）　カミキリムシ科

- **体　　長**　約10mm
- **分　　布**　小笠原諸島の聟島（むこ）
- **生息環境**　森林
- **発生期**　6月
- **減少の原因**　森林伐採・移入種による寄主植物への食害

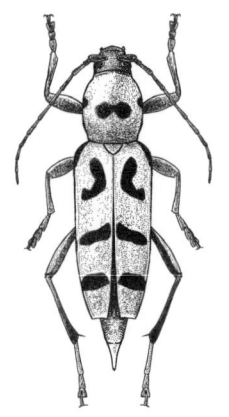

ムコジマトラカミキリ 　　　　　　　　生息域地図

　ムコジマトラカミキリは小笠原諸島の聟島で1974年に発見され、1999年に新種として記載された。一口に小笠原諸島と言っても、最も北の聟島列島と南の母島列島では100km以上も離れており、生息する昆虫にも島ごとの変異がある。聟島から未知の昆虫が見つかっても何の不思議もないが、破壊しつくされたこの島の現状を知る者にとっては大きな驚きだった。

　聟島列島は父島の北約70kmに位置し、聟島、媒島を中心に、嫁島、北之島などによって構成される。戦前には主な島に人が定住してサトウキビ栽培やヤギの放牧が行われていたが、太平洋戦争の激化で島民が日本本土に引き上げてからは無人島になり、戦後のアメリカ統治下でも放置されていた。

　すでに戦前から環境破壊は進んでおり、かつて父島とともにこの島にも生息していたメグロの基亜種・ムコジマメグロは、1930年代を最後に絶滅してい

る。しかしより深刻な破壊の嵐が吹き荒れるようになったのは、人間の姿が全く消えてからのことだ。島民が置き去りにしていったヤギが野生化して大繁殖し、島の植物を片っぱしから食い荒らしはじめたのである。

　ヤギは繁殖力が強く粗食にも耐えることから、世界各地の島で行われた開拓に際しては、真っ先に導入された家畜である。しかし草はもちろんのこと、有毒でない限り木の葉から樹皮まであらゆる植物を利用するため、数が増えれば環境に大きな影響を及ぼす。在来の植物食の昆虫や小動物も、エサを奪われてしまえば生きていくことはできない。

　媒島のノヤギによる植生破壊はとくに著しく、1平方kmに300頭という高い密度で生息するようになったために、森林のほとんどが食い尽くされた。むき出しになった地面は雨のたびに侵食され、場所によっては表土が1mも失われている。さらに海に流れ込んだ土砂がサンゴ礁をおおって大きな被害を与えるなど、その影響は陸上だけにとどまらない。

　こうしたノヤギの被害は、ガラパゴスやハワイなどの世界じゅうの大洋島でも、固有種に対して深刻な問題を引き起こしている。天敵のいない島に移入された草食獣は、多くの生物の食料を根こそぎ奪い去る悪魔と化すのだ。

　1990年代も後半になって、環境庁（当時）もようやく対策に乗り出し、小笠原諸島を管理する東京都に依頼して、ノヤギ駆除と植生の回復事業がスタートした。動物愛護団体による的外れな反対運動のために手間取りはしたものの、2003年までに聟島列島のノヤギは一掃され、一部では植生も回復しつつある。

　これほど荒廃した島でムコジマトラカミキリが生き延びていたのは奇跡的だが、その後もオガサワライカリモントラカミキリ（絶滅危惧II類）や、新種のムコジマキイロトラカミキリが発見された。水場や日陰を確保するためにノヤギが本能的に食い残したのか、モモタマナやウラジロエノキなどの大木が沢沿いにわずかに残っており、ここにはシマアカネやオガサワライトトンボといった父島では姿を消したトンボも生き残っている。昆虫たちはこうした環境にしがみつくようにして、受難の時代を耐えてきたのだろう。

　その一方で、聟島のトラカミキリ類と代置関係にある、オガサワラトラカミキリやオガサワラキイロトラカミキリ（いずれも絶滅危惧II類）が生息する父島の現状は深刻である。こちらでは大繁殖した移入種・グリーンアノールの食害によって、これらのカミキリはほとんど姿を消してしまった。

　このように小笠原諸島の移入種には、それぞれに違った対策が必要だ。在来種が生きているうちに効果が現れるか、ここしばらくが正念場に違いない。

フサヒゲルリカミキリ
Agapanthia japonica

絶滅危惧Ⅰ類(CR+EN)　鞘翅目(コウチュウ目)　カミキリムシ科

- **体　　長**　15〜17mm
- **分　　布**　北海道西南部・岩手・本州中部・中国地方
- **生息環境**　高冷地の湿性草原
- **発　生　期**　6〜8月
- **減少の原因**　草原の乾燥化や樹林化・開発

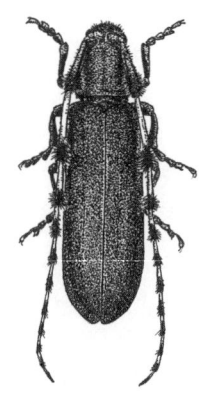

東10　　西58,62

フサヒゲルリカミキリ♂
(口絵写真10頁参照)

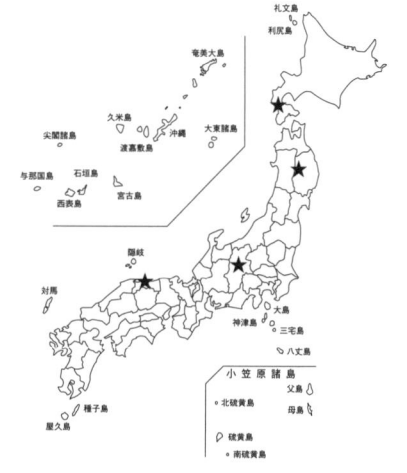

生息域地図

　動物の分布のパターンで世界を分けた地理区分では、日本のほとんどが旧北区に属することは別項でも述べた通りだ。旧北区の特徴のひとつとしては、ステップと呼ばれる草原が広い面積を占めることがあげられる。モンゴルなどの内陸アジアによく見られる環境である。寒冷で雨が少ない環境の場合、体の大きな木にとっては水が不足して生育できないが、草ならばそれほど水を必要としないためだ。しかし旧北区の東南のはずれの日本では、温暖で雨が多いため、このような環境が成立する条件は限られてしまう。

　フサヒゲルリカミキリは、日本には数少ない草原だけに生息しているカミキリムシである。彼らは、こうした環境に生えるユウスゲの葉や茎を食べている。生態には不明の部分が多いが、幼虫の食草も同じらしい。

　このカミキリと同じグループに属するものは、旧北区から40種近くが知ら

れており、いずれも草原を生息地としている。フサヒゲルリカミキリ以外で日本にすんでいるのは、北海道から東北に分布するミチノクケマダラカミキリ（準絶滅危惧）だけだが、いずれも RDB に記載されていることからも、草原という環境がいかに日本に少ないかを表わしているようだ。

　では、日本で彼らがすめるような草原が成立するには、どのような条件が必要だろうか。一つには、その土地の環境が植物にとって生育しにくく、なかなか森林が形成されにくいことがあげられる。たとえば火山の周辺などでは、噴火による火山灰などの噴出物で、植生が完全に破壊されてしまうと、土壌が豊かになって植生の遷移が進み、樹木が生えるようになるまで長い年月がかかる。当然、その間は草原が維持されるだろう。日本の代表的な草原を思い浮かべてみると、有名な阿蘇の草千里を始めとして、大山や蒜山、美ヶ原や菅平、富士の裾野など、その多くが火山の周辺に発達したものであることがわかる。

　フサヒゲルリカミキリの生息地の多くもこれらの場所だが、草原ならどこにでもいるという訳ではなく、低い土地で周辺の森林から常に水が流れ込んでいるような、湿性の草原に限られる。こうした環境は移ろいやすく、植生の遷移が進めばやがて乾燥した草原になり、樹木が侵入してくるし、周囲の木が切られて保水力が無くなっても同様だ。草原が広ければ、こうした微小な環境が草原のあちこちに点在していたが、周囲の農地化や植林などによって面積が狭くなるにつれ、失われた環境の代りになる場所を見つけることが困難になってきている。また、かつて牛馬の食料や肥料を得るために行われていた草刈りは、遷移が進むのを止めることにも役立っていたが、農業形態が変わって利用されなくなると、草原は次第に森林に変わって行く。

　さらに、生息地の多くは比較的平坦な地形が多いため、近年盛んになった高原の観光開発では、真っ先に整地されて建物や駐車場、グラウンドなどになってしまう例が少なくない。スキー場の場合も、以前はシーズン以外は在来の植物の草原として維持されてきたところが、最近では一年じゅう観光客を呼び寄せるために、人工芝スキー場を作ったり、管理・利用がしやすいように外来種の牧草に置き換えてしまう傾向も見られる。

　草原を訪れる観光客の多くも、観光地を管理する側も、どんな草でも生えてさえいれば良いという程度の意識でいる限り、このカミキリをはじめとする草原性の生物の絶滅を止めることはできない。開発を規制して、現在の生息地の保全を最優先するのと同時に、従来の草原の復元も視野に入れた対策が必要だろう。

アオキクスイカミキリ

Phytoecia coeruleomicans

絶滅危惧Ⅰ類(CR+EN)　鞘翅目(コウチュウ目)　カミキリムシ科

- 体　　長　8〜9mm
- 分　　布　東京都・神奈川県（絶滅）・栃木県
- 生息環境　草原・河川敷？
- 発 生 期　6〜7月
- 減少の原因　食草の減少？

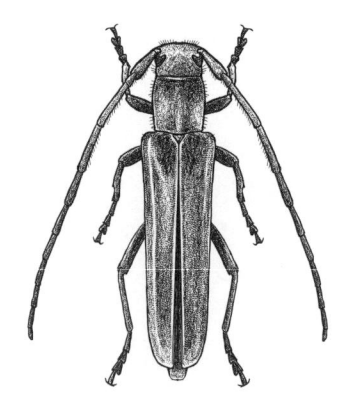

アオキクスイカミキリ　　　　　　　　　　生息域地図

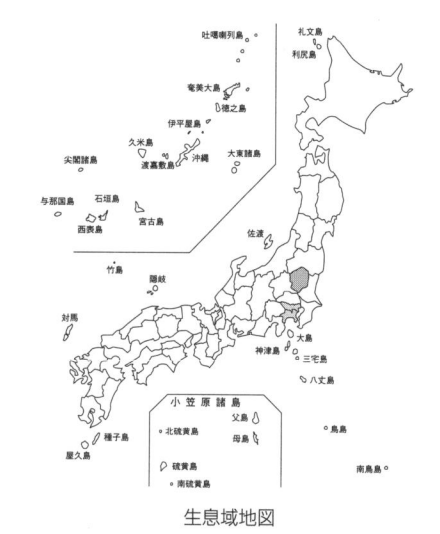

　カミキリムシは幼虫のエサである植物との結びつきが強く、特定の種類しか食べないものが少なくない。そのため新たに街路樹などが植栽されると、それを寄主とする種類が見られるようになることも多い。例えば東京都内では大気汚染に比較的強いタブノキが植栽される例が増えているが、近年これを食樹とするホシベニカミキリが目立つようになってきた。住宅地に多い「レッドロビン」の園芸品種名で知られるカナメモチの生け垣からは、リンゴカミキリやルリカミキリがよく見つかる。

　彼らは幼虫が茎などの組織を食べるだけでなく、成虫も花粉や樹皮、葉などを食べる。これは「後食」と呼ばれ、特定の食べ跡を残す場合が多いので、目印にすることで生息を確認できる。こうした習性のためか、このグループに興味をもつ昆虫愛好家は、植物にも非常に詳しい場合が多い。

カミキリムシと植物の関係からは、彼らを指標として環境の善し悪しを判断することも可能だ。自然度が高い環境にしか生えない植物に依存しているカミキリムシが、農地や市街地などで見つかることはないし、そうした種類が姿を消せば、寄主とする植物の減少など環境の変化を表わしている。
　アオキクスイカミキリは、1946年に栃木県日光市中宮祠で採集されたものが、カミキリムシ研究で知られるオーストリアの昆虫学者・ブロイニングによって新種として記載された。しかしその後は1950年代を中心に、東京都で3例、神奈川県で1例の採集記録があるだけで、全く姿を消している。
　この虫の仲間は、ユーラシアからアフリカの草原で170種以上が栄えている、草本を寄主とするグループである。こうした環境の少ない日本からはわずか3種が知られるだけだが、近縁のキクスイカミキリは、その名の通りキクの茎の先端をかじりしおれさせて産卵し、かえった幼虫は根にまで食い込むことから、園芸上の害虫として有名だ。
　アオキクスイカミリが依存している植物は、セリ科のミシマサイコともホタルサイコとも考えられているが、はっきりしたことは分っていない。愛好家による長年の探索にもかかわらず、すでに最後に採集されてから50年近くが経過しており、RDBで絶滅のカテゴリーとされる条件を満たしつつある。とくに都市近郊の生息地では、すでに当時と大きく自然環境が変化していることから、今後の再発見は難しいようだ
　コラムでも述べたように日本の昆虫研究には偏りがあり、研究者や愛好家の少ないグループでは実態が十分に把握されているとは言いがたい。こうしたグループのなかには、ヤマトセンブリのように数十年ぶりに発見されたものすらある。しかしカミキリムシについては、種類数が900を超えるにもかかわらずチョウに次いで人気の高いグループで、ほとんどの種を網羅した図鑑も出版され、インターネット上で得られる情報も充実している。彼らが見つからないのは調査不足が原因とは考えられないだろう。
　草原性でしかも人里近くに生息していた昆虫には、高度経済成長期以降の農業形態の変化によって姿を消したものが多いのはくり返し述べてきた通りだが、おそらくこの虫もその一つに違いない。こうした自然がまだ大きく変化していなかった戦後すぐに発見されたのは、不幸中の幸いとも言える。
　ごく最近になって、アオキクスイカミキリが再発見されたという噂も一部では流れているらしい。もし事実であるなら、しっかりした保全策がとられた上で公表してほしいものだ。

カミキリムシ科　アオキクスイカミキリ

キイロネクイハムシ
Macroplea japana

絶滅（EX）　鞘翅目（コウチュウ目）　ハムシ科

- ●体　　長　4.5mm
- ●分　　布　本州・九州・沖縄
- ●生息環境　平地の水質の良い池の水際
- ●発生期　早春
- ●減少の原因　埋め立て・護岸工事・水質汚染・湧水の減少

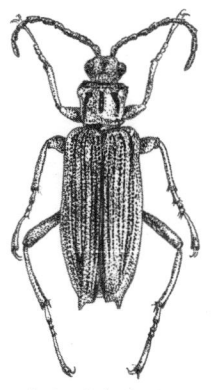

キイロネクイハムシ 　　　　　　　　生息域地図

　2007年8月に行われたRDBの見直しで注目すべきは、ついにキイロネクイハムシが日本の絶滅昆虫に加わったことである。50年間記録がないという絶滅カテゴリー選定の要件を満たしてはいないが、生存の可能性は限りなく低い。
　ネクイハムシの仲間は、幼虫がスゲやコウホネ、ヒシといった水生植物の根を食べる水生昆虫で、こうした植物が豊富な池や湿原に生息している。成虫は最大でも10mm程度と小さいうえ、水生植物の葉に止まっているので見つけにくいが、よく見ると赤・青・緑・銅色などを伴った強い金属光沢があって美しい。日本からは23種が知られており、そのうち8種は固有種だ。
　キイロネクイハムシは、このなかでも例外的に金属光沢を欠く種類である。国内に近縁のものはいないと考えられていたが、ごく最近、北海道で同じ属の新種が発見された。このグループは、中国からヨーロッパにかけてのユーラシ

ア大陸にも数種類が分布しており、キイロネクイハムシは中国東部からも知られている。

　この虫の食草は、湿地や池の水際に生えるスゲの仲間で、成虫は早春に現れて、水面のすぐ上や水中の食草にとまっているのが見つかっている。成虫で越冬するという説もあるが、詳しい生態は分っていない。

　キイロネクイハムシが最初に発見されたのは、神奈川県横浜市の寺の池で、1880年にイギリス人の甲虫研究家、G・ルイスによって採集された。近縁種の生態から推測すると、当時この池は湧水によって水質が保たれ、スゲやヒルムシロといった水生植物が豊富だったに違いない。さらに湧水の量が多ければ水温も低かっただろう。650年前と7000年前の泥炭層からは、この虫の生物遺体が見つかっており、泥炭が低温の水中に堆積してできたものであることからも、この虫が冷たくきれいな水環境を好むことがうかがわれる。彼らが姿を消したのも、湧水の豊かな平地の池が、宅地化などでいち早く無くなったためかもしれない。埋め立てや護岸工事の影響もあったと考えられる。

　この種類に限らず、ネクイハムシの仲間は化石としてかなりの数が発見されているようだ。昆虫の死体は陸上ではすぐに分解されてしまうことが多いため、化石として残りにくいが、水際にすむ彼らの場合、水中に沈んですぐに泥に被われてしまえば残る確率は高い。酸性の強い泥炭のなかではさらに保存されやすいだろう。200万年前をさらに遡る後期中新世〜鮮新世の地層からは、現在も日本に生息するオオミズクサハムシとアキミズクサハムシが発掘されているし、すでに絶滅した「化石種」も見つかっている。

　こうした地質学的な研究と平行して行われているDNAの分析によって、日本のネクイハムシがどのように種分化したかも、考えられるようになって来た。こうした研究には、日本列島の成立のナゾを解くカギが隠されていることも少なくない。昆虫以外では、地質学上の「伊豆半島衝突説」が、ニホントカゲとオカダトカゲのDNA分析により補強された例もある。

　しかし、研究の成果が上がるのと反比例するように、ネクイハムシは次々と姿を消しつつある。これは、もともと湿原や池といった、植生の遷移によって変化しやすい環境に依存していることもあるが、水質汚染や池の埋め立て、護岸工事などが最大の原因だ。アオノネクイハムシ（絶滅危惧Ⅰ類）はすでに20年以上採集記録がなく、アキネクイハムシの生息環境もわずかしか残っていない。DNAによる研究が可能なのも、生きた個体がいたからこそだ。我々が歴史の生き証人を失いつつあることは、もっと自覚されるべきだろう。

ヒメカタゾウムシ
Ogasawarazo rugosicephalus

絶滅危惧Ⅰ類(CR+EN)　鞘翅目(コウチュウ目)　ゾウムシ科

- ●体　　長　5〜6mm
- ●分　　布　小笠原諸島
- ●生息環境　森林
- ●発 生 期　夏季
- ●減少の原因　森林伐採・移入種による捕食

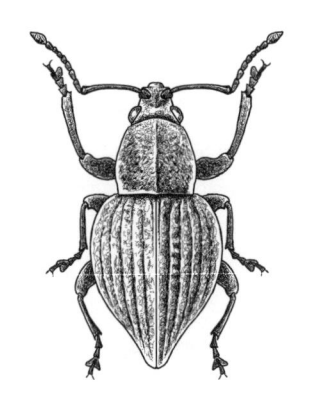

ヒメカタゾウムシ　　　　　　　　生息域地図

　小笠原諸島や大東諸島のような、他の島や大陸と一度も陸続きになったことのない「大洋島」に生物がたどり着くことは容易ではない。そのためこうした島の生物相は種類が限られている場合が多い。

　例えば小笠原諸島に生息するチョウ類は、オガサワラシジミ(196頁)とオガサワラセセリ(絶滅危惧Ⅱ類)の固有種以外は、ウスイロコノマチョウやウラナミシジミ、ヒメアカタテハなど移動力に優れた広域分布種ばかりで、すべて合計しても20種に過ぎない。同じ亜熱帯性の気候でありながら、日本で指折りのチョウの多様性を誇る「大陸島」の琉球列島とは大きく違う。

　しかしその一方で大洋島には、たどり着いたわずかな種類の祖先が、競争相手や天敵がいないことを幸いに大きな繁栄をとげた例も少なくない。世界で最も孤立した大洋島といわれるハワイ諸島では、わずか1〜2種のショウジョウ

バエから、高山、多雨林、乾燥林、草原、砂漠といった多様な環境に適応して種分化する「適応放散」が爆発的に進み、世界のこのグループの1/4を占める2500種以上にまで多様化した。

　面積が狭くハワイほど環境の多様性には恵まれていない小笠原諸島でも、カタマイマイやエンザガイといった陸貝類の適応放散が著しく、70種以上の固有種へと種分化している。ただし残念なことに、そのほとんどは環境破壊と移入種による食害で絶滅したか、絶滅寸前の状態だ。

　この島にすむ昆虫ではこれほど顕著な例は見られないが、ゾウムシの種分化については研究者の関心を集めている。彼らは63種が生息し、この島の昆虫としては飛び抜けた多様性を見せており、とくに注目すべきは約80％という固有種率の高さだろう。

　なかでもヒメカタゾウムシの仲間は、*Ogasawarazo* という属名からも分るように、分布するのは小笠原諸島を中心に伊豆諸島の鳥島、火山列島の南硫黄島、大東諸島の北大東島に限られている。いずれも体長1cm以下の小型種で、後翅が退化して飛ぶことができない。

　島ごとに変異があるために分類が難しく、確認されているのは7種と少ないが、このうちヒメカタゾウムシ母島亜種やハハジマヒメカタゾウムシ（絶滅危惧II類）など4種が、母島とその属島に生息するという特異な分布のパターンをもつ。しかも狭い地域にもかかわらず、このうち3種は分布域が重ならないうえ、同種内での変異の幅も大きい。これは環境の違いによって種分化を起こしていると考えられ、その過程を調べるための研究が進められつつある。

　しかしこうした研究も、小笠原諸島の過去の昆虫について記録するだけに終わるかもしれない。これらの島での彼らの減少ぶりはそれほど著しく、いつ絶滅してもおかしくない状況なのだ。犯人はこれまでくり返し述べてきたように移入種のトカゲ・グリーンアノールである。樹上で生活し、飛翔能力のないヒメカタゾウムシは容易に餌食になってしまう。すでに絶滅したと考えられていた父島では最近になって生存が確認されたが、全く予断は許されない。

　その一方で人為的に持ちこまれた移入種のゾウムシは、周囲に大きな影響を与えている。ニューギニア原産のカンショオサゾウムシはサトウキビの害虫だったが、島の固有種であるノヤシの40％にも食害を拡げ、サツマイモの害虫・アリモドキゾウムシのために、移動が規制されている農産物もある。

　小笠原諸島はガラパゴス諸島などと同様に「進化の実験場」と呼ばれてきたが、このままでは「進化の墓場」とタイトルを変える日が近いかもしれない。

ゾウムシ科　ヒメカタゾウムシ

Colum ③　絶滅が危惧される昆虫を増やすには

　絶滅が危惧される昆虫の保全には、生息地の環境を維持することが最も重要であるということは、この本の中でも繰り返し述べてきた。そもそも昆虫の繁殖力は、条件さえよければ底なしであることは、ゴキブリに悩まされているお宅ならずともお分かりのことに違いない。

　たとえば、今までほとんどカブトムシを見かけなかった雑木林のなかで、落ち葉を積み上げて堆肥を作っていたら、カブトムシのメスが集まってきて産卵し、翌年には膨大な数の成虫が発生した。今までにないカブトムシの群れに、はじめは喜んでいた近所の子供たちも、やがて飽きるほどになってしまったという例もある。環境さえ整えば、昆虫はいくらでも増えるのだ。

　ただし、生息のための条件は種類によっても違い、人間の手の加え方が微妙に違っただけで、結果が大きく変わってくる場合も少なくない。本文でも紹介したように、同じ草刈りでも高さを10センチ変えただけで多くのチョウが飛び交うようになった例もあれば、その時期を少しずらしたせいでまったく姿を消してしまったという事態も起こりうる。相手のようすをよく観察しながら働きかけていくことは、どんな生物を扱う際にも共通していると言えるだろう。

　しかし一般的な昆虫の保護というと、採集を禁止したうえで、人工的に増殖したものを野外に放すという活動が各地で目立つようだ。これは比較的容易にとり組めるうえ、仏教の「放生会」のように生き物を放すことが功徳を積むという精神的風土があるせいか、マスコミなども美談として取り上げられる例も多い。だが肝心の環境が整っていない限り、放した個体がそこに定着することはできず、のたれ死にするのがオチだ。

　さらに最近では、本来そこにすんでいない昆虫を放すことは、時には在来の昆虫の生息に悪影響を及ぼす、れっきとした自然破壊であるという認識が広がりつつある。地方によってメスとのコミュニケーションのための発光パターンが異なるゲンジボタルでは、他の地域にすむ違った発光パターンのものを放されると、在来の個体群の繁殖行動に大きな支障を及ぼすことさえあるのだ。

　もちろん、過去の採集データや現在の生息状況を調べ、環境を整備したうえで、そこにすんでいた個体群を増殖したものを「放虫」することは、保護につながるかもしれない。しかしこうなると、個人が自己満足で行えるようなレベルでないことも確かだろう。

膜翅目(ハチ目)

ウマノオバチ　　　　Euurobracon yokahamae
オガサワラムカシアリ　Leptanilla oceanic
ニッポンハナダカバチ　Bembix niponica
オガサワラメンハナバチ　Hylaeus boninensis

双翅目(ハエ目)

イソメマトイ　　Hydrotaea glabricala
ゴヘイニクバエ　Sarcophila japonica

毛翅目(トビケラ目)

ビワアシエダトビケラ　Georgium japonicum

鱗翅目(チョウ目)

チャマダラセセリ　　　　　Pyrgus maculatus maculates
タカネキマダラセセリ　　　Carterocephalus palaemon
アサヒナキマダラセセリ　　Ochlodes asahinai
ウスバキチョウ　　　　　　Parnassius eversmanni daisetsuzanus
ギフチョウ　　　　　　　　Luehdorfia japonica
ミヤマモンキチョウ　　　　Colias palaeno
ツマグロキチョウ　　　　　Eurema laeta betheseba
クモマツマキチョウ　　　　Anthocharis cardamines
チョウセンアカシジミ　　　Coreana raphaelis yamamotoi
ウスイロオナガシジミ九州亜種　Antigius butleri kurinodakensis
ベニモンカラスシジミ　　　Fixsenia iyonis iyonis
ゴマシジミ　　　　　　　　Maculinea teleius
オオルリシジミ　　　　　　Shijimiaeoides divines
オガサワラシジミ　　　　　Celastrina ogasawaraensis
ゴイシツバメシジミ　　　　Shijimia moorei moorei
ミヤマシジミ　　　　　　　Plebejus argyrognomon
オオウラギンヒョウモン　　Fabriciana nerippe
ヒョウモンモドキ　　　　　Melitaea scotosia
アカボシゴマダラ奄美亜種　Hestina assimilis shirakii
オオムラサキ　　　　　　　Sasakia charonda charonda
ウラナミジャノメ本州亜種　Ypthima multistriata niphonica
タカネヒカゲ　　　　　　　Oeneis norna
ヒメヒカゲ　　　　　　　　Coenonympha oedippus
ヨナグニサン　　　　　　　Attacus atlas
アズミキシタバ　　　　　　Catocala koreana
ノシメコヤガ　　　　　　　Shinocharis korbae
ミヨタトラヨトウ　　　　　Oxytrypia orbiculosa

ウマノオバチ

Euurobracon yokahamae

準絶滅危惧(NT)　膜翅目(ハチ目)　コマユバチ科

- 体　　長　15～24mm
- 分　　布　本州・四国・九州
- 生息環境　雑木林
- 発 生 期　5～6月
- 減少の原因　雑木林の消失や大木化による寄主の減少

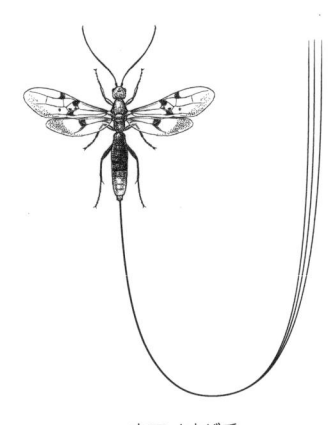

ウマノオバチ
(口絵写真10頁参照)

生息域地図

　キャベツ畑のモンシロチョウの幼虫を調べてみると、その8割がアオムシコマユバチに寄生されていることからも分るように、昆虫の世界で寄生は日常茶飯事だ。しかし寄主を生きたまま体内から食い尽くすという「内部寄生」の生態は凄まじく、アメリカに多い反進化論主義者にとっては「神がすべての生きものを作ったのなら、こんな残酷な生き方も許されたのか」と、困惑の種になっているという。人間に対するカイチュウなどの寄生とはあまりに違うことから、研究者の間では「捕食寄生」とか「内部捕食」と呼ばれている。

　もっとも、昆虫が産む膨大な卵がみな成長したら、すぐにエサを食い尽くしてしまうだろうから、自然界のバランスをコントロールするために、寄生は非常に重要な役割を担っていると言えるだろう。

　他の昆虫に内部寄生をする昆虫には、ネジレバネなども知られているが、ハ

エとハチが占める割合が非常に多い。なかでもハチは、ほとんどの昆虫やクモに寄生するうえ、卵・幼虫・さなぎ・成虫の各段階も対象にしている。しかも多くの種類で寄主が特定されるので、その多様性は限りなく大きい。

なかにはケラのトンネルに侵入して成虫に卵を産むものや、水中に潜って小石をつづった巣にいるトビケラの幼虫に産卵するもの、多量の卵を寄主のエサである葉の上に産みつけ食べられることで体内に侵入するものまでいる。

ウマノオバチは寄生バチの代表的存在として、たいていの子ども向き昆虫図鑑にも載っているほど有名だ。このハチの寄主はシロスジカミキリの幼虫だが、彼らはクリやクヌギの幹の中にトンネルを掘ってくらしており、外側から存在を知ることは難しい。しかしウマノオバチは、樹皮の上から内部にいる幼虫の振動を感知して、その名の由来となった10cm以上もある長い産卵管を硬い幹に差し込み、トンネルの中の獲物に卵を産みつける。

シロスジカミキリは日本のカミキリムシのなかでも最大級の種類で、体長は50mmに達する。ブナ科の木の樹皮をかじって産卵するので、自然度の高い広葉樹林にもすんでいるが、見られる数は里山の方がはるかに多い。とくに栽培されているクリには産卵によく集まり、幼虫も大型で幹を穴だらけにしてしまうので農家に嫌われてきた。

ところが近年、彼らの姿が少なくなったという報告が各地で目立っている。害虫扱いされてきたほど普通種だったことを考えると不思議だが、これは雑木林やクリ園に人手が入らなくなってきたことが原因らしい。

別項でも述べているように、雑木林は薪炭材用に15～20年ごとに伐採され、切り株から成長する新芽によって更新される。クリ園についても実のつきが悪くなった枝は剪定され、老木は伐採して植え替えられる。どちらも人手によって木が若い状態に保たれているわけだ。ところが高度経済成長期以降、雑木林は利用されなくなり、広い土地が必要な割には収益率の悪いクリ園も敬遠され、どちらも放置されたり姿を消しつつある。

シロスジカミキリが好んで産卵するのは、比較的樹皮の薄い若い幹であり、放置されて樹皮が厚くなった老木にはあまり集まらない。里山にすむ多くの昆虫と同様、彼らの減少は農業の変化と大きな関係があったのだ。人間の生活に適応してきた普通種ほど、その影響を大きく受けるとも考えられる。

当然、彼らを寄主とするウマノオバチにも影響が出ないわけがない。2000年版のRDBでは情報不足にもランクされていなかった彼らが、2007年の見直しによっていきなり準絶滅危惧に選定されたのにはそんな背景がある。

オガサワラムカシアリ

Leptanilla oceanica

絶滅危惧Ⅱ類（VU）　膜翅目（ハチ目）　アリ科

- ●体　　長　1mm（働きアリ）
- ●分　　布　小笠原諸島の聟島
- ●生息環境　林床の地中？
- ●発生期　不明
- ●減少の原因　移入種による植生破壊や競合？

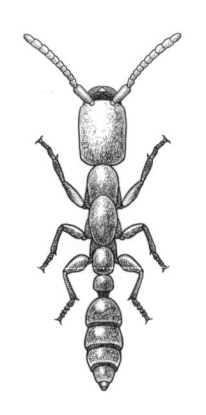

オガサワラムカシアリ　　　　　　　生息域地図

　小型で飛翔力の弱い昆虫にとって、広い海洋のまっただ中に隔離された「大洋島」へと分布を伸ばすことは非常に難しい。なかにはたどり着けなかった特定のグループが全く生息していない島すらある。
　例えばハワイ諸島は、地球上で最も孤立した地域といわれ、他の大陸からは3500km以上離れている。ここには、わずかな祖先から2500種近くへと爆発的に種分化したショウジョウバエや、飛翔力を失ったクワガタムシ、幼虫が肉食性を獲得したシャクガなどが生息し、固有種の宝庫と呼ばれているが、在来のアリ類は一種類もいなかった。
　小笠原諸島の場合も、ハワイほどではないが在来のアリ相は貧弱で、現在もよく目にするオガサワラオオアリをはじめとして、わずかな種類しか知られていない。彼らは樹上に営巣する種類であることから、おそらく流木などに乗っ

てこの島までたどり着いたと考えられる。

　アリがいなかったり種類が少ないことは、島の自然にも大きな影響を与える。多くの植物では、花に蜜腺をもって受粉をする昆虫に提供しているが、これ以外にも「花外蜜腺」と呼ばれる器官があり、アリをおびき寄せていることが少なくない。アリはほとんどの昆虫をエサとして集団で攻撃する「昆虫界の嫌われ者」だが、植物は彼らに蜜を提供することで、他の昆虫に食い荒らされることから身を守ってもらう。いわばガードマンを雇っているわけだ。

　ところがハワイ諸島の場合、こうした役割を担うアリがいないために、ほとんどの植物が花外蜜腺を退化させてしまっている。小笠原諸島には少ないながらアリがいたので、ハワイほど顕著な傾向は見られないものの、他の熱帯地方と比べてこの器官をもつ植物は少ない。島以外にも広く自生するハイビスカスの一種・オオハマボウが蜜腺をもつのに対し、この島で進化した固有種のテリハハマボウでは消失してしまっていることも確認されている。

　現在の小笠原諸島では、植物や物資などについて持ちこまれた移入種のアリが30種以上定着しており、個体数でも種類でも在来種を凌駕している。今のところ在来種に対して大きな影響は出ていないようだが、世界の大洋島では、移入種による被害が生じている例も多い。

　例えばアカカミアリは、日本でも硫黄島と沖縄に侵入しており、人を咬んで炎症を起こす被害で知られているが、ハワイ諸島の海鳥繁殖地に定着したものは、コロニーの近くにいる海鳥のヒナを攻撃するため、巣立ちの成功例が減少しているのが確認されている。小笠原諸島の場合も、移入アリの動向を注意深く見守っていく必要があるだろう。

　小笠原諸島在来種の一つであるオガサワラムカシアリは、1975年に聟島で1頭だけ採集された。名前からは原始的な種という印象があるが、実際は特殊化したグループであり、本土にいる近縁種は巣をもたずに土壌動物などを捕えてくらしている。ただし初記録以来、生息は再確認されていない。

　聟島では野生化したヤギの増殖により植生が徹底的に破壊され、土壌の浸食が進んだ。オガサワラムカシアリが発見された時点で、すでに生息地の荒廃は進んでいたと考えられ、地上で生活するらしい彼らにとっての状況は厳しいようだ。しかし2001年までにノヤギの全頭駆除が完了し、生態系の回復事業が始まると、驚いたことに食い尽くされたと考えられていた固有の植物が、再び生育し始めたことが確認されている。環境の回復がより進んで、この虫が再び発見される日が来ることを期待したい。

アリ科　オガサワラムカシアリ

ニッポンハナダカバチ
Bembix niponica

準絶滅危惧（NT）　膜翅目（ハチ目）　ドロバチモドキ科

- ●体　　長　20〜23mm
- ●分　　布　北海道・本州・四国・九州・屋久島
- ●生息環境　砂浜・河川敷・墓地などの砂地
- ●発生期　6〜8月
- ●減少の原因　砂浜の開発・河川改修・空地の舗装化

東78

ニッポンハナダカバチ　　　　　　　生息域地図

　ニッポンハナダカバチは、「狩人バチ」とも呼ばれるカリバチの一種である。彼らは他の昆虫やクモを捕え生きたまま巣に貯えて幼虫のエサにするグループで、地面に穴を掘って狩ったイモムシを隠すジガバチなどは、昔からよく知られているものの一つだろう。こうした習性は特殊なものと思われるかもしれないが、実際は膜翅目（ハチ類）の半数近くを占めている。

　カリバチは、生きた寄主に卵を産みつける寄生バチが進化したものらしく、獲物を麻酔で動けないようにして巣に隠してしまうことにより、独占的に利用するという戦略を選んだと考えられている。さらに進化したのが、集団で巣を築き多くの幼虫に獲物を与えて育てるアシナガバチやスズメバチであり、彼らの毒針も巣を守るためにカリバチの麻酔から発達したようだ。

　カリバチが獲物とするのはトビムシやアブラムシからバッタ、ゴキブリ、甲

虫と昆虫のあらゆるグループに及び、ギングチバチ類には同じ膜翅目に属するアリやハチを狩るものまでいる。なかには捕食者として危険なカマキリや、ベッコウバチ類のようにクモにまで対象を拡げた種類も少なくない。

　獲物を隠す場所も多彩で、中空の草の茎や竹筒、木や地面に掘った穴などを使うものばかりでなく、自ら泥で精巧な巣を作るトックリバチのような種類も知られている。

　ニッポンハナダカバチは、乾燥した砂地に巣穴を作る日本固有種で、砂浜や河川敷などはもちろん、1000mを超えるような山地でも尾根の砂礫地などで見られ、雑草が生えないように手入れが行き届いた墓地や神社にも生息する。時には一ヶ所に多くの成虫が集まって営巣する例も知られており、鳥取県白兎神社境内にある集団営巣地は有名だ。

　彼らが狩るのはアブやハエなどの双翅目の成虫で、飛行能力の優れた獲物にもかかわらず飛びかかって針で麻酔を打ち、巣に運んで卵を産みつける。注目すべきは、卵を産みつけた獲物を巣に貯えた後は、入口を閉じて幼虫の世話を全くしない多くのカリバチとは違い、幼虫の成長に応じてたびたび獲物を運ぶ。こうした習性は、単独生活者からスズメバチのように集団が常に幼虫の面倒を見る「社会性」へと移行する途中の段階と考えられ、「亜社会性」と呼ばれる。

　しかし近年では、生息地である砂浜や河川敷が開発やレジャー目的の人の立ち入りにより減少したり環境が悪化しており、彼らの姿が消えた地域も見られるようだ。人間の生活に近い環境にも適応はできるものの、舗装におおわれた地面が多くなっていることから、すみづらくなっていることは間違いない。

　2006年に見直されたRDBのカテゴリーで、彼らが「情報不足」から「準絶滅危惧」に引き上げられたのは、こうした状況を考えればうなずける。共通の習性をもち八重山諸島や宮古諸島の一部に生息するタイワンハナダカバチも、同様の扱いとなっている。

　彼らは蜜を吸いに花を訪れるので受粉のために役立っており、とくに生息する昆虫が限られる海浜性の植物にとっては重要な存在である。また、このグループは多くのハエやアブを捕らえることから、海外では家畜から吸血するアブを駆除する、農業上の益虫と捉えている例もあるという。

　カリバチは獲物やその貯え方を絞り込むことによってニッチ（生態的地位）を確立してきたので、環境の変化に弱い。地中に巣を作るアナバチ類では、ハネナシコロギスを狩るフクイアナバチやアワフキムシを狩るカワラアワフキバチ、甲虫を狩るトクノシマツチスガリなども準絶滅危惧に選定されている。

ドロバチモドキ科　ニッポンハナダカバチ

オガサワラメンハナバチ

Hylaeus boninensis

絶滅危惧Ⅰ類(CR+EN)　膜翅目(ハチ目)　ムカシハナバチ科

- ●体　　長　5～6mm
- ●分　　布　小笠原諸島の父島・兄島・母島・向島
- ●生息環境　森林・海岸の崖地など
- ●発 生 期　夏季
- ●減少の原因　移入種による食害や競合

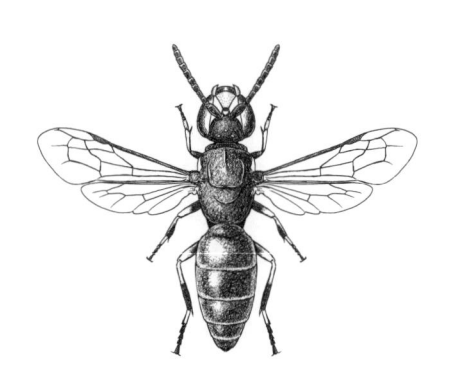

オガサワラメンハナバチ 　　　　　　　　　生息域地図

　昆虫には花と関係が深いものが多いが、ハナバチはその名の通り、花とともに発展してきた昆虫だ。花は花弁の色や匂いによって彼らを引きつけることで受粉の効率を高める方向へ、彼らは栄養価の高い蜜や花粉を有効に利用する方向へと、歩調を合わせるように進化してきた。花のなかには確実に花粉を受け渡すために、特定の昆虫にだけ受粉を任せることができるよう、花の形を変えてきたものも少なくない。こうした関係は「共進化」と呼ばれている。

　ハナバチ類と言うと、社会性のあるミツバチやマルハナバチに見られるように、巣にいる多くの幼虫に成虫が蜜や花粉を運んで世話をするという印象が強いが、実際にはそのほとんどが単独生活者である。彼らは蜜と花粉を混ぜ合わせた団子を木の穴などに貯えて、卵を産みつけるとふたをしてしまい、あとは幼虫の成長に任せるだけだ。

小笠原諸島で見られる在来種のハナバチ9種類も、こうした習性をもつものに限られ、社会性のあるものは1種類もいない。彼らは木の幹などに開けられた巣に入ったままこの島に流れつき、独自の進化をとげたのだろう。
　小笠原諸島の在来のハチの多くにもこうした共通性が見られ、例えば他の昆虫を狩って卵を産みつけ幼虫のエサとする「狩人バチ(かりうど)」では、バッタ類を狩るオガサワラアナバチ、クモを狩るチチジマピソンやオガサワラギングチバチ、イモムシを狩るオガサワラチビドロバチ（いずれも絶滅危惧Ⅱ類）などが生息するが、いずれも獲物を木に開いた穴や竹筒に貯える。
　オガサワラメンハナバチが属するムカシハナバチ科は、孤島では一種の祖先から多くの種に分化した例が多く、ハワイ諸島では60種にも及ぶ。小笠原諸島には4種が生息し、キムネメンハナバチとヤスマツメンハナバチも絶滅危惧Ⅰ類だ。島のハナバチのなかでは最も小さく、訪れる花には色も地味で小さく蜜が少ない種類も多いが、島の植物の40％を占める固有種の受粉にとってなくてはならない存在として、両者には深いつながりができていた。
　ところが小笠原諸島の開拓が始まり、養蜂のためにセイヨウミツバチが持ちこまれると、これまでのハナバチと植物の関係は大きく崩れはじめる。セイヨウミツバチは集団で蜜を集めるので効率がよく、一足先に花を独占してしまうため、メンハナバチ類をはじめとする在来種は競争に負けてしまったのだ。さらに近年では、やはり移入種であるトカゲのグリーンアノールによって次々と捕食され、他の昆虫と同様に大きな被害を受けている。メンハナバチ類3種も2006年のRDB見直しで準絶滅危惧からいきなり2ランク上ったほどだ。
　この結果、父島ではごく一部を除いて彼らの姿を見ることはほとんど無くなり、花を訪れるのは大型のオガサワラクマバチ（準絶滅危惧）かセイヨウミツバチだけになってしまった。移入種の侵入していない島では今でも在来種が生息していることが、その影響を物語る何よりの証拠だろう。
　在来ハナバチの減少は植物にも大きなダメージを与えた。彼らとともに進化してきた花のなかには、ムニンタツナミソウのように大型のハチでは受粉の役にたたず、実を結ぶことができなくなった固有種が少なくないのだ。さらにセイヨウミツバチは、蜜の多い移入植物の花によく集まるのでこれらの結実・繁殖を助け、ますます固有種の植物が圧迫される結果を招いている。
　孤島の生態系は微妙なバランスのうえに成り立っており、わずかに崩れただけで思いもよらない部分にまで影響が広がっていくことを、小笠原諸島の在来ハナバチと植物が身をもって証明しているのだ。

ムカシハナバチ科　オガサワラメンハナバチ

イソメマトイ

Hydrotaea glabricala

絶滅危惧Ⅰ類(CR+EN)　双翅目(ハエ目)　イエバエ科

- ●体　　長　約3mm
- ●分　　布　石川県・伊豆諸島三宅島
- ●生息環境　海岸近くの湧水地
- ●発生期　夏季
- ●減少の原因　砂浜の開発による湧水の枯渇・火山の噴火

イソメマトイ

生息域地図

　かつて日本書紀に「蠅聲す邪しき神有り」と書かれたように、我が国に生息するハエの仲間は非常に多いうえ、毎年新たに見つかったものが追加されている。もっとも、ハエが属する双翅目は世界から約11万種が知られ、多様さでは鞘翅目、膜翅目に次ぐビッグ・ファミリーなので、日本に限ったことではない。このなかには、カやガガンボ、アブなども含まれている。

　双翅目の特徴はその名の通り翅が2枚しかないことで、後翅は棒状に退化して「平均棍」という体のバランスを取る器官になった。2枚翅になったことにより彼らの飛行能力は飛躍的に向上し、昆虫のなかで最も早く巧みに飛ぶことができる。

　イソメマトイは小型のイエバエの一種で、海岸近くにすみ顔のまわりにうるさくまとわりつくように飛ぶことからついた名前だ。ただし同じ「目まとい」

の名をもちながら、属するグループがまったく違うものも多く、マダラメマトイやオオメマトイなどはショウジョウバエ科、クロメマトイはヒゲブトコバエ科、メマトイキモグリバエ類はキモグリバエ科の昆虫である。

　科の違いを越えて彼らに共通なのは、家畜や人間の涙をなめてタンパク質などを摂取するという習性で、目ばかりでなく黒く光るカメラのレンズなどにも集まってくる。なかにはトラコーマなどの病気や東洋眼虫という線虫を媒介するものもあり、衛生害虫として扱われる種類も少なくない。

　イソメマトイは旧北区から北米にかけてに広く分布しているが、日本での生息地はごく限られている。そのうち石川県の日本海沿岸は海浜植生におおわれた砂丘が続き、かつてはゴヘイニクバエ（166頁）やイカリモンハンミョウ（92頁）といった海浜性昆虫が豊富に見られた地域だ。本種は湧水地や民家の洗濯場の周辺に生息しており、1960年前後まではごく普通に見られたという。

　しかしその後、上水道の普及によってこうした場所が使われなくなり、海岸沿いに能登有料道路が建設されたうえ、広がった農地や住宅地に侵食されて砂丘が分断されると、湧水地の多くも枯れてしまった。この結果、現在この地域で彼らの姿を見ることはできないという。

　イソメマトイの減少は、生息環境の破壊が最も大きな原因だが、湧水に対しての人々の意識の変化も関係ないとは言えないだろう。確かに上水道の普及は、家事労働を軽減させ衛生状態も改善したが、生活用水として使っていたころには高かった水環境への関心については、大きく低下させたと言わざるを得ない。川は単なる排水溝としてしか認識されないようになり、下流への気遣いもなくなったのではないだろうか。高度経済成長期を境に、全国の河川が急速に汚れはじめ湧水も枯渇していったのは、こうした意識の変化が大きいと考えられる。その結果失われたのは、小さなハエ1種類だけではないことは確実だ。

　ちなみに、もう一ヶ所の生息地である伊豆諸島の三宅島では、近年まで海岸近くの湧水の周辺で見られたものの、2000年の噴火以来、降灰や火山ガスによって環境が激変し、現在の消息は不明である。

　生物の生息地がごく僅かになってしまった場合、そのうちの一つが災害や病気の蔓延で失われると、一気に絶滅へと近づく危険性が高い。越冬地が集中するナベヅルやマガンなどでは、他の地域にも拡散させる取り組みが続いているが、はるかに絶滅の恐れが高いはずのイソメマトイについては、噴火がくり返される不安定な生息地であっても、何ら保全への取り組みはなかった。おそらく「たかがハエ」という意識が働いたために違いない。

ゴヘイニクバエ
Sarcophila japonica

絶滅危惧Ⅱ類(VU)　双翅目(ハエ目)　ニクバエ科

- ●体　　長　6〜8mm
- ●分　　布　新潟県・石川県・鳥取県
- ●生息環境　海浜植物の生えた海岸砂丘
- ●発生期　夏季
- ●減少の原因　道路建設・護岸工事・人や自動車による撹乱・砂丘の侵食

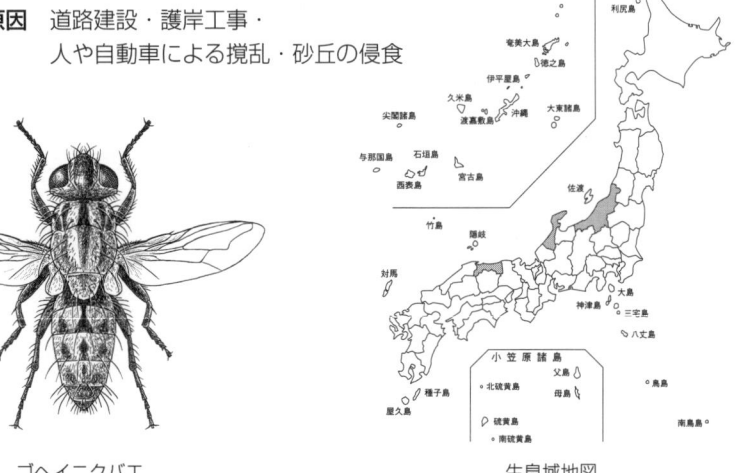

西60

ゴヘイニクバエ　　　　　　　　生息域地図

　双翅目の昆虫にはハエやカ、ブヨといった、人体に危害をなす「衛生昆虫」と呼ばれるものが多い。なかでも日本から約3000種が確認されているハエ(ハエ下目)には、ハナアブやショウジョウバエといった無害な顔ぶれも含まれるものの、最も「五月蠅い」存在は、イエバエが含まれるイエバエ上科と、クロバエ・キンバエ・ニクバエなどによって構成されるヒツジバエ上科のグループに違いない。

　彼らは日本から370種ほどが知られ、動物の糞や死体、生ゴミなどをエサにする他、人家にも侵入して食品に集まり、消化器系伝染病の病原体や寄生虫卵を媒介したりするので嫌われている。なかでもニクバエのグループは、その名の通り肉や魚に好んで集まり、直接ウジを産みつける卵胎生だ。こうした刺身などを知らずに食べた場合、ウジに消化器粘膜を刺激されて激しく痛む「消化

器ハエウジ症」を引き起こす例もある。

　もっとも、彼らが担う「分解者」としての役割は、鞘翅目の食糞性コガネムシやシデムシなどと同じく、生態系のなかで欠かせない存在である。イエバエの場合、夏は一週間から10日で卵から親まで成長しながら汚物を片づけてくれる。彼らがいなかったら、衛生状態はかえって悪化するに違いない。「衛生害虫だから絶滅しても構わない」というのは安易な発想だろう。

　ゴヘイニクバエはニクバエの仲間としては小型で、中国内モンゴルやロシア沿海州、韓国南部海岸と、国内では鳥取砂丘から新潟県に至る日本海沿岸の限られた地域にだけ生息している。和名は、江戸時代末期に北前船交易で財をなした金沢の豪商・銭谷五兵衛に由来し、彼の出身地である金石海岸が本種の発見された基準産地であることや、ロシアとの密貿易にも活躍した環日本海沿岸に分布域が重なることから命名されたようだ。

　ゴヘイニクバエの生息環境は海岸の砂丘で、ハマゴウなどの海浜植生が豊かな場所に限られる。このように乾燥に適応した植物に被われ、内陸側にはクロマツ林の広がる「白砂青松」の砂浜は、かつてはありふれたもので、本種ばかりでなくカワラハンミョウ（絶滅危惧Ⅱ類）やオオヒョウタンゴミムシ（準絶滅危惧）をはじめ、海浜性昆虫の絶好の生息地となっていた。

　このハエも1960年代までは生息地で普通に見られたが、高度経済成長期を境に激減した。原因としては、この時代に海岸沿いに道路建設や護岸工事が進み、植生の豊かな砂浜が破壊されたことや、海浜でのレジャーが盛んになって、人や車が立ち入り生息地が荒らされたことがあげられる。さらに最近では、川の治水が進んで砂の供給が減り砂丘自体が侵食されているうえ、クロマツ林で行われるマツクイムシ防除のための農薬散布も脅威だ。いずれも他の海浜性昆虫の場合と共通している。

　幸い今世紀に入って、わずかながらも生息地が確認されているが、海岸線の開発や砂丘の減少が止まったわけでもなく、その将来は予断を許さない。ハエということで一般の関心が低いせいもあるだろうが、砂浜の隅々まで利用しつくそうという人間の強欲さがある限り、この虫が日本から消える日も遠くないだろう。

　前述の銭谷五兵衛は藩の財政再建に利用されたあげく、権力抗争に巻き込まれて獄死したが、公共事業や観光開発による環境破壊のツケを払わされて姿を消しかけているこのハエとも重なる気がしてならない。

ビワアシエダトビケラ
Georgium japonicum

絶滅危惧類（VU）　毛翅目（トビケラ目）　アシエダトビケラ科

- ●体　　長　12mm
- ●分　　布　本州西部
- ●生息環境　湖沼や河川のヨシ原
- ●発生期　夏季
- ●減少の原因　護岸工事・ヨシ原の減少・水質の悪化

ビワアシエダトビケラ

生息域地図

　トビケラは日本の水生昆虫のなかでも種類が多く、学名のついたものがカゲロウで約150種、トンボやカワゲラでは200種に満たないのに対し、470種以上と群を抜く。翅が細かい鱗片におおわれ幼虫が糸を吐くことから、チョウやガと近縁の起源が新しいグループだが、カゲロウやトンボのような古参の水生昆虫たちを尻目に大きく発展してきた。

　これは幼虫が小石や砂、落ち葉、小枝、コケなどを糸でつづって巣を作るという、他には見られない習性を身につけたことが有利に働いたとも考えられている。この巣は強い流れや外敵から身を守るとともに、体の周囲に水流を作り、より効率よく水中の酸素を取り込むのを可能にしているらしい。その形も多彩で、なかにはカタツムリトビケラのように螺旋状の巣を作るものもある。

　ビワアシエダトビケラは流れのゆるやかな河川や湖沼のヨシ原にすみ、幼虫

は枯れた葉や茎をつづって巣を作る。その名の通りかつては琵琶湖で多く見られたが、これは湖岸に広大なヨシ原が広がっていたためだ。
　こうしたヨシ原は、波の力を抑えて岸の侵食を防ぐとともに、魚やエビなどの産卵場所や稚魚のすみかとしても、ヨシゴイなど水鳥の営巣地としても重要な存在である。さらにはリンや窒素を吸い上げて水質の富栄養化を防ぎ、化学物質を出して他の植物の成長を抑える「アレパロシー」により、汚染プランクトンであるアオコの発生も抑制するという。
　しかし琵琶湖では、高度経済成長期から埋立てや護岸工事が進み、ヨシ原が急速に失われていった。とくに「内湖」と呼ばれる湿地帯は、1981年の時点でかつての面積の1/3以下となり、南部の「南湖」では70%以上の湖岸がコンクリートで固められてしまっている。
　1970年ころから湖の水質汚染が急速に進み、赤潮すら発生するようになったのも、生活排水の増加とともに、水質浄化を担うヨシ原が急速に失われていったのと無関係とは言えないだろう。このため滋賀県では、1992年には「ヨシを守る・育てる・活用する」をスローガンに、琵琶湖の生態系と生物多様性の保全を目指した「ヨシ群落保全条例」を制定している。
　しかしこうした措置も、ビワアシエダトビケラにとっては遅きに失したようだ。すでに琵琶湖から姿を消して久しく、現在生息が確認されているのは、兵庫県の揖保川水系など数少ない河川に限られる。ヨシ原の減少は全国的な傾向であり、彼らの生息地がいつまでも残されているか保証はできない。
　琵琶湖はその起源の古さから世界有数の「古代湖」と呼ばれ、固有の生物が多いことでも知られている。ホンモロコ・ニゴロブナ・イサザといった淡水魚、貝では15種にも種分化したカワニナ、昆虫ではビワコシロカゲロウやビワコエグリトビケラなどは、ここ以外では見られない。世界の重要な水系を保護するためのラムサール条約にも登録されている。
　これほど貴重な生態系でありながら、現在この湖は瀕死の状態だ。前述の開発や汚染は一段落しつつあるものの、釣りのために密放流されたブラックバスやブルーギルといった移入魚が大繁殖している。彼らは在来の魚や水生昆虫を食い荒らし、淡水魚の多くはRDBに掲載されるほど激減、湖と流出する川に固有のカワムラナベブタムシは絶滅が心配されている。
　他に類のない自然環境も、釣り堀か汚水の捨て場としてしか見られないような「貧困な精神」が、こうした状況に表われていると言えるだろう。

アシエダトビケラ科　ビワアシエダトビケラ

チャマダラセセリ
Pyrgus maculatus

絶滅危惧Ⅰ類（CR＋EN）　鱗翅目（チョウ目）　セセリチョウ科

- ●開　　張　25～28mm
- ●分　　布　北海道・本州・四国
- ●生息環境　乾燥した草原・土手や堤防の草地
- ●発 生 期　3～9月（北海道年1化・本州年2化・四国年3化）
- ●減少の原因　草原の減少・遷移による森林化・農薬散布

チャマダラセセリ♂
（口絵写真11頁参照）

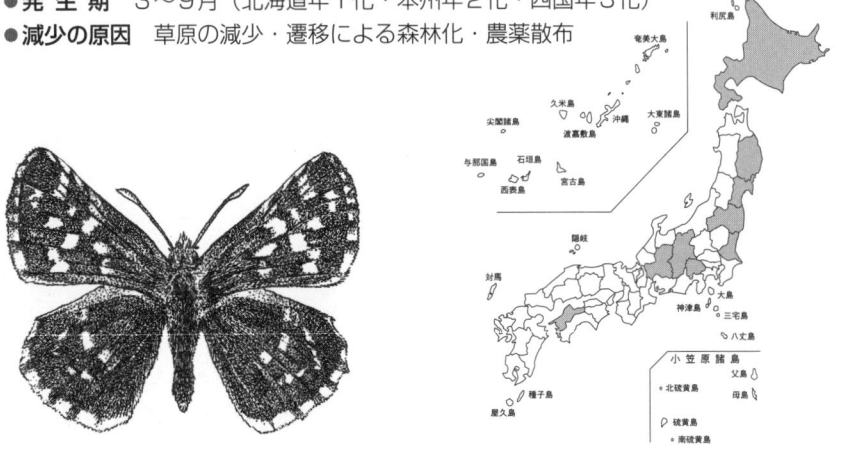

生息域地図

　セセリチョウの仲間には地味なものが多く、愛好家の間でも人気がない。日本で一番普通に見られるイチモンジセセリの幼虫が、「イネツトムシ」と呼ばれるイネの害虫であることも、イメージを悪くしている理由のようだ。
　チャマダラセセリは、春先のまだ枯れ草が目立つような草原の上を、低く活発に飛びまわっている小型のセセリチョウである。焦茶色の地に白い斑紋をちりばめた姿は、見ようによってはシックだ。北海道以外では夏にも姿をあらわすが、翅の白い斑紋が小さくなってさらに地味になってしまうため、春のものほど見つけやすくはない。このチョウは、草原のなかでも草丈が低く、ところどころに地面がむき出しになっている環境を好む。彼らの食草であるキジムシロやミツバツチグリは、このような場所でないと見られないからだ。
　こうした生態からも分るように、チャマダラセセリはモンゴルから中国東北

部を経て朝鮮半島にかけて分布する、東アジアの草原由来の種類である。同じような環境を好む昆虫の多くは、日本では火山の麓などに発達した草原を生息地としてきたことや、この草原が牛馬の飼料などに利用するための草刈りによって保たれてきたことは、別項でも述べた通りだ。しかしチャマダラセセリのすみかは、こうした広々とした草原ばかりではない。かつて農村の周辺にあった小規模な草地も、立派にその代わりを果たしてきたのだ。

　これらの草地は「カヤ場」と呼ばれ、農耕に使う牛馬のエサや茅葺き屋根の材料を採るために、農村には欠かせない場所だった。日本各地に残る「〇〇ヶ原」という地名は、単に平らな土地を指すのではなく、まさに草原だったのだ。ここに生えていたのは主にススキで、それに彩りを添えていたのがリンドウやシラヤマギク、ノハラアザミといった多年草である。これらは地下に養分を貯蔵するものが多く、草刈りや野焼きにも耐えることができる植物だ。雑木林が伐採をくり返すことで萌芽力の強いクヌギやコナラの林になっていったように、たびたび行われる草刈りによって、それに耐えられる植物で構成される草地が出来上がったわけだ。キジムシロやミツバツチグリが生えるような環境も、こうしたカヤ場の周辺にいくらでもあっただろう。はるか昔に大陸からやって来たと考えられるチャマダラセセリも、ここに安住の地を見つけることができた。そしてこの環境は、農村の生活とともに1000年以上にわたって保たれてきたのである。

　しかし高度経済成長期を境に日本の農業の機械化が進むと、牛や馬、茅葺き屋根とともに、これらのカヤ場も急速に消えていった。当然こうした環境をすみかとしていた生物も、次々にいなくなっていったのだ。

　現在チャマダラセセリは、放牧が行われていたり自衛隊の演習地となっている北日本や中部地方の草原では何とか命脈を保っているが、小規模な草地をすみかとしていたものは、ほぼ絶滅状態である。とくに別亜種 *shikokuensis* が生息する四国では、愛媛県の数カ所でわずかな数しか見られなくなってしまった。

　彼らの生息地を保全するには、かつて行われていたような草地の管理をするしかない。しかしそんな重労働を農家にだけ押し付けるわけにはいかないのも現実だ。キキョウ（絶滅危惧Ⅱ類）やムラサキ（絶滅危惧ⅠB類）が当たり前に見られ、歌に詠まれたり美術に描かれた日本の草原を取り戻すのは、政治絡みの高速道路を作るのに比べれば、はるかに国民の税金をつぎ込むのにふさわしい文化的事業ではないだろうか。

タカネキマダラセセリ
Carterocephalus palaemon

絶滅危惧Ⅱ類（VU）　鱗翅目（チョウ目）　セセリチョウ科

- 体　　長　26〜31mm
- 分　　布　本州中部の飛騨山脈・赤石山脈
- 生息環境　高山のガレ場・草付きの斜面
- 発生期　6〜8月
- 減少の原因　植生の遷移・治山工事

裏114,118

タカネキマダラセセリ
（口絵写真11頁参照）

生息域地図

　ユーラシア大陸の西と東の端に位置するイギリスと日本は、その距離からは生物の種類もかけ離れているように見えるが、同じ生物地理学上の旧北区に属しているので、共通する動物も少なくない。亜種こそ違うものの、哺乳類ではイノシシやキツネ、鳥類ではチュウヒやハイタカをはじめとして、端からあげていったら長いリストができてしまうだろう。

　チョウでもヒメアカタテハなどの世界共通種を別にすれば、キアゲハ・ヤマキチョウ・ウラギンヒョウモン・クジャクチョウ・キベリタテハ・ヒメシジミなどは、信州の高原あたりで見られる顔ぶれとあまり変わりがない。もしもイギリス人のチョウ愛好家に「日本のチョウを見たい」と言われて、こんな場所へ連れて行ったら不満を漏らすに違いない。

　タカネキマダラセセリもそんな日英共通種の一つで、英名は「Chequered

skipper」（市松模様のセセリ）と呼ばれ、シャーロック・ホームズのシリーズ「バスカヴィル家の犬」にも登場する。ただし、かつてイングランド各地にあった生息地では1975年を最後に絶滅し、現在はスコットランド高地の保護区に細々と生き残っているに過ぎない。

　イギリスでのこのチョウの生息地は石灰岩地帯の林縁や草原で、おもにウサギなどの草食動物に食べられることで環境が維持されてきた。ところが伝染病によるウサギの減少で植生の遷移が進み、本種の食草も生えにくくなって減少してしまったらしい。日本でも草刈りという人間による干渉が無くなったため草原が維持できず、そこにすむチョウの多くが姿を消しているが、洋の東西で共通点があることは興味深い。

　一方の日本では、タカネキマダラセセリは「高山チョウ」（184頁）の一員となっており、生息地も渓谷の源流部のガレ場や草付きの斜面といった、森林が成立しない不安定な場所がほとんどだ。高山帯では雪崩や崩落などによる浸食作用が激しく、こうした環境が維持されやすいうえ、ユーラシア北部に似た寒冷な気候なので、本種もそれを求めてすみついたと考えられる。

　しかしイギリスの生息環境とはあまりに違い、北海道に分布する近縁のカラフトタカネキマダラセセリが、半人工的なスキー場や牧場などでも見られるのに比べると、これほど環境の選り好みが激しいのは不思議としか言えない。

　同様に、イギリスやユーラシア大陸の各地では平地の草原などに生息するクモマツマキチョウ（184頁）も、日本ではタカネキマダラセセリと同じような環境にしか見られないし、日高山脈のアポイ岳にしかいないヒメチャマダラセセリ（絶滅危惧Ⅱ類）は、イギリスの南部には広く分布している。ユーラシア起源のチョウにとって、温暖多湿なさいはての島国である日本の自然に適応するには、かなり無理をしているということなのだろう。

　高山帯には法的な保護の網がかかっている地域が多く、不安定な環境も比較的よく維持されている。タカネキマダラセセリの生息地も危機的な状況にあるとは言えず、絶滅危惧Ⅱ類にカテゴライズされているのは、分布域が狭い赤石山脈の亜種 *akaishianus* だけだ。ただし災害防止のための砂防ダム工事などが行われるようなことがあれば、彼らの生息も脅かされるかもしれない。

　コナン・ドイルにも「ハエかガを追いかけて…」と表現されてしまうような小さなチョウだが、日本とユーラシア大陸の関係を伝える生き証人として、予算消化のための公共工事より重要な存在であることは間違いないだろう。

セセリチョウ科　タカネキマダラセセリ

アサヒナキマダラセセリ
Ochlodes asahinai

絶滅危惧Ⅱ類（VU）　鱗翅目（チョウ目）　セセリチョウ科

- ● 開　　張　約40mm
- ● 分　　布　八重山諸島の石垣島・西表島
- ● 生息環境　於茂登岳・御座岳などの山頂付近のリュウキュウチク林
- ● 発 生 期　5〜6月
- ● 減少の原因　食草の刈払い

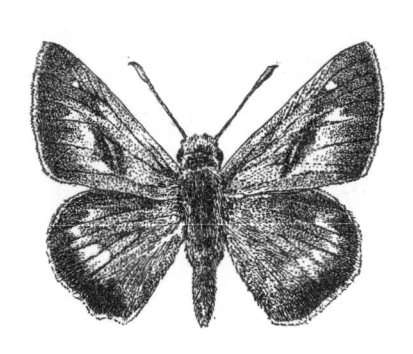

西 142,144

アサヒナキマダラセセリ
（口絵写真11頁参照）

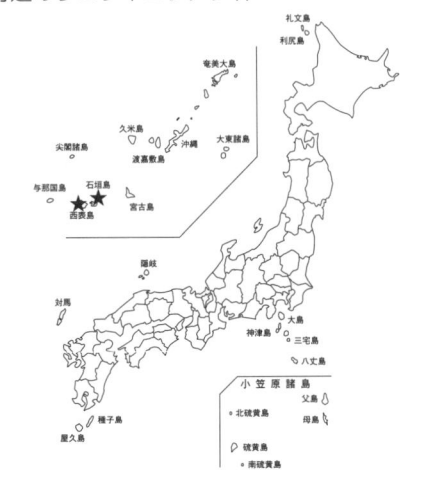

生息域地図

　RDBにリストアップされている昆虫のなかには、非常に狭い範囲だけに生息しているものが多い。もちろんこれには、周囲の開発が進んだために追いつめられた種がかなりの割合を占めるのだが、もともとそこにしかすんでいなかったものも少なくない。これらのなかで目立つのが、気候が今よりずっと寒かった氷河期にユーラシアの北部にすんでいたものが、当時陸続きだった日本にまで分布を拡げ、その後の温暖化によって寒冷な環境に取り残されたというケースだ。こうした昆虫は「遺存種」と呼ばれ、北海道や本州中部の高山や湿原、常に低い水温が保たれている湧水などを生息地とする種類がほとんどだが、意外なことに亜熱帯気候の琉球列島、それも最南端に近い八重山諸島からも見つかっている。それがアサヒナキマダラセセリだ。

　このチョウの仲間は北海道や本州の山地で見られるコキマダラセセリなどと

近縁のグループで、中国西部からヒマラヤにかけて栄えている。アサヒナキマダラセセリの先祖は、このグループが寒冷化によって中国南部にまで分布を拡げた時期に、陸続きだった台湾を経由して琉球列島までやって来て、そのまま石垣島と西表島の高地に取り残されたものらしい。なぜなら台湾の高山には、近縁種のニイタカキマダラセセリが、やはり遺存種として生息しているからだ。ちなみに石垣島の於茂登岳（525m）は、沖縄県の最高峰である。

　アサヒナキマダラセセリの生息地は、この於茂登岳や西表島の御座岳（420m）などの頂上付近にだけ限られ、ここに生えるリュウキュウチクを食草としている。これは「竹」と名がつくものの、タケノコから成長しても皮が幹に残るササの1種だ。これらの山の頂上付近は風が吹き付けるためにササ原になっていて、幼虫はわざわざ風当たりが強い葉を選んで巣を作り、昼間はそこに潜んでいる。こうした習性は、できるだけ暑さをやり過ごすためのものらしい。幼虫を本州で飼うと、冬に屋外に置いても死ぬことはないほど寒さに強いということからも、このチョウにとって亜熱帯の生息環境はかなり厳しいようだ。

　こうしたササ原が残されている限り、アサヒナキマダラセセリは安泰である。しかしこれらの島々を訪れる人が多くなると、なかにはとんでもないことをする者も現れてくる。県内に住むとある人物が数十年ぶりに於茂登岳に登ったところ、昔と比べて眺望が悪くなっていた。そこで友人と協力して刈払い機でササ原を刈り、すっかり展望が良くなったと、さも善行を誇るように地元新聞に投書をしてきたのだ。もちろんこれは沖縄県指定の天然記念物・アサヒナキマダラセセリの生息地破壊に他ならない。この人物にどのような処分がされたのかは寡聞にして知らないが、天然記念物の重要さをアピールする県の努力も欠けていたのではないか。沖縄県のRDBでは、生存に対する脅威は「密猟」とされているが、これには「県民の無理解」もつけ加えるべきだろう。

　もっとも、自然に対する余計なおせっかいについては、行政としてもこの人物と大して変りがない。石垣島にある嵩田林道は、原生林のなかを通っているために道沿いに昆虫の姿が多く、この島を訪れる愛好家がよく立ち寄る場所だった。ところが、めったに車も通らないこの道が舗装されたあげく、原生林の一部を切り開いて都会の真ん中にあるような「親水公園」なるものが造られたのだ。おそらく土建業者に仕事を与えるための公共事業の一つだろうが、こうした行政の姿勢こそがこの島の生物への最大の脅威といえるだろう。

ウスバキチョウ
Parnassius eversmanni daisetsuzanus

準絶滅危惧(NT)・天然記念物　鱗翅目(チョウ目)　アゲハチョウ科

- ●開　　張　約50mm
- ●分　　布　北海道の大雪山系・十勝連峰
- ●生息環境　コマクサが自生する高山の砂礫地
- ●発 生 期　6〜8月
- ●減少の原因　食草の盗掘・登山客の増加

ウスバキチョウ♀
(口絵写真12頁参照)

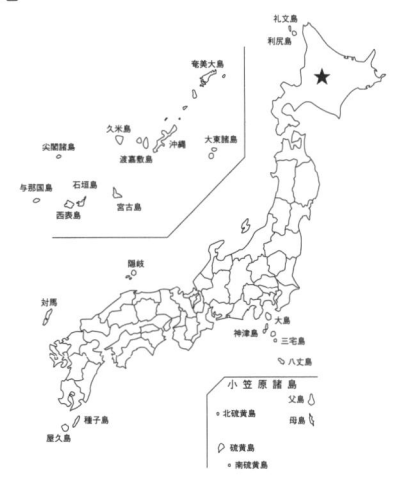

生息域地図

　ウスバキチョウの仲間はパルナシウスとも呼ばれ、ユーラシアと北アメリカ大陸の乾燥地や草原に広く分布している。極地や高山といった秘境にすむものが多く、毎年のように新種や新亜種が発見されていて、未だに何種類いるのか全貌がつかめていない。ヘルマン・ヘッセの作品などでよく紹介されるアポロチョウ（アポロウスバシロチョウ）のように、透き通った翅に黒と深紅の紋が目立つものがほとんどで、黄色い翅をもつものはウスバキチョウだけだ。このチョウの分布域は、シベリアから中国や朝鮮半島の北部、さらにはアラスカ、カナダまでと非常に広く、亜種の数も多い。なかにはあまり黄色くないものもいるようだ。

　このチョウの日本での生息地は、北海道の屋根といわれる大雪山系や十勝連峰で、砂礫地に咲くコマクサを食草としている。こうした場所の多くは風が強く、雪もあまり積もらないような過酷な環境のため、彼らの成長は非常に遅い。

産みつけられた卵が冬を越し、翌年かえった幼虫が蛹へと成長し2度目の冬を越して、ようやく3年目の夏に羽化する。チョウなのにガのような繭を作るのは、パルナシウスに共通の習性だ。
　大雪山にはコマクサをはじめとして、キバナシャクナゲ、タカネスミレ、チョウノスケソウといった日本有数の高山植物の群落が見られ、アサヒヒョウモンやダイセツタカネヒカゲといった高山チョウや、ダイセツヒトリなどの高山ガが飛び交う。これらの生物の多くもウスバキチョウ同様、ユーラシアや北アメリカの高山やツンドラで見られるものと共通の種類だ。これらの生息地は天然保護区域に指定され、厳重に保護されている。
　こうした生物は、もともと地下に永久凍土層があるような寒冷地帯のものだが、かつての氷河期には今よりもはるか南にまで分布を拡げていた。約2万年前の最も寒冷だったウルム氷期には、平均気温は現在よりも12度も低く、北極に見られるようなツンドラが北海道の大部分を占めていたようだ。日高山脈などには氷河も発達していたらしく、その跡が残っている。巨大なマンモスやヘラジカが北海道にもすんでいたのはこの時代だ。これより南の本州などでも、寒冷地を好む針葉樹の多い森が広がっていたと考えられている。
　しかし約1万年前に氷河期が終わり、気候が次第に暖かくなってくると、寒冷地の生物は北へと生息地を移動していった。種類によっては海を渡れず絶滅していったものもあっただろう。そのなかでも暑さを逃れて高い山へと登っていったものが、ウスバキチョウをはじめ大雪山の高山帯に現在も見られる生物たちなのだ。
　厳しい環境にしがみつくようにすんでいるため、絶滅の危機にあるように見える彼らだが、高山の自然は監視が厳重なこともあって、意外なほどよく守られている。密猟やコマクサの盗掘、登山者による踏みつけなども話題になるものの、少なくともウスバキチョウにとって、生存のための脅威というほどにはなっていない。
　北海道の場合、歴史的に見て自然破壊がひどかったのはむしろ平地だ。現在では野幌原生林などにしか残されていない平地林は、かつては大地を被っていたが、ほとんど伐採されて広大な耕作地になった。色とりどりの花の咲く草原も、実は森が切り尽くされた跡である場合は多い。北海道のシンボルとして有名な豊頃町のハルニレの大木も、原生林の墓標にすぎないのだ。ラベンダー畑に至っては言わずもがなである。こうした破壊によって北の大地が失なったものは、エゾオオカミやカワウソ、そしてアイヌ文化と余りにも大きい。

ギフチョウ
Luehdorfia japonica

絶滅危惧Ⅱ類(VU)　鱗翅目(チョウ目)　アゲハチョウ科

- 開　　張　50〜55mm
- 分　　布　秋田県（日本海側）神奈川県（太平洋側）以南の本州
- 生息環境　林床の明るい雑木林・ブナ林
- 発 生 期　3〜5月
- 減少の原因　生息地の開発・雑木林の放置や植林地化

東64,66,72,102,108,112,126,128,130,132,140,142,146　西4,36,38,46,50,52,58,60,62,68,72,76,78

ギフチョウ♂
（口絵写真12頁参照）

生息域地図

　ギフチョウは「春の女神」というセンセーショナルなタイトルでメディアに取り上げられる例が非常に多い。たしかに春一番に現れるこのチョウはシーズンが始まる象徴でもあるので、それを待ってフィールドにくり出す愛好家は数多く、人目にもつくのだろう。しかしながらその報道には、あまりに誤りや偏向が目立つようだ。
　たとえば、ギフチョウは蝶の中でも古い系統に属する「生きた化石」なのだから貴重であるという論調だ。たしかに彼らが現れたのは1000万年前にさかのぼるが、生物は家系図や骨董品ではないのだから系統が古ければ貴重ということはない。「生きた化石」が貴重であるというのなら、ギフチョウと比べものにならないほど古い系統であるゴキブリに対しても、絶滅の危機から救うために大々的に保護運動をしなければならないだろう。
　また、このチョウは日本特産種で生息地も限られているのだから保護すべき

という記事もよく見る。この主張を貫くのであれば、モグラやアカネズミやカナヘビを始めとして、膨大な種類が保護の対象となるべきだ。分布域についても、ギフチョウよりずっと狭いチョウはたくさんいる。そもそもチョウの分布は、地質の成り立ちや食草の分布、他の種類との競争関係など、複雑な要素が入り組んで現在見られるような形となってきた。勢力が弱いから分布が限られているという発想は、生物地理学と人間社会の縄張り争いを混同しているに違いない。

　いずれにしても「古い」「弱い」などのマイナスイメージを持つ言葉を使って生物保護をアピールする発想は、生物に対する科学的な分析よりも、情緒に訴えていこうという意図が露骨で、健全なものとは言えないだろう。

　報道のなかには、事実関係をねじ曲げて伝えているものも少なくない。「乱獲」のためにギフチョウが絶滅した地域があるという内容だ。ギフチョウといえば「乱獲＝絶滅の危機」と連想されるほど、その衰退の原因を昆虫愛好家の採集行為とするイメージが広く浸透している。しかし、どれだけ採集すれば「乱獲」となるのかの基準すら曖昧で、因果関係を証明するための調査が行われた例もない。たしかに東京など、ギフチョウが絶滅した地域は少なくないが、その原因はもともと生息地が狭かったり、生息地が開発によって失われたり、雑木林が利用されなくなって彼らの生息に適さない暗い環境になったことにあるのが明らかになっている。未だにこの言葉を安易に使っているメディアや自然保護団体は、科学的センスの存在を疑われても仕方がないだろう。

　メディアの現状認識がこの程度なので、減少への対策についても近視眼的だ。増殖したチョウを放すことが美談めいて紹介される例が多いのもその表れである。「放チョウ」については、さまざまな問題があって研究者や愛好家の間でも議論になっているが、その一つが地域固有の遺伝子の撹乱だ。飼育した他の地域のギフチョウをおかまいなしに放すことは、ブラックバスの密放流と変わらないれっきとした自然破壊である。

　しかし報道のなかで最も悪質なのは、「我が郷土のギフチョウを守れ」といった地域ナショナリズムの扇動ではないだろうか。こうした保護運動のなかには、科学的根拠の無い「郷土の宝＝天然記念物指定＝採集禁止」といった方向に活動が流れ、チョウ愛好家というよそ者の排除が目的となってしまった場合も少なくない。結局生息地の保全にはつながらず、かえって開発から目をそらすスケープゴートになっている例すらある。

　エキセントリックな報道や保護運動は、けっしてギフチョウのためにならないことを認識するべきだろう。

ミヤマモンキチョウ
Colias palaeno

準絶滅危惧(NT)　鱗翅目(チョウ目)　シロチョウ科

- ●開　　張　約45mm
- ●分　　布　本州中部の浅間山系・飛騨山脈
- ●生息環境　クロマメノキの生える高山草原
- ●発 生 期　7〜8月
- ●減少の原因　道路建設・スキー場開発・登山者による踏みつけ

圏86,114,140

ミヤマモンキチョウ
(口絵写真12頁参照)

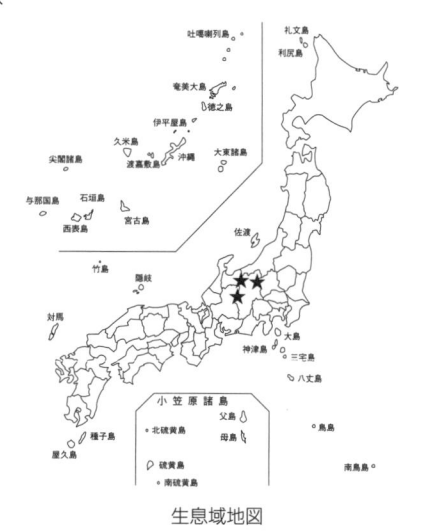

生息域地図

　日本にすむ14種の「高山チョウ」(184頁)の希少性が、やや誇大に扱われているのではないかという疑問は別項でも述べたが、各地で天然記念物に指定され、いかにも絶滅の危機にあるようなイメージに反して、RDBでのカテゴリーはあまり高くない。絶滅危惧Ⅰ類なのは、最も高い環境にすむタカネヒカゲ(212頁)のうちでも生息地がごく限られる八ヶ岳亜種のみである。

　絶滅危惧Ⅰ類の選定基準は、「過去10年間に個体数が80〜50%減少」「生息地面積が10〜500平方km未満」「個体数が50〜250未満」「今後10年で絶滅する可能性が20〜50%」などといったものだが、ほとんどの種はこれに該当しないわけだ。これは彼らのすむ高山の自然環境が、いかに安定しているかを表わしていると言えるだろう。

　「高山チョウ」の一員でありながら、すんでいる標高が比較的低いミヤマシ

ロチョウやオオイチモンジといった種類は、観光開発や治水工事などにより生息環境を脅かされており、カテゴリーは絶滅危惧Ⅱ類とやや高い。

　ミヤマモンキチョウは、タカネヒカゲに次いで標高が高い2000～3000mに生息する生粋の高山チョウである。海外ではヨーロッパ中部からシベリアを経て、アラスカやカナダまで、北極を取り巻くように分布する「周極種」で、ロシア沿海州やサハリンにも生息するが、その対岸に当たる北海道にはいない。ウスバキチョウ（176頁）やタカネヒカゲといった他の周極種と同様、氷河期に日本まで分布を拡げ、その後は暖かくなった平地から逃れて寒冷な高山に生息地を求めた種類だ。国内のものは翅の斑紋の違いによって、飛騨山脈の亜種 *sugitanii* と浅間山系亜種 *aias* の二つに分けられている。

　ミヤマモンキチョウは、ブルーベリーと近縁の灌木・クロマメノキを食樹とするので、生息地も高山のハイマツ帯や火山草原、湿原など、この植物が生育する環境に限られる。飛騨山脈の場合は稜線付近で見られることが多いが、もう一つの分布域である浅間山系の、群馬・長野県境の浅間山（2542m）から篭ノ登山、四阿山などを経て草津白根山（2162m）に至る火山地帯では、生息地の標高もやや低い。

　かつてこの地域ではクロマメノキと人間との関わりも深かった。名前の由来となった青黒く甘い実を「白根ブドウ」「浅間ブドウ」と呼び、古くから食用にしてきたのだ。それだけ大きな群落が、里から歩いて採りに行ける場所にあったわけで、当然このチョウの生息地も多かったに違いない。

　ところがこれらの山の麓には、軽井沢や草津温泉といった有名な観光地が多く、早くから開発の波が及んできた。高度経済成長期には、湯ノ丸山や草津白根山などの生息地近くにまで観光道路が通り、スキー場やホテルも次々と建設されている。里人にとっては、自然の恵みを与えてくれる山から、大勢の観光客を迎える場へと、その性格が大きく変わっていった。

　幸い現在でも、浅間白根山系の各地に見られる草原には、ミヤマモンキチョウをはじめ、ミヤマシロチョウ、ベニヒカゲ（準絶滅危惧）といった高山チョウが生息し、コヒョウモンモドキ（絶滅危惧Ⅱ類）などの姿も見られる。

　しかし、有名になった「浅間ブドウ」を採る登山者の増加に伴って、クロマメノキ群落の踏み荒らし被害が広がり、今ではミヤマモンキチョウ保護のためこの実の採集は禁止されて、パトロールも行われるようになってしまった。

　自然は守られるようになったものの、長く続いてきた地元の人々との関係は絶たれ、一つの地方文化も消え失せようとしている。

シロチョウ科　ミヤマモンキチョウ

ツマグロキチョウ
Eurema laeta betheseba

絶滅危惧Ⅱ類（VU）　鱗翅目（チョウ目）　シロチョウ科

- ●体　　長　35～40mm
- ●分　　布　福島県以南の本州・四国・九州
- ●生息環境　河川敷や堤防・人里近くの草地
- ●発生期　3月～11月（成虫越冬）
- ●減少の原因　草地の減少・植生の遷移・河川改修・農薬散布

東 80,124　西 12,52,58,62,76,92,94,106,108,110,114,126

ツマグロキチョウ秋型
（口絵写真12頁参照）

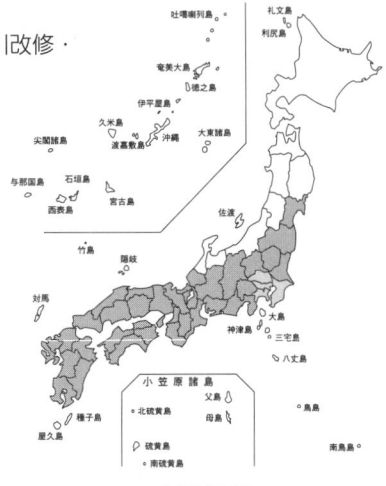

生息域地図

　東京や大阪のような大都市には自然などないと単純に思われがちだが、わずかな生息環境を見つけてすみついている昆虫も少なくない。チョウに限っても都心のビル街ですら5～7種類、公園や空き地、緑の多い社寺でもあれば10種以上が見つかるだろう。彼らが「自然ではない」とはとても言えまい。

　キチョウはそんな種類の一つであり、秋口の公園などでは彼らの食樹でもあるハギの花に集まる姿がよく見られる。一方、ツマグロキチョウは、外見はキチョウと非常によく似ており、翅の先端が角張る特徴をもつ秋型ならともかく、夏型同士を見分けるのはよほどチョウに親しんでいない限り難しい。

　一般的には、こんな識別などはどうでも良いことだろう。しかし彼らを自然環境の価値を見分ける指標としてみた場合、この違いは大きな問題となる。人工的な都市でもくらしていけるキチョウに比べ、ツマグロキチョウが生息でき

る環境は限られており、しかもそれが急速に失われつつあるからだ。
　かつていくつかの自然保護団体によって普及が進められた「自然観察会」は、大衆化を図るためか「生物の名前にはこだわらない」という方針のもとに行われていた。今でも地方によっては「名前を教えてはいけない」と主張する原理主義的な指導員すらいるという。しかし本来であれば、こうしたよく似たチョウであっても種の違いにこだわり、それを支える自然の大きな違いに気づくことこそ、彼らの言う「見る、守る、調べる」につながるだろう。とくに生物多様性について考えるなら、種を識別せずに生物が多様であることを理解するなど語意矛盾でしかない。
　ツマグロキチョウが生息するのは、大きな川の河川敷や堤防の土手、人里に近い草地、農地の周辺といった乾燥した環境が多い。食草であるマメ科のカワラケツメイが、その名の通り河原のような乾燥地を好んで生えるためだ。
　これらの生息地のうち河川敷については、グラウンドやゴルフ場建設によって破壊されたうえ、過剰な治水工事のために増水により維持されてきた砂礫地が減少し植生の遷移が進んでいるが、これについては別項で詳しく述べる。
　一方で堤防の土手は、かつては採草地としても利用され、背丈の低い草地が維持されていたおかげで、ヒメシロチョウ（絶滅危惧Ⅱ類）やシルビアシジミ（絶滅危惧Ⅰ類）といった多くの昆虫にもすみかを提供していた。すでに全国各地で絶滅してしまったオオウラギンヒョウモン（202頁）も、40年ほど前までは西日本のこうした環境でごく普通に見られたという。
　しかし、草が家畜のエサや肥料として使われなくなり、定期的な草刈りが行われなくなったため植生が変化すると、ツルフジバカマやミヤコグサ、マスミレなどが消え、それを食草とするこれらのチョウもいなくなってしまった。
　さらに近年では、公園的な景観を維持する目的か、機械による過剰なほどの草刈りがくり返されたり、除草剤がまかれたり、コンクリートで固められる場合も少なくない。このため成長の早い草に依存するベニシジミやモンキチョウ、ヒメウラナミジャノメといった普通種しか生息できなくなっている。
　草刈りは草原性の昆虫にとって、唯一かつ最も有効な保全策だが、行う時期や使う道具、刈る草の丈などによって、生物への影響は大きく違う。最近では市民ボランティアによる里山の手入れも盛んになってきたが、こうした点を十分考慮したうえ、生物のモニタリングも平行して行わなければ、新たな絶滅を招く単なる野荒らしに終わるだろう。

クモマツマキチョウ
Anthocharis cardamines

準絶滅危惧（NT）　鱗翅目（チョウ目）　シロチョウ科

- ●開　　張　35〜45mm
- ●分　　布　本州中部の山地
- ●生息環境　渓流沿いのガレ場・草付きの斜面や崖
- ●発 生 期　4〜8月
- ●減少の原因　砂防工事・植生の遷移

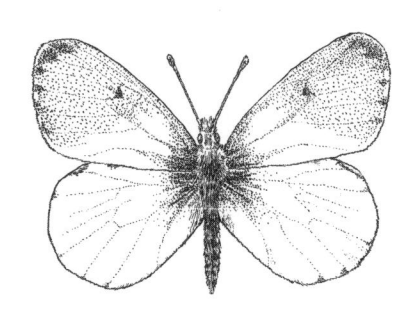

図 108,112,114,118,140

クモマツマキチョウ♂
（口絵写真13頁参照）

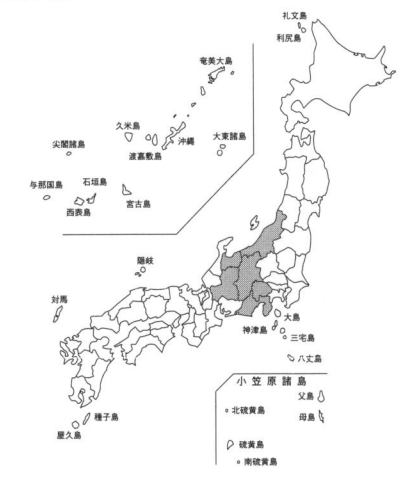

生息域地図

　日本には14種類の高山チョウがすむといわれている。これらは亜高山から高山にかけて生息するものとされているが、その基準はかなり曖昧だ。たとえば本州で高山チョウとされるオオイチモンジ、ベニヒカゲ、コヒオドシなどは、北海道に行けば平地から山地にかけて広く見られる種類だし、ヤリガタケシジミはアサマシジミの亜種に過ぎない。カラフトルリシジミに至っては、よく調べてみたら平地でも見つかってしまった。

　長野県にはこのうち10種が生息するため、県ではすべてを天然記念物に指定して採集を禁止しているが、はたしてそれで保全が図れるのか首をかしげたくなるような種類もいる。その一つがクモマツマキチョウだ。

　このチョウは西ヨーロッパからユーラシア大陸に広く分布し、イギリスではロンドンの空港近くでも姿が見られるような普通種だが、日本での生息地は飛

飛騨山脈と赤石山脈、八ヶ岳、頸城山地だけだ。すんでいる環境も、ユーラシア大陸やサハリンでは道ばたや線路沿い、牧場の縁といったありふれた場所であるのに比べ、日本では山地の渓流沿いの岩が転がるガレ場や河原、流れが消えた源流部の草付きという違いがある。しかも毎年同じ場所で同じ数が見られるということはなく、今まで数が多かった場所から急に姿を消したり、その逆に突然現れたりという例も少なくない。これには食草の消長と深い関係があるようだ。

　彼らの食草であるミヤマハタザオやヤマガラシは、増水で河原が洗われたり、風化した岩が崩れ落ちたり、草付きの斜面が雪崩で削られたりといった、常に撹乱され続ける不安定な場所を好む。いわば荒れ地に真っ先に生えるパイオニアだ。そのかわり環境が安定して植生の遷移が進み、他の植物が生えはじめると姿を消してしまう。クモマツマキチョウは、こうした食草の後を追うように少しずつ生息地を変えてきたわけだ。

　従って彼らの生息環境を守るためには、食草の自生地が常に不安定な状態におかれていなければならず、さらにチョウがそうした環境を渡り歩けるように、ある程度の広い地域が確保されていなければならない。山が険しく積雪も多いために浸食作用の激しい中部地方の山岳地帯では、かつては各地でこうした条件が満たされていた。とくに日本海側の豪雪地帯では、雪崩によるガレ場や草付きがかなり標高の低い土地でも見られるため、クモマツマキチョウも標高200m程度の低山地にまで生息を拡げることができたほどだ。

　しかしこうした環境の確保は、治山治水の発想とはことごとく矛盾する。自然災害を防ぐためには、不安定要素は排除されるべきものであり、山は崩れてはならないし、川は洪水が起きないように管理されなければならない。このため、危険な斜面はコンクリートで固められ、険しい谷には源流に至るまで多くの砂防ダムが造られてしまった。これではクモマツマキチョウが姿を消してしまうのも当然である。

　あざやかなオレンジ色の翅をもつこのチョウのオスが、残雪を背景に飛ぶ姿は美しく、多くの愛好家を引きつける。なかにはつい捕虫網が出てしまう者もいないわけではない。しかし生息地の多くは、人間が近付けないような岩場なので、「密猟」がこのチョウの存続を脅かしているというのは大げさな話だ。ところがこれを根拠に、高山チョウばかりではなく、主だったチョウを採集禁止にせよという声も長野県内にはあるという。かつて信州人は柔軟で論理的な思考の持ち主だったはずだが、こんな安易なことで郷土の自然が守れると考えるまでに堕してしまったのだろうか。

シロチョウ科　クモマツマキチョウ

チョウセンアカシジミ
Coreana raphaelis

絶滅危惧Ⅱ類（VU）　鱗翅目（チョウ目）　シジミチョウ科

- 開　　張　35～40mm
- 分　　布　岩手・山形・新潟県
- 生息環境　田の畦・屋敷林・河畔林
- 発 生 期　6～7月
- 減少の原因　食樹の伐採・圃場整備・河川改修・農薬散布

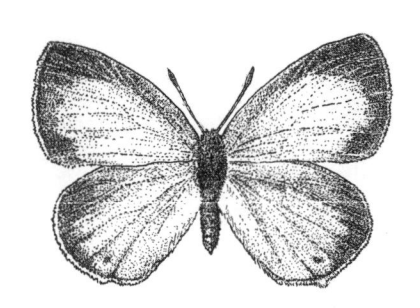

東56,64

チョウセンアカシジミ♂
（口絵写真13頁参照）

生息域地図

　シジミチョウは日本産チョウ類のなかで最もその数が多いグループで、70種以上が知られている。なかでもギリシア・ローマ神話の西風の神にちなんで「ゼフィルス」と呼ばれるミドリシジミのグループは、その多くが青や緑の金属光沢を翅表にもっていて、愛好家の間でも人気が高い。
　チョウセンアカシジミは、ゼフィルスのなかでも金属光沢をもたないものの1種で、夕方によく活動し、食樹はモクセイ科のトネリコだ。こうした特徴は原始的なゼフィルスに共通するものと考えられている。
　和名や属名の「Coreana」からも分るように、チョウセンアカシジミは朝鮮半島から中国東北部、ウスリー、日本と、日本海を取り囲むような分布圏をもつ。しかし日本国内での生息地はごく限られ、岩手県の陸中地方にまとまっている他は、山形県と新潟県の一部に飛び離れてあるだけだ。他の多くの遺存種

186　　　　　　　　　　　　　　　　　　　　　　　　　絶滅危惧Ⅱ類（VU）　鱗翅目（チョウ目）

と同じように、かつて大陸から渡ってきたものが、この地域にだけ残されたものらしいが、その理由はよく分かっていない。

さらにこのチョウだけに見られる生態としては、非常に人間の生活との関わりが強いことがあげられる。生息地のなかでも姿が見られるところは限られていて、人家の周りに植えられたり、川沿いや湿地に生えたトネリコの周辺である。さらに注目すべきは、山際の水田の畦などに「ハサ木」として植えられたトネリコにすみついている場合が多いことだ。並木のような「ハサ木」は、横木を渡して刈り取った稲をかけ乾燥させるためのもので、新潟から山形にかけての米どころでよく見られる。岩手県にはもう少し自然に近い環境でくらすものもいるが、それでも人里を離れると、ほとんど見られなくなってしまうほどだ。おそらく、稲作が普及するまでは湿地にすんでいた彼らは、そこが水田に開発されるにともなって、こうした環境にすみかを移してきたのだろう。

しかし、もともと彼らには生息地を拡げていくという傾向が弱いようだ。別の地域で飼育した場合、庭のトネリコに放し飼いにしてもよそに飛んでいかず、毎年そこで発生をくり返したという例もある。新潟県の一部では、放したものがそのまま居ついているようだ。チョウセンアカシジミが人工的な環境でよく見られる理由には、こうした習性があるためかもしれない。人里への移住は、本来の生息地が失われてよほど切羽詰まったからだろう。

こうした保守的な習性が、このチョウの分布を限られたものにしているとも考えられるが、同時に危機にも追い込んでいるとも言える。農業の機械化や省力化が進むに従い、「ハサ木」を使って稲を干すようなことも無くなり、何よりも機械を入れられるように水田を直線化、大型化する圃場整備にとって邪魔なトネリコは次々と伐採された。これは水路をコンクリート製のものに変えたり、河川改修を行う際にも同様である。また農薬が盛んに使われるようになったことも、人里近くにすむこのチョウには大きな打撃だ。さらに伝統的な作りの農家が減り、家の周囲の垣根や屋敷林が伐採されてしまった影響も大きい。

岩手県の多くの自治体や山形県では、このチョウを天然記念物に指定して採集を禁じてきたが、こうした生息地の破壊には何の手も打たないできた。なかには生息地を造成して工業団地にしてしまった例もある。近年になって、トネリコの保護や植栽、啓蒙を目的にした民間の運動が始まったのが救いだ。その一方で、毎年「密猟」の記事が新聞を賑わしているが、保護に無策の地元自治体としては格好のスケープゴートになるだけだろう。実効ある保護行政を求めるためにも、愛好家の自重が望まれる。

シジミチョウ科　チョウセンアカシジミ

ウスイロオナガシジミ九州亜種
Antigius butleri kurinodakensis

絶滅危惧Ⅰ類(CR+EN)　鱗翅目(チョウ目)　シジミチョウ科

- **開　　張**　30〜35mm
- **分　　布**　鹿児島県栗野岳山麓
- **生息環境**　カシワ林
- **発 生 期**　7〜8月
- **減少の原因**　生息地の開発・植生の遷移

西124

ウスイロオナガシジミ九州亜種　　　　　　　生息域地図

　ウスイロオナガシジミは、別項でも取りあげた「ゼフィルス(ミドリシジミの仲間)」の一員だが、緑色の金属光沢やオレンジ、紫といったカラフルな翅をもつ多くの種類と違い、黒褐色の地味な翅表のグループに属している。

　ゼフィルスは森林性のチョウで、幼虫はクヌギ・ミズナラ・アラカシといったブナ科を中心に、さまざまな種類の広葉樹の新芽を食べて成長し、成虫は初夏から夏にかけて年に一回だけ姿を現す。ほとんどが高い木の梢で活動し、地面近くに降りてくることはめったにない。花に集まることも少ないので、よほど注意していなければ目にすることもないだろう。

　しかし一般的な知名度が低いのとは対照的に、チョウ愛好家の間では彼らの人気は非常に高い。その理由は、美しい姿や生息地が限られるものが多いこと、日本に近いロシア沿海州、朝鮮半島、中国南部からヒマラヤ地方にかけてが世

界の分布の中心で、このうち約1/7が日本にも生息すること、さらには数mもある長い竿の捕虫網でもなかなか捕えられないことなどにあるようだ。

　ウスイロオナガシジミは、北海道から本州では各地に生息地もあり、決して珍種の部類に属するものではないが、どこにでもいるというチョウでもない。とくに九州での生息地はただ一ヶ所、霧島山系の栗野岳山麓に限られる。

　ここでの生息環境は、明治時代に薪炭材を得る目的で植栽されたと伝えられるカシワ林である。周辺では古くから放牧も行われており、林床が草原状で明るい里山となっていた。あまりに分布が飛び離れているため、食樹に付いて人為的に移入されたものではないかという議論もあるが、他地域のと比べ裏面の斑紋の発達が悪いとの理由で、固有の亜種となっている。

　ウスイロオナガシジミの生息が確認された1950年代には、里山の環境が保たれチョウの数も非常に多かったという。しかしその後、カシワが薪炭に利用されなくなって大木化し、放牧も衰退して植生が遷移しはじめ、生息に適した環境が失われていった。さらには農地への転換や観光施設の建設なども進んだため、1990年ころには1日1頭程度しか姿を見られないほど減少している。

　ただし、2007年に行われた昆虫レッドリストの見直しで、今まで調査不足（DD）のカテゴリーにさえ含まれていなかったこのチョウが、いきなり絶滅危惧Ⅰ類となったのは、こうした状況を反映してのことではない。地元自治体によってその生息地が破壊されてしまったためだ。

　1995年6月、地元の栗野町（当時）は栗野岳山麓の町有地での昆虫採集を一切禁止する条例を可決した。これは一見、稀少な昆虫の保護を目的としたように見えるが、実際には生息環境保護のための条文が一切無く、保全には全く役に立たない代物だった。さらに町と鹿児島県がウスイロオナガシジミの生息地に「アートの森」という美術館の建設を予定していることが判明し、この条例が自然破壊の隠れみのに過ぎないことが分ると、全国の昆虫愛好家や専門家、学会などから抗議や申入れ、本質的な保護への提言などが殺到している。

　しかし町と県はこうした声を無視し、形ばかりの環境アセスメントを行って保全対策としてカシワを移植しただけで、計画通り開発を強行した。その結果、専門家による度重なる調査にもかかわらず、現在ではウスイロオナガシジミの生息は確認できず、絶滅した可能性が年々色濃くなっているのが現状だ。

　栗野町自体は「平成の自治体大合併」により消滅したが、的外れの採集禁止条例を作ったあげくに、稀少な昆虫を絶滅へ追いやりつつあることは、今後も同じような愚行がくり返されないためにも長く記憶されるべきだろう。

シジミチョウ科　ウスイロオナガシジミ九州亜種

ベニモンカラスシジミ

Fixsenia iyonis

準絶滅危惧（NT）　鱗翅目（チョウ目）　シジミチョウ科

- ●開　　張　約28mm
- ●分　　布　静岡県以西の本州・四国の限られた地域
- ●生息環境　石灰岩地帯の森林
- ●発生期　5～7月
- ●減少の原因　森林の伐採や植林化・道路建設・シカによる食樹への食害

西 62,72,82

ベニモンカラスシジミ
（口絵写真13頁参照）

生息域地図

　日本には2億年以上前のサンゴ礁を起源とする石灰岩地帯が多く、その地下に形成される鍾乳洞には、メクラチビゴミムシをはじめ多くの種に分化した洞窟性昆虫が見られることは別項でも述べた。しかし、こうした地質に依存した昆虫が生息しているのは地下だけではない。石灰岩地帯には固有の植物も多く、これを食草とする昆虫にも他で見られないが少なくないのだ。

　たとえば櫛などの工芸品に使われるツゲもその一つで、これには日本で一番華麗な半翅目といわれるニシキキンカメムシや、オオキイロアツバ、ヤヒコカラスヨトウといったガの仲間がつく。同じ環境に生えるイワシモツケなどを食樹とするナマリキシタバも同様である。いずれも国内での分布は局地的で、なかには各県のRDBに掲載されているものも見られる。

　ベニモンカラスシジミも、静岡県から広島県にかけてと、香川県を除く四国

の石灰岩地帯で、食樹のコバノクロウメモドキやキビノクロウメモドキが生える限られた地域にだけ生息するチョウだ。隔離して分布するためか地域によって斑紋などに変異があり、中部、中国、四国の3亜種に分けられている。

　このチョウが愛媛県西部の皿ヶ峰（1271m）で発見されたのは1957年のことだ。当時は日本本土で新種のチョウが発見されるとは考えられていなかったうえ、敗戦後10年が経って生活も安定しチョウへの関心も高まっていたので、愛好家の間で大きなセンセーションを巻き起こしている。まだ交通網もろくに発達していない時代だったにもかかわらず、多くの愛好家がこの産地に押しかけてネットをふるい、飼育のために食樹の枝を切っては卵を探した。

　さらに高度経済成長下で伐採や植林地化が急速に進み、産地を通る道路が建設されたこともあって、このチョウは急速に減少し、県が天然記念物に指定した時にはすでに遅く、皿ヶ峰から姿を消してしまったのである。

　ちなみに国内からはこの後も、1973年にヒメチャマダラセセリとゴイシツバメシジミが発見されている。こちらはすぐに国の天然記念物に指定されて採集は禁止されたものの、後者については生息地の開発に対する規制は行われなかったため、姿を消してしまった産地も少なくない。ベニモンカラスシジミの教訓は中途半端な形でしか活かされなかったわけだ。

　その後、愛好家の粘り強い探索により、岡山県を皮切りに各地でベニモンカラスシジミの新産地が次々と発見された。石灰岩地帯は川や雨水などによって侵食されやすく、中国の桂林などの例からも分るように急な渓谷や奇岩が形成される場合が多い。新産地の多くも急峻な地形であり、一歩間違えれば転落しかねないこんな場所を見つけたことには感心するほどだ。昆虫愛好家の情熱は時として自然破壊を招くような暴走を起こすが、環境保全の基礎となる生物の分布や生態の解明には、なくてはならない力と言えるだろう。

　開発されにくい地形の生息地が多いこともあり、ベニモンカラスシジミにとっての大きな脅威は、これまでとくに見当たらなかった。石灰岩地帯につきものの、採掘による生息地の消滅も起きていない。しかしここ数年、全国的に拡大しているニホンジカによる植生への被害が、このチョウの生息地にも及びつつある。食樹であるクロウメモドキ類は背の低い灌木のため、真っ先に食害を受けてしまうのだ。すでに長野県などは深刻な打撃をこうむっている。

　日光・戦場ヶ原のコヒョウモンモドキ（タテハチョウ科）は、シカによって食草を食い尽くされ絶滅に追い込まれたが、ベニモンカラスシジミもその後を追いかねない。一刻も早く駆除などの対策がとられるべきだろう。

ゴマシジミ
Maculinea teleius

絶滅危惧Ⅱ類（VU）　鱗翅目（チョウ目）　シジミチョウ科

- 開　　張　40〜44mm　　　　東 10,14,36,40,48,50,52,116,120,130,148
- 分　　布　北海道・本州・九州　西 6,12,58,62,68,72,110
- 生息環境　草原・湿原・里山の伐採跡地や林縁
- 発 生 期　7〜8月
- 減少の原因　草原の減少・植生の遷移

ゴマシジミ
（口絵写真13頁参照）

生息域地図

　日本のチョウのなかで最も種類の多いシジミチョウ科は、他の科には類を見ないユニークな生態をもつ種が多いグループでもある。例えば国内では、肉食性の幼虫はこの科以外にはいない。暗い林などにすむゴイシシジミの幼虫は、ササやススキに寄生するアブラムシを食べて育ち、成虫になっても花にはほとんど来ずにアブラムシの出す汁などを吸ってくらす。

　注目すべきはアリとの関係が深い種類が多いことだろう。アリは自分の体よりはるかに大きな昆虫や小動物も集団で襲ってエサにするほど、攻撃的な昆虫であることはよく知られている。ところがシジミチョウ科の幼虫は背中に蜜腺をもち、ここから蜜を分泌してアリに与えるので攻撃されることはない。それどころか、常にアリが幼虫に付きまとっているためにアリを嫌う昆虫も近づかず、結果的にボディガードの役目を果たしているとも考えられている。

種類によってはこうした結びつきが強くなり、クロシジミ（絶滅危惧Ⅰ類）やキマダラルリツバメ（準絶滅危惧）のように、アリの巣のなかで保護されエサを与えられて成長するものもいる。彼らも蜜を分泌しアリに与えるので、ギブ・アンド・テイクの関係が成り立っているわけだ。
　これに対して、巣のなかで生活を共にしてアリに蜜を与えながら、もっぱらその幼虫を食べて成長するのがゴマシジミである。彼らはワレモコウの花に産みつけられた卵からふ化し、しばらくは花を食べて成長するが、枯れるころになると地面に降りてくる。これをアリが見つけて巣に運び込むと幼虫は肉食性に変わり、時には巣にいるアリの幼虫の大半を食べてしまう場合もあるという。アリが大きな被害を受けながら幼虫を敵と認識しないのは不思議で、このように一方だけが利益を得る関係は「片利共生」と呼ばれる。近縁種のオオゴマシジミ（準絶滅危惧）も、産卵する植物こそ違うがよく似た習性をもつ。
　これらのシジミチョウに共通なのは、関わりをもつアリの種類が決まっていることだ。例えばクロシジミは裸地を好むクロオオアリ、キマダラルリツバメは木の洞などにすむハリブトシリアゲアリ、ゴマシジミは草原性のシワクシケアリとだけ共生し、他種のアリの巣にすみつくことはない。
　ゴマシジミの生息環境は火山性草原や湿原の他に、雑木林の林縁や伐採後の草原といった里山にも見られ、ワレモコウが生えシワクシケアリが生息していることが条件だ。しかし比較的安定している火山性草原の環境に比べ、里山の場合は年ごとの変化が大きく、ある時を境に姿を消してしまう場合も少なくない。近年各地で彼らが著しく減少していることが問題になっているが、こうした人里に近い不安定な環境だった場合が多くを占めている。
　イギリスで1979年に絶滅した近縁のアリオンゴマシジミの場合、共生するクシケアリ類が好む明るく丈の低い草原は、ウサギに食われることによって維持されていた。ところが感染症の流行でウサギが激減したことで遷移が進み、アリの生息に適さない環境になったために急速に数を減らしてしまったという。
　我が国の里山のゴマシジミも、伐採や草刈りといった人為的な撹乱によって条件が整った生息環境にすみつき、植生が遷移してすみづらくなれば、他へ渡り歩いていたとも考えられる。近年のように里山が放置され、どこにも移動先がなければ、当然その地域からはいなくなるだろう。
　さらに人間の干渉によって成立している火山性草原でも、彼らの衰退が始まっている。開発によって乾燥化が進む湿原の生息地も目立ち、ゴマシジミの未来は限りなく暗い。

シジミチョウ科　ゴマシジミ

オオルリシジミ
Shijimiaeoides divinus

絶滅危惧Ⅰ類(CR+EN)　鱗翅目(チョウ目)　シジミチョウ科

- **開　　張**　33～40mm
- **分　　布**　長野県・熊本県
- **生息環境**　草原・水田の畔・堤防
- **発 生 期**　5～6月
- **減少の原因**　草原の減少・植生の遷移・牧草地の改変・圃場整備・農薬散布

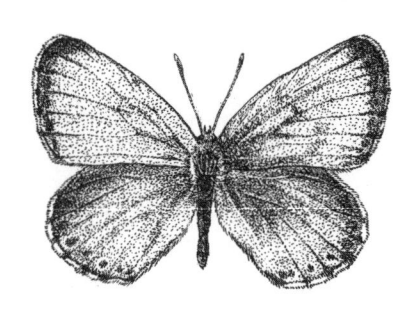

東108　　西12

オオルリシジミ♂
(口絵写真14頁参照)

生息域地図

　九州・熊本県の阿蘇山麓から大分県の九重連山にかけて広がる火山性草原は、日本有数の規模として知られている。ここは平安時代から採草や放牧が行われてきたことで知られ、秋に草原にカヤで仮小屋を造り、そこに寝泊まりして草刈りを行った「刈り干し切り」は、民謡としても残っている。ここは日本で最後に残されたオオルリシジミの良好な生息地だが、その環境が草刈りによって維持されてきたことは間違いない。

　オオルリシジミは青い翅が鮮やかな中型のシジミチョウで、過去には九州中部以外でも、東北地方と中部地方から生息地が知られている。彼らは典型的な草原のチョウで、東北では岩木山の周辺、中部では妙高山や浅間山、霧ヶ峰といった火山の麓を主なすみかとしていたが、水田の畔や堤防などのよく管理された小規模な草原にも進出していた。「田毎の月」で知られる長野県の姨捨山

の棚田の畔は、かつての有名な生息地だ。

　このチョウの食草であるマメ科のクララは、欧米人の女性の名前にちなむのではなく、咬むとクラクラするくらい苦いことから名づけられた。地方によっては薬草に使ったり、蛆を殺すためにくみ取り便所に入れたりしたという。そのため牛や馬が嫌い、放牧地では食べ残されたり、彼らに与えるための草に混じらないように刈り残された。おかげでオオルリシジミにとっては格好の環境が残されることになったわけだ。

　このチョウが減りはじめたのは、農作業の機械化・省力化が始まった1960年代の半ばころからである。農耕用の牛や馬が飼われなくなったため、草原の多くは使いみちが無くなり、農地に転用されたり、ゴルフ場や宅地の開発が行われて、生息環境が減少していったのが最大の原因だ。さらに耕地やゴルフ場の近くでは農薬の影響も少なくなかっただろう。長野県の安曇野では、機械化のために水田を直線化する圃場整備が、畔をすみかとしていたこのチョウに大きな打撃を与えた。また、土手などの草刈りが行われても、わざわざクララを刈り残すことなど無くなったために、食草が失われてしまった生息地も少なくない。

　この結果、東北地方のオオルリシジミは1978年に採集された一頭を最後に絶滅。最大の産地であった中部地方でも1980年代から激減し、現在では長野県内にわずか数ヶ所の生息地が残るだけになってしまった。しかも多くの人の手による環境の改善や飼育増殖などの努力によって、やっと維持されているような状態だ。ちなみに本州のオオルリシジミは、翅の斑紋などの違いによって、九州の亜種 *asonis* とは別の亜種 *barine* とされている。

　一方九州では、今でも毎年その姿を見ることができる。さすがに泊まり込みの刈り干し切りこそ無くなったが、草刈りや野焼きが継続的に行われているおかげだ。しかし一部の生息地では、手入れが行き届かないために環境が悪化し、数が減りつつある。各地で造成されたゴルフ場やサーキット場によって、草原の面積が減りつつあるのも心配だ。また、一部の牧草地では改良の名のもとに在来の植物を排除して、外来種の牧草に変えられている。見た目は同じように青々した草が生えているが、ここではオオルリシジミは生きてはいけない。

　こうした事態は、まるでかつての東北や中部地方での衰退を追いかけているようで、このチョウの将来に不安を与えている。すでに大分県では確実な生息地が無くなったという。草原性のチョウ類がいなくなるということは、日本人と自然との関わりが、また一つ失われていくことの表れではないだろうか。

シジミチョウ科　オオルリシジミ

オガサワラシジミ
Celastrina ogasawaraensis

絶滅危惧Ⅰ類(CR+EN)・天然記念物　鱗翅目(チョウ目)　シジミチョウ科

- ● 開　　張　約28mm
- ● 分　　布　小笠原諸島の母島
- ● 生息環境　在来種の植物が多い自然林
- ● 発 生 期　4〜11月
- ● 減少の原因　食樹の減少・移入生物による食害

裏8

オガサワラシジミ
(口絵写真14頁参照)

生息域地図

　現在日本のチョウで、最も絶滅の危機に瀕しているのがオガサワラシジミであることに異論は無いだろう。すでに対策を検討している余裕は無く、一刻も早く実施しなければ、ここ数年で絶滅することはほぼ確実だ。
　このチョウは日本本土で普通に見られるルリシジミの近縁種だが、小笠原諸島までたどり着いてから長い年月隔離されたことで、固有種にまで進化したと考えられている。ルリシジミのような北方系の種類が、はるか南の大洋島にまで渡って来たのは驚異的だ。この島にはオガサワラセセリという固有種もすんでいるが、こちらは数も多く、オガサワラシジミのように天然記念物には指定されていない。その他には見られる土着のチョウは、移動力がある普通種や人間が持ちこんだものが十数種おり、台風などに運ばれて来る「遇産種」も少なくない。
　小笠原諸島の自然の特異性については、別項で何度も述べているのでくり返

さないが、それを危機に追い込んでいる最大の犯人を3つ挙げることができる。その一つがノヤギだ。これは小笠原諸島に人がすみついた当時に持ちこまれたヤギが、ほとんどの島で野生化して繁殖したもので、現在では多くの植物を食害している。甚だしい例は小笠原諸島の一番北に位置する聟島で、食害によって島全体が草地と化し、一部は雨で浸食されてむき出しになった赤土が海に流れ込み、サンゴ礁にまで被害を与えているほどだ。もちろんオガサワラシジミの食草・オオバシマムラサキなども例外ではない。彼らは植物を食い尽くすことによって、それをエサとしていた多くの固有種を兵糧攻めにし絶滅に追いやっているのだから、ある意味では残酷と言える。幸いこのチョウが生息する母島にはすみついていないものの、父島での被害は深刻だ。

　もう一つの犯人はアカギである。これはもともと琉球列島に分布する広葉樹で、小笠原諸島には薪炭材として植林するために持ちこまれた。島在来の植物に比べて成長が早く高木となるので、日陰になったオオバシマムラサキなどは枯れてしまう。アカギ林は急速に面積を拡げており島の生態系にとって大きな脅威となっているが、伐採しても切り株からすぐに芽を吹くうえ鳥が実を食べて種をばらまくなど、駆除が非常に難しい。

　しかし、何より被害が大きいのは、移入種のグリーンアノールによる捕食に違いない。全長20cmほどのこの樹上性のトカゲによって、小笠原諸島の昼行性の昆虫が甚大な被害を受けていることは、別項でもくり返し述べた通りだ。山道を歩けば、あちこちの木の枝の上で飛んでくる昆虫を待ち構えている姿が必ず見られるほどその数は多い。推定では両島で数百万が生息するというのだから、固有種の昆虫が激減するのも当然だろう。

　これらの移入種の影響によって、父島のオガサワラシジミはすでに絶滅したと考えられている。移入種対策は行われているが、いずれも大きな効果を上げるまでに至っておらず、このチョウの復活には前途多難のようだ。

　一方、母島ではごく一部にしか残っていない生息地からはグリーンアノールが駆除され、再び侵入できないようにフェンスで囲われて、周辺のアカギなども伐採されている。また、災害や伝染病などの不測の事態を考えて、飼育下での種の保存を想定した多摩動物園での取り組みも始まった。母島島民のボランティアによるパトロールなども行われている。これほどの人手と資金をかけないとオガサワラシジミが救えないという現実に、移入種対策の困難さが表われていると言えるだろう。

シジミチョウ科　オガサワラシジミ

ゴイシツバメシジミ
Shijimia moorei

絶滅危惧Ⅰ類(CR＋EN)・天然記念物　鱗翅目(チョウ目)　シジミチョウ科

- ●開　　張　約22mm
- ●分　　布　奈良・熊本・宮崎県
- ●生息環境　渓流沿いの常緑広葉樹の原生林
- ●発 生 期　6～8月
- ●減少の原因　原生林の伐採・食草の採集

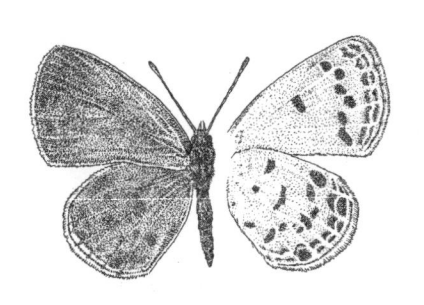

西2,118

ゴイシツバメシジミ♀　　　　　　　生息域地図

　日本の照葉樹林は、人間の数が多く活動も盛んだった西日本に分布していたため、早くから伐採や二次林化が進んで、原生林として残されている面積はごくわずかだ。その名残は鎮守の森などに残っており、ミカドアゲハやサツマニシキのように、そこをよりどころにしている照葉樹林のチョウやガも少なくないが、すべての種類を支えられるほど豊かではない。まして、近年盛んに行われている、高密度に照葉樹を植栽して成長を促進させ、短期間で「ふるさとの森」を作るという緑化法は、外見は立派だが昆虫愛好家から見ればろくに生きものがいない「緑の砂漠」だ。もっとも、実際に照葉樹の原生林を訪れてみると、豊かな自然というイメージとは裏腹に、そこで昆虫に出会える機会が雑木林などと比べて意外なほど少ないことに驚かされる。
　ゴイシツバメシジミは、数少ない照葉樹林のチョウであるだけではなく、生

息地が豊かな原生林として保たれていなければならず、日本でもっとも環境条件にうるさいチョウと言っていいだろう。なにしろ彼らの食草は、渓流沿いの照葉樹の幹にだけ着生するイワタバコ科のシシンランの花やつぼみなのだ。こうした着生植物は、空中の湿度が常に高く保たれている環境でなければ生育することができない。高木層が大きく梢を拡げて日光をさえぎり、林内は暗く見通しがきかないほど亜高木層や低木層がそれぞれの空間を占めていることが必要だ。これほど自然度の高い照葉樹林はごくわずかなので、このチョウの分布が限られてしまうのも無理はない。

　こうした環境にすむために、ゴイシツバメシジミは長い間その存在を知られず、発見されたのはようやく1973年になってのことだ。この年は北海道でもヒメチャマダラセセリが見つかっており、図らずも北と南で日本のチョウが一種類ずつ増えることになった。そして翌年には生態が解明され、狭く特殊な環境に依存していることも分ったため、発見からわずか2年後の1975年には国指定の天然記念物として、地域を定めず採集が禁止された。

　ところが、天然記念物の指定は生息地の破壊を制限するものではなかったため、このチョウのすむ原生林は次々と伐採されてしまった。1987年には宮崎県唯一の生息地が伐採で姿を消し、1980年に本州で発見された生息地も最近の記録は無い。天然記念物指定は文部省の管轄で文化財保護の色合いが強かったうえ、出来たばかりの環境庁（いずれも当時）には開発を止めるだけの力は無かったのだ。「種の保存法」によって、ようやくこのチョウの生息地が保護の対象となったのは、1996年のことである。しかし、この法律に基づいて関係各省間で「ゴイシツバメシジミ保護増殖事業計画」が立てられたものの、相変わらず伐採については中止を求めるような強い態度が取れないままだ。最も有効と思われる保護区の設置も見送られている。

　しかしこのチョウを追いつめているのは保護行政の不備だけではない。食草であるシシンランは、RDBでも絶滅危惧IB類にランクされているほど希少な植物だが、着生木の伐採とともに山野草愛好家による採集が減少の大きな原因とされているのだ。警察によるパトロールも行われている自生地もあるが、あまり効果を上げていない。これには、ゴイシツバメシジミ飼育のために食草を採っていく者も含まれているのは残念なことだ。法を犯す採集者が必ず弁解するように、地域や個体変異の研究のためには多くの標本が必要だという大義名分があるのかもしれないが、肝心のチョウが絶滅してしまっては、そんな研究には何の意味も無いだろう。

ミヤマシジミ
Plebejus argyrognomon

絶滅危惧Ⅱ類(VU) 鱗翅目(チョウ目) シジミチョウ科

- **開　　張**　27～30mm
- **分　　布**　本州の東北南部～中部地方
- **生息環境**　河川敷や堤防・乾燥した草原
- **発 生 期**　5～11月
- **減少の原因**　草原の減少・植生の遷移・河川改修・過度の草刈り

東 10, 116, 124

ミヤマシジミ♂
(口絵写真14頁参照)

生息域地図

　深山にすむシジミチョウを意味するミヤマシジミという和名は、このチョウの生態を表わしていない。確かに長野県や山梨県の火山性草原にも生息地はあるものの、河原や堤防といった環境の方がはるかに多いからだ。かつては人里に近い畑の周辺の草地や墓地、線路の土手などにも見られたほどである。

　このチョウが属するヒメシジミのグループは、乾燥した草原などに適応して種分化したもので、ユーラシア大陸から北アメリカにかけて多くの種類が見られる。ミヤマシジミもその分布域は広く、ヨーロッパ中部から中央アジアを経て、中国東北部、朝鮮半島にも生息している。

　別項でも述べたように、こうした大陸系で草原性のチョウにとって、温暖多雨で植生の遷移も早い日本はすみづらい。そこで噴火で植生が破壊された火山性草原や、人がくり返し利用することで維持された草地などにすみついてきた。

ミヤマシジミの場合、さらに乾燥した環境である河原や堤防に生息している例が多いのは、食草であるマメ科のコマツナギがこうした環境に見られるためだ。この植物は高さ50cm程度の低木で、乾燥には強く日当たりを好むので、日陰となる背の高いススキ草原などでは生育できない。

　コマツナギの生える砂礫質で乾燥した河原は、他の植物にとっては過酷な環境だが、次第に腐植質や泥がたまるようになると、土壌も安定してヨシやススキが生えはじめ植生の遷移が進む。しかし、たびたびおこる増水は、これを押し流して上流から砂礫を供給し、コマツナギにとって都合のよい環境を維持して、競争相手の植物の侵入を阻んでくれる。雨の多い日本の川は定期的に増水をくり返すため、コマツナギとそれを生活基盤とするミヤマシジミに恰好の生息地を提供し続けてくれたわけだ。

　さらに河原に続く堤防では、肥料や飼料として利用するため定期的に草刈りが行われ、日当たりの良い丈の低い草地が維持された。古い堤防には玉石などを積み上げたものも多く、こうしたすき間にもコマツナギが生育して、ミヤマシジミにとってすみ良い環境を作り出していた。

　しかし近年、上流でのダム建設などにより川の治水が進んで増水が起きにくくなり、供給される砂礫も少なくなってしまった。そのため河原の植生はススキ草原や林へと遷移が進み、残された砂礫地にも移入種のシナダレスズメガヤが繁茂して、コマツナギなどが生育できる環境が減少しつつある。

　さらに砂利の採取が行われたり、河川敷にグラウンドやゴルフ場が建設されたり、コスモスなどを一面に植えることが流行したりと、河原の自然は壊滅的な状況と言えるだろう。こうした環境に依存してきたカワラノギクなどの植物や、カワラハンミョウ、シルビアシジミ、ツマグロキチョウ（182頁）といった昆虫も各地で激減し、RDBに名を連ねている。

　また堤防の土手は、コンクリートで固められたり機械で過剰な草刈りが行われるようになり、神奈川県や東京都ではミヤマシジミも生息地を失い絶滅した。

　確かに治水によって人命や財産を守ることは重要だ。しかし江戸時代などには、広い遊水地を備えたり意図的に氾濫を導く「霞堤（かすみてい）」を築くなど、増水を計算に入れたフレキシブルな治水も行われていた。これと比べると、自然が絶対に変化しないことを前提にしたような、過剰防衛としか思えない巨大なダムや堤防を作り、川の岸辺ギリギリまで土地を利用しようとする現代の治水には、人間の叡智というよりは傲慢な愚かさを感じてしまうのだが。

シジミチョウ科　ミヤマシジミ

オオウラギンヒョウモン
Fabriciana nerippe

絶滅危惧Ⅰ類(CR+EN)　鱗翅目(チョウ目)　タテハチョウ科

- ●開　　張　70〜80mm
- ●分　　布　山口県・九州
- ●生息環境　ススキの草原
- ●発 生 期　6〜10月
- ●減少の原因　草原の減少・草原の管理方法の変化・遷移による森林化・農薬散布

西 12,38,76,100,106,110,124

オオウラギンヒョウモン♀
（口絵写真15頁参照）

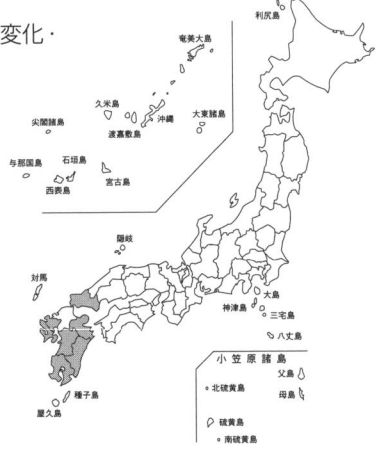

生息域地図

「山路来て何やらゆかしすみれ草」という芭蕉の句をめぐって、このスミレがどんな種類なのか山草愛好家の間で話題になったことがある。この句が読まれた同じ時期に、京から伏見の山道を歩いて検証した結果、タチツボスミレであるという結論が出たらしいが、昆虫愛好家の立場からは異論を唱えたい。なぜなら芭蕉の時代と比べて、スミレをめぐる山里の自然は大きく姿を変えている可能性があるからだ。これにはオオウラギンヒョウモンの盛衰と、日本の草原の変遷について説明しなければならないだろう。

　スミレを食べるヒョウモンチョウの仲間は日本で11種類が知られているが、なかでも最も偏食なのがオオウラギンヒョウモンだ。スミレの仲間は日本に50種類以上が自生しており、他のヒョウモンチョウが各種のスミレを広く食べているのに対し、このチョウはスミレ（マスミレ）しか食べない。とくに若

齢の幼虫ではこれが顕著で、飼育の際に別種のスミレを与えても拒食して死んでしまうほどだ。

　ヒョウモンチョウの仲間は夏休みの頃に中部地方の高原などに多いことから、山のチョウといったイメージがあるが、かつてオオウラギンヒョウモンは平地でもよく見られた。1960年代まで西日本ではごく普通種で、京都や大阪の市街地近くにも生息していたし、もともとは数の少ない東京周辺でも戦前の都下では多くの記録がある。生息地によっては、他のヒョウモンチョウに比べて圧倒的に数が多い場合もあったほどだ。ところが高度経済成長期を境に数が減りはじめ、東京では1960年代中頃を最後に絶滅、京都の木津川の堤防や奈良の若草山といった生息地が残っていた近畿でも、1990年代に入ってまったく姿が見られなくなった。現在でも確実に生息しているのは山口県のごく一部と九州に限られ、しかも陸上自衛隊の演習地のような広い草地が残っている環境でしか確認されていない。まったくの普通種が、これほどまでに激減した例は珍しい。

　彼らの減少があまりに急だったため、その原因は謎とされ、1980年代に刊行された図鑑にもそうした記述がある。しかし近年になって里山の自然が注目され、多くの生物の生息環境が人間の活動によって維持されてきたことが明らかになってくると、オオウラギンヒョウモン減少のメカニズムも次第に解明されてきた。

　スミレは丈の低い明るい草原に好んで生え、タチツボスミレが生えるような半日陰の環境では育たない。オオウラギンヒョウモンが各地で普通種として栄えることができたのは、スミレが生えるような明るい草原が全国的にありふれた環境だったからだ。日本の草原の多くが維持されてきたのは、牛馬のエサや茅葺き屋根の葺き替えのための草刈りによることは別項でも述べた通りだが、とくにスミレが好むような環境は、草刈りがたびたび行われるために、低い草丈が維持されるようなシバ草原だ。このチョウが激減した理由は、他の草原性昆虫の場合と同様、農業形態の変化でこうした採草地がなくなったからと考えることができる。

　オオウラギンヒョウモンは非常に多くの卵をうみ、飼育もそれほど難しくない。にもかかわらずこれほど数が減っているということは、昆虫にとって生息地の保全がいかに重要かという証拠と言えるだろう。

　芭蕉が句を詠んだとされる京から伏見への道沿いも、人口密集地に近い山であるだけに、こうした草原になっていた可能性は十分にある。だとすれば、かつてそこで見られたのはスミレと考えた方が納得が行くのだが。

タテハチョウ科　オオウラギンヒョウモン

ヒョウモンモドキ
Melitaea scotosia

絶滅危惧Ⅰ類(CR+EN)　鱗翅目(チョウ目)　タテハチョウ科

- ●開　　張　45〜55mm
- ●分　　布　広島県の世羅・賀茂台地
- ●生息環境　草原や湿原・休耕田
- ●発 生 期　6〜7月
- ●減少の原因　湿地や休耕田の埋め立て・乾燥化や森林化・農薬散布

西72

ヒョウモンモドキ♂
(口絵写真15頁参照)

生息域地図

　かつての日本の農業は稲作至上主義と言えるだろう。耕作しやすい平地はもちろん、わずかな平坦地があり水の便さえ確保できれば、丘陵や山地にまで谷戸田や棚田が作られてきた。しかしこうした農民の長年の努力によって収穫量が飛躍的に伸びた結果、待っていたのは米余りによる減反政策である。平地の水田ですら米作りを制限されてしまった農民にとって、機械もろくに入れられないような谷戸田や棚田はお荷物でしかない。先祖が苦労して作り上げたこれらの水田の多くは、この時期に次々と放棄されてしまったようだ。

　しかしこうした休耕田の存在は、生きものたちにとって決してマイナスではなかった。いずれヨシなどが侵入し、遷移が進んで乾燥してしまうものの、しばらくの間は水生生物にとって絶好のすみかを提供してくれたのだ。とくに他の耕地から離れているため、農薬の影響を受けずにすむというメリットは大き

い。タガメやシャープゲンゴロウモドキのように、ここを避難所にしていた昆虫も多かったのは、すでに述べた通りだ。

　中国地方のヒョウモンモドキもまた、こうした環境に活路を見出した昆虫の一つだ。このチョウは関東から西の本州に広く分布し、かつては草原や湿地でよく見られた。しかし関東地方のものは早くから姿を消し、中部地方の生息地からも次々といなくなって、1980年代末にはほとんど見られなくなってしまった。これは早くから草原や湿地の開発が行われたのと同時に、農業の近代化によってそうした環境を維持するための草刈りが行われずに植物の遷移が進み、その波が次第に高原地帯にも押し寄せてきたことをあらわしているようだ。

　一方ごく最近まで、中国地方では広島県を中心に良好な生息地が残されており、その多くが休耕田だった。この地方のヒョウモンモドキも、もともとは湿原やため池のまわりの草地などにすんでおり、こうした環境が減少したことは他の地方と同様なものの、休耕田という新しい環境に適応してすみかを拡げたとも考えられる。少し前の図鑑には、「ヒョウモンモドキは何ら人手が加わっていない発生地でも、突然いなくなったり現れたりする特別な性質がある」という意味の記述があるが、これは変化しやすい湿原や草原にすんでいる彼らが、乾燥化や森林化が進んで生息地の環境が悪くなると、よりすみやすい場所を求めて移動してしまうためではないだろうか。減反以前には少なかった休耕田にすみつくことができたのも、そんな習性があると考えれば納得できる。

　しかしこれらの生息地も、1980年代後半のバブル経済によって盛んになったゴルフ場などのリゾート開発、それに続く経済低迷期の廃棄物による埋め立てなどで、次々と失われていった。また、アカマツ林のマツクイムシ被害の防除のために、農薬の空中散布が盛んに行われた影響も見逃せない。さらに1993年の記録的な米の不作を機に、多くの休耕田で耕作が再開されたことも打撃になり、ヒョウモンモドキは2000年頃を境に中国地方各地でも急激に数を減らしてしまった。現在生息が確認されているのは広島県の世羅・賀茂台地のみである。

　ここでは、休耕田の手入れをすることで生息地を確保する取り組みがなされているが、湿地の管理が難しいこともあって、草刈りが数の増加に結びつくウスイロヒョウモンモドキほどには成果が上がっていないようだ。高度経済成長期以降、生息地を柔軟に変えることで時代の変化をやり過ごしてきた彼らも、いよいよ追いつめられてしまったという感が強いが、今度は人間の側が積極的に生存への手助けをすべきだろう。

アカボシゴマダラ奄美亜種
Hestina assimilis shirakii

準絶滅危惧(NT)　鱗翅目(チョウ目)　タテハチョウ科

- ●開　　張　70〜85mm
- ●分　　布　奄美大島・徳之島
- ●生息環境　森林
- ●発 生 期　3〜11月
- ●減少の原因　森林伐採

西132

アカボシゴマダラ

生息域地図

　アマミスジアオゴミムシ（110頁）の例に見られるように、奄美大島と徳之島は、島ごとの固有種が多い琉球列島のなかでも、ひときわ特異な存在だ。アカボシゴマダラもまた、これらの島の生物相を代表するチョウと言えるだろう。中国・朝鮮半島・台湾に別亜種が分布することから、島伝いに分布を伸ばしてきたものが、この2つの島だけに取り残されたものとも考えられる。

　このチョウは、その名の通り日本本土に広く分布するゴマダラチョウと同属の近縁種で、後翅に赤い紋が並んでいるのが特徴だ。春から秋にかけて4回ほど発生をくり返し、6月ごろに最も多くの成虫が見られる。

　幼虫が食樹とするクワノハエノキが明るい環境を好むためか、このチョウが見られるのは山間部に限らず、林の縁や墓地、公園といった人家の近くが少なくない。自然度の高い環境に依存した種類でないことは明らかである。

この地域には今のところ大きな開発計画があるわけでもなく、このチョウの生存を脅かす要素も特に考えられないので、RDB に掲載されたのは分布が限られるというだけの理由に過ぎないようだ。しかし彼らがずっとこのまま安泰にくらしていけるかと言うと、残念ながらそれを保証することは難しい。

　実は現在、日本国内でアカボシゴマダラが生息しているのは奄美だけではない。1990年代頃から、神奈川県を中心とした関東南部でも姿が見られるようになったのだ。これは人為的に移入されたものと考えられており、次第に分布を拡げつつある。地域によっては、共通のエノキを食樹とすることでニッチが重なるゴマダラチョウやオオムラサキと同じ場所からも越冬幼虫が見つかっている。今のところ在来種の生存を脅かすような兆候は見られないが、今後の動向には十分な監視が必要だろう。

　奄美のアカボシゴマダラにとって脅威なのは、この移入種であるアカボシゴマダラが、中国大陸産の別亜種と考えられることである。生物は同じ種類であっても、生息地が違い互いに交流できない状態が続けば、それぞれの自然環境に適応し進化することによって形態が違ってくる例が少なくない。このようにして生まれるのが亜種だが、同種のなかでの地域変異なので、違った場所にすむ亜種同士でも一緒にすれば交尾し子孫を残すことは可能だ。これに対して違う種同士では、雑種はできても通常は生殖能力を持たない。

　もし関東地方で勢力を拡げつつあるアカボシゴマダラの中国亜種が奄美に侵入した場合、亜種間で交雑することにより、奄美固有の特徴をもつ亜種が消滅してしまう危険性もある。淡水魚の例では、中国から移入されたバラタナゴの大陸亜種（タイリクバラタナゴ）との交雑が進んだことで、日本固有の亜種（ニッポンバラタナゴ・絶滅危惧ⅠA類）はほとんど姿を消してしまった。

　最近では、分子生物学的手法に基づいた生物の分類が進んだ結果、地域によって形態的に差が無くても、大きな遺伝的な違いがある例が明らかになってきた。RDB に掲載されたことで一躍注目を浴びるようになったメダカの場合、各地で保全活動が盛んになりつつあるが、こうした地域差を無視した放流が行われることも少なくないため、深刻な遺伝的混乱を招きつつある。

　生物の移入の多くは、不注意や配慮不足、または無知に基づく「善意の悪事」による場合がほとんどだが、アカボシゴマダラの場合は飼育マニアによる意図的な放蝶の疑いが非常に濃い。自らの楽しみのために、長い時間と進化の積み重ねによって成立した現在の生物の分布を混乱させることは、地球の歴史に対する不当な干渉と言えるだろう。

オオムラサキ
Sasakia charonda charonda

準絶滅危惧(NT)　鱗翅目(チョウ目)　タテハチョウ科

- ●開　　張　80～120mm
- ●分　　布　北海道南西部・本州・四国・九州
- ●生息環境　雑木林・落葉広葉樹林
- ●発 生 期　6～8月
- ●減少の原因　生息地の開発・雑木林の放置や植林地化

東 6,92,96,100,102,120
西 36,38,50,88,100,110,118

オオムラサキ
(口絵写真15頁参照)

生息域地図

　オオムラサキは日本の「国蝶」としてたびたびメディアにも取り上げられるため、天然記念物や採集禁止といった法的規制があると思い込んでいる人が多いようだ。「郷土の宝」といった扱いで保全活動を行っている地域も各地に見られる。しかし、オオムラサキばかりに注目するあまり、同じ環境に生息する他の生物を顧みなかったり、飼育して放蝶したりといった的外れな活動を耳にすることも少なくない。ましてや、生息地をつぶして作ったゴルフ場にオオムラサキの名を冠したり、オスにしかないはずの紫色の翅を裏返しにつけた「萌え絵系」の女の子のキャラクターを町興しに使ったりとなると、偏ったイメージの浸透が果たしてこのチョウのためになるのか考え込んでしまう。

　実際のオオムラサキは、他の里山の生物と同じように雑木林の開発や手入れ不足によって生息環境が減少しつつある。しかし、それほど危機的状況にある

わけではないことは、RDB でのランクを見ても明らかだろう。大都市近郊でも、良好な雑木林さえ残っていればその勇姿に出会うことができるし、中部地方の多産地では、毎年のように採集会が開かれているほどだ。
　そもそも「国蝶」という称号にも法的な裏付けがあるわけではなく、戦前に愛好家たちの団体である「蝶類同好会」の懇親会の席上、話題作りとして提唱されたことに端を発する。「日本固有種であり世界最大級のタテハチョウ」という理由でオオムラサキが支持を集めたが、本種が分布している朝鮮半島や台湾、中国の一部が、当時は日本の植民地だったり勢力を拡げつつある地域だったことを考えると、ナショナリズム高揚の背景も感じられて興味深い。戦後は郵便切手の図柄になったことを機に再び「国蝶」への関心が高まり、1957年に日本昆虫学会によって決定がなされた。
　オオムラサキは森林性のチョウで、樹上を敏捷に飛び交っては、クヌギやコナラなどの幹からしみ出す樹液や、腐った果物の汁などを吸いに集まる。多くのチョウと違って花にはほとんど来ず、有名なわりには姿を見たことのある人が少ないのも、こうした習性のせいだろう。
　幼虫はエノキやエゾエノキを食樹とし、夏に卵からかえった幼虫は、冬にはその根元の落ち葉の間で過ごす。ここでは同じ木を食草とするゴマダラチョウの幼虫も越冬しているが、最近の研究で、この2種の比率によって自然環境の良好さを判断できることが分ってきた。例えば周辺の都市化が進んだ地域の緑地などでは、見つかるのはほとんどゴマダラチョウの幼虫だが、適切に手入れされたある程度の面積のある雑木林では、オオムラサキの方が数が多くなる。この比率が環境の変化を驚くほど反映しているのだ。
　雑木林が残っていたとしても、定期的な伐採や下草刈りがされずに放置された場合は、成虫の行動できる広い空間が失われてしまううえ、年を経た大木からはあまり樹液が出なくなる。さらに重要なのは幼虫の越冬場所の湿度で、乾燥気味になる狭い林ではオオムラサキの幼虫は生き残れない。また、核となるべき安定した生息地が無いと、その周辺での継続的発生は保証されないようだ。
　オオムラサキの生息する雑木林の開発に際しては、近隣に似たような環境の代替地があることを理由に計画通り進められることが多いが、以上のような点に配慮しない限り、いずれそこにすむ個体群は消滅するだろう。
　こうした保全についての提言をしてきたのは他ならぬチョウの愛好家だが、オオムラサキ減少の原因が彼らによる「乱獲」のせいにされてしまいがちなのも、このチョウに対してイメージばかり先行する現実を表わしているようだ。

ウラナミジャノメ本州亜種
Ypthima multistriata niphonica

絶滅危惧Ⅱ類（VU）　鱗翅目（チョウ目）　タテハチョウ科

- ●開　　張　40～55mm
- ●分　　布　神奈川以西の本州・四国・九州・屋久島
- ●生息環境　草原・河川敷・湿地
- ●発 生 期　6～7月・8～9月
- ●減少の原因　草原の減少・植生の遷移・農薬散布

西74,92,110,114

ウラナミジャノメ
（口絵写真16頁参照）

生息域地図

　日本本土にすむウラナミジャノメは、対島に違う特徴をもつ固有の亜種がすむために、「本州亜種」として区別されている。しかし四国と九州にも分布するのだから「本土亜種」とでも呼ぶ方が誤解が少ないだろう。

　このチョウは同属のヒメウラナミジャノメとよく似ており、すんでいる環境も重なる。飛んでいる姿を見ただけでは、チョウに詳しい人でも見間違える場合があるほどだ。「種名にこだわらない」などと主張する自然保護団体の「自然観察会」では、あえて識別もしないに違いない。

　しかし自然環境の変化に注意をはらうなら、この2種の違いは決して無視できない。全国的な普通種で都市近郊でも見られるヒメウラナミジャノメと違い、ウラナミジャノメは各地で著しく減少しているのだ。分布域の北東限に当たりごく限られた地域でしか見られなかった長野・神奈川県ではほぼ姿を消し、ま

とまった生息地のあった山梨県でも絶滅している。数が多かった関西の府県でも、いなくなってしまったところが少なくない。

かつてはこのチョウを目当てにわざわざ採集や撮影に行くことなどめったになかったが、最近では生息地を訪れても何の成果もなく帰ることすらあるという。どんな環境の変化が彼らにだけ影響を及ぼしたのだろうか。

ウラナミジャノメが生息する環境を見ると、いくつかの危機的状態にあるチョウとも重なっていることに気づく。例えば中部地方の低地や近畿・中国地方では、草丈の低い明るい湿地に生息しているヒメヒカゲ（214頁）と同じ環境で見られる例も多かった。このチョウの近年の彼らの減少ぶりは著しく、静岡県や名古屋市周辺では湿原の埋立てや乾燥化により次々と絶滅してしまっているが、最近ではこうした場所に生き残っていたウラナミジャノメまで姿を消しはじめ、環境の悪化が進行していることを如実に表わしている。

また、河川の堤防やため池の土手などで、シルビアシジミ（絶滅危惧Ⅰ類）やツマグロキチョウ（182頁）などと共に見られたものは、これらの種と同様に草原の放置や改修工事などによって減少したのだろう。さらに雑木林の林縁にあったゴマシジミ（192頁）がすむような草原では、人手が入らなくなって植生の遷移が進み、彼らが嫌う暗い環境に変わってしまったのが原因と考えられる。島根県などではマツクイムシ駆除のため農薬散布の犠牲になった。

ウラナミジャノメは明るい草原であれば、さまざまな環境に適応できた種類ではあったが、その多くが人手が入ることで維持されてきた里山だった。そのため近年の農業形態の変化に伴って、使われなくなった草原が減少したり、放置されて植生の遷移が進んだことに適応できず、次第に姿を消していったに違いない。比較的暗く湿った環境を好むヒメウラナミジャノメには、何の影響もなかったことが何よりの証拠だ。

他の草原性の昆虫に比べて減少するタイミングが遅れたように見えるのは、環境への適応の幅が広かったことに加え、あまり注目される種ではなかったせいもあるだろう。いずれにせよ彼らにまで影響が及んできたということは、いよいよ里山の荒廃も深刻になってきたことを表わしているようだ。

ちなみに対馬の亜種には減少傾向は見られず、RDBでも「情報不足」のカテゴリーにすら属していない。対馬にはホシチャバネセセリ（絶滅危惧Ⅰ類）やウズラ（準絶滅危惧）など草原性の生物が見られる里山的な環境が残っているためか、亜種による習性の違いかは定かではない。

タカネヒカゲ
Oeneis norna

絶滅危惧Ⅱ類（VU）　鱗翅目（チョウ目）　タテハチョウ科

- ●開　　張　35〜40mm
- ●分　　布　本州中部の飛騨山脈・八ヶ岳
- ●生息環境　標高2500m以上の砂礫地
- ●発 生 期　7〜8月
- ●減少の原因　登山客の増加

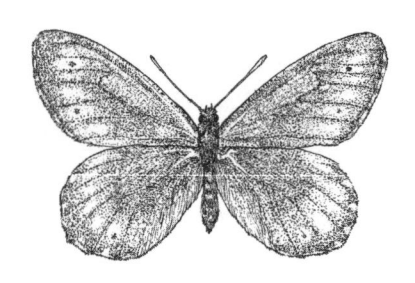

東114

タカネヒカゲ♂
（口絵写真16頁参照）

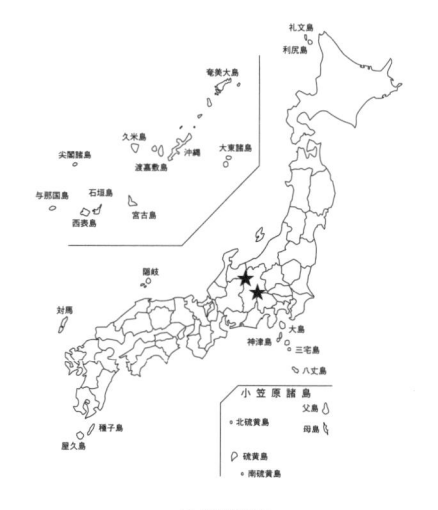

生息域地図

　タカネヒカゲは真の意味での「高山チョウ」である。彼らの生息地は、標高2500m以上の高山の尾根や頂き付近に限られていて、これだけ観光開発が進んだ時代になっても、数時間以上歩かなければ到達できない場所ばかりだ。1年の半分が雪や氷に被われる厳しい環境のため、このチョウの幼虫の成長は非常に遅く、卵から孵って2度の冬を乗り越え、3年目の夏にようやく羽化して成虫となる。こうした成長のパターンは、北海道の大雪山系・日高山系の高山帯だけにすむ近縁種のダイセツタカネヒカゲ（準絶滅危惧）にも共通している。しかし、どちらの種類も平地で飼うと、1年で成虫になってしまうそうだ。

　彼らの生息地は、高山と言ってもチングルマやシナノキンバイなどが咲く湿性のお花畑ではなく、地面がむき出しになっているような砂礫地である。こうした場所は風当たりが強く、乾燥しているため生えている植物もコマクサやウ

ルップソウなど数少ない。タカネヒカゲの幼虫は、こうした環境に生えるイワスゲなどを食べるが、活動するのはほとんど夜で、昼間は石の下やハイマツの根元などに隠れている。成虫は天気のよい時だけ活動し、時折り地面に横倒しになるが、これは日光の当る面積を広くして体温を上げようとしているらしい。
　彼らがこんな厳しい環境にわざわざすみついているには理由がある。タカネヒカゲの分布が、海外ではスカンジナビア半島からシベリアを経て、アラスカやカナダ北部に及んでいることからも分るように、このチョウの仲間は北極を取り囲むように広く分布している「周極種」が多く、寒冷地によく適応したグループだ。かつて地球が氷河期だったころには、彼らは日本の平地にも広く分布を拡げていたと考えられている。ところが約10000年前に氷河期が終わり、気候が次第に暖かくなるにつれ、彼らの分布域は次第に北の地方へと移動していった。その中の一部が寒冷な気候の高山に生息地を求め、やがて山頂付近にまで追いつめられたのが、現在のタカネヒカゲやダイセツタカネヒカゲである。まさに「氷河期の落し子」と言っても良い存在だ。
　一般に思われているほどには生息環境の悪化が進んでいない高山だが、これらのチョウが寒冷地を好むことから、地球の温暖化が彼らを追いつめるのではないかという説もある。確かに、わずかな環境にしがみつくように生きている彼らには、これ以上気温が上がっても逃げるところはどこにもない。しかし約6000年前の縄文海進の時期は、今より温暖で平均気温が２℃ほど高く、現在の関東平野の奥深くまで入り込んだ海には、亜熱帯性の貝もすんでいた。タカネヒカゲがこの時期を生き延びることができたのを考えれば、それほど危惧することではあるまい。
　また、愛好家による密猟によって減少しているという説も、自然保護についてセンセーショナルな話題が好きなマスコミによって流布されているようだが、わざわざ高山まで登って来る採集者はごく少数に過ぎず、これによって種の存続が危ぶまれるほど減少することは考えられない。
　強いて心配な要因を探すなら、近年盛んな中高年の登山ブームがあげられるだろう。これらの登山者の中には、道以外の場所に踏み込んだり、やたらにケルンを積んだりといったマナーが悪い者も少なからず見られるという。尾根筋を主な生息地とするタカネヒカゲの幼虫が、踏みつぶされる機会も多くなるに違いない。唯一絶滅危惧Ⅰ類の八ヶ岳の亜種 *sugitanii* のように生息地が狭いものには影響は深刻だ。こうした行為は「ちょっとくらい…」という意識からくるようだが、その「ちょっと」の環境に依存する生物は少なくないのだ。

タテハチョウ科　タカネヒカゲ

ヒメヒカゲ
Coenonympha oedippus

絶滅危惧Ⅰ類(CR+EN)　鱗翅目(チョウ目)　タテハチョウ科

- 開　　張　35〜40mm
- 分　　布　本州の中部地方〜中国地方
- 生息環境　草原・湿原
- 発 生 期　6〜7月
- 減少の原因　草原の開発・湿地の埋め立て・乾燥化や森林化・農薬散布

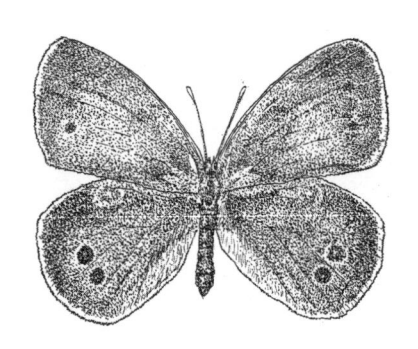

ヒメヒカゲ♀
(口絵写真16頁参照)

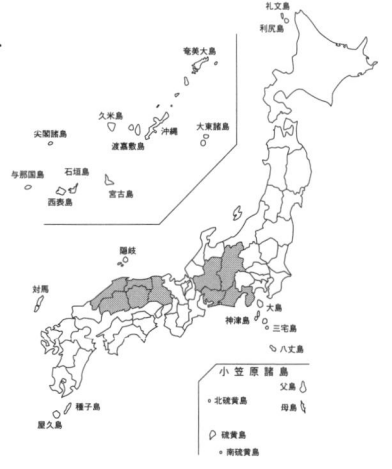

生息域地図

　「ヒカゲ」の名をもつチョウは日本に多いが、たいていは文字通り日陰を好み、暗いヤブや林の中などを飛びまわっている。ところがヒメヒカゲは明るい環境を好み、草原や湿原をすみかにしている点で特異な存在だ。それもそのはずで、彼らはヨーロッパ中部から中央アジアを経て、中国、朝鮮半島にまで広く分布する、ユーラシアの草原由来のチョウなのだ。同じ仲間は北アメリカにすむものも含めると約30種が知られていて、ヒメヒカゲはこれらのなかでも最も分布域が広い種の一つである。北海道には、やはりユーラシア大陸に広く分布する近縁種のシロオビヒメヒカゲがすんでおり、日本での分布はヒメヒカゲと隔たっているが、ヨーロッパや朝鮮半島では2種の生息地が重なっている例もあるという。
　日本のヒメヒカゲは、中部地方に分布する亜種 *annulifer* と、近畿から中国地

方にかけて分布する亜種 *arothius* に分けられ、翅の裏側の模様などに差があるが、すんでいる地域によっても生態が大きく変わる。

　たとえば中部地方の標高の高いところでは、比較的乾燥した草原に多く、いわゆる高原の観光地周辺に産地が多いが、東海地方の標高の低いところでは湿地がほとんどだ。

　なかでも伊勢湾を囲むように広がる台地や丘陵には、10m四方から100m四方程度の小さな湿地の生息地が非常に多い。これは、別項でも述べたような植生の遷移によって池が埋まったものではなく、この地域特有の地下水位が地表近くにある地質に由来するもので、尾根筋などにも見られるのが特徴だ。こうした環境には東海地方固有の動植物が多いことでも知られている。たとえば早春に白やピンクの花をつけるモクレン科のシデコブシや紅葉の美しいカエデ科のハナノキなどはここ以外では見られず、「東海丘陵要素」の植物といわれる。さらに、生息地の多くがこの地域に限られる湿地性昆虫のヒメタイコウチ、カスミサンショウウオの特異な個体群と考えられるオワリサンショウウオもこうした固有種に含まれるだろう。さらにサギソウやハッチョウトンボといった湿地性の生物も見られ、この地域の自然を豊かにしている、

　こうした湿地の多くは小規模なため、植物の遷移が進んで森林へと変化しやすい。しかし近くに同じような環境が非常に多いため、生物たちは生息地を移動して生き続けることができた。ところが近年、こうした丘陵地に団地やゴルフ場の開発が進み、湿地は生物とともに根こそぎ消えてしまった。残った小規模な湿地も、ゴミ捨て場や宅地として埋め立てが進んでいる。農耕地に近いところでは、農薬の影響も無視できない。このままでは東海丘陵要素の多くの生物とともに、この地方のヒメヒカゲが姿を消す日も遠くないだろう。

　また、中部地方の草原性のものも、開発による生息地の減少や植生の遷移のために数が減りつつある。

　近畿から中国にかけての生息地についても、決して楽観できない。この地域のヒメヒカゲの生息環境は場所によってさまざまで、湿地を好むものはヒョウモンモドキが見られるような休耕田にまですみかを拡げてる一方、乾燥した草原でウスイロヒョウモンモドキと共存しているような産地もある。しかしいずれの産地でも減少傾向にあるのは、生息環境を同じくするこれらのチョウの場合と同様だ。原因についても共通しており、かつて中部地方のヒョウモンモドキが姿を消し、現在中国地方のものがその後を追うように減っている状況が、いよいよヒメヒカゲにまで及んできたと言えるのかもしれない。

タテハチョウ科　ヒメヒカゲ

ヨナグニサン
Attacus atlas

準絶滅危惧(NT)　鱗翅目(チョウ目)　ヤママユガ科

- ● 開　　張　200〜250mm
- ● 分　　布　八重山諸島の石垣島・西表島・与那国島
- ● 生息環境　森林
- ● 発 生 期　4月・6〜7月・8月・10月（年4化）
- ● 減少の原因　森林伐採・農薬散布

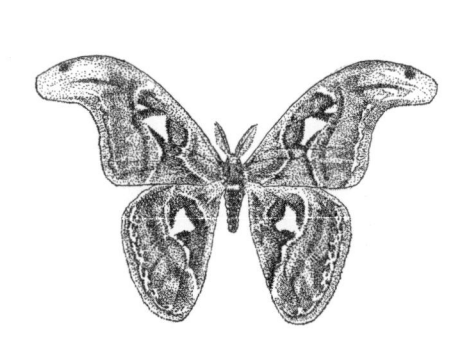

西142,144,146

ヨナグニサン♂
（口絵写真16頁参照）

生息域地図

　ヨナグニサンは世界最大級のガとして、あまりにも有名だ。かつて与那国島では比較的数が多く見られ、古くから「アヤミハビル」の名で知られていたために、この島にちなんだ和名がついている。しかし与那国島の固有種という訳ではなく、海外では台湾・中国から遠くはインド・ニューギニアまで、東南アジア一帯に広く分布する普通種だ。もちろん、だからといってこの虫が貴重ではないということではなく、生物地理学的に見て八重山諸島が分布の北限にあたるという意味は大きい。

　ヨナグニサンの幼虫はおもにアカギやモクタチバナを食べ、10cmもある終令になると、葉を数枚つづって繭を作る。この繭は非常に丈夫で破れにくく、以前はファスナーをつけて財布として土産物屋で売られていたほどだ。羽化したメスは体が重いせいかあまり飛ばず、オスをフェロモンで招き寄せて交尾す

る。交尾時間は長い場合は10時間にも及ぶらしい。オスはメスに比べれば活発に行動し灯火にも飛来するが、茂みの中をぶつかりながら飛ぶためか、せっかくの立派な翅もぼろぼろになってしまうことが多い。昼間はメス同様にほとんど動かないようで、森の中の木の枝にぶら下がっているのが見つかる。

　大きく目立つうえに行動も鈍いことから、天敵に狙われやすいのではないかと心配になるが、一説によると、このガの鎌のように突き出した前翅の先端はヘビの頭に擬態しているといわれ、中国では「蛇頭蛾」と呼ばれる。そう聞いてよく見ればヘビのようでもあるが、果たして天敵である鳥も同じように見ているかは怪しいものだ。ただし彼らに近づくと、いきなり翅を開いて派手な模様を見せるのは、確かに威嚇効果があるかもしれない。

　ヨナグニサンは八重山諸島の三つの島に生息しているが、与那国島以外ではほとんど見られない。与那国島でも、かつては土産物にするほど数が多かったが、沖縄がアメリカから日本に返還されたころから減少が目立つようになり、1980年代には絶滅寸前とも考えられるようになった。この原因は、農地を拡げるための森林伐採と、農薬散布にあるようだ。「乱獲」が原因という説もまことしやかに伝えられているが、発生する環境さえしっかり残っていれば、多少の採集行為で絶滅するような昆虫はいない。

　その良い例が、与那国島のすぐ隣の台湾で盛んだったチョウの土産物産業である。かつて台湾中部の山岳地帯では、毎年数万頭に及ぶチョウが採集され、コースターなどに加工されていたが、このために絶滅した種類はおろか、数を減らしたものすらいない。現在この産業は廃れてしまったが、これは「乱獲」によるチョウの減少が原因ではなく、こうした土産物が売れなくなったのと、工業化が進んで働き手がいなくなったためだ。

　また、ヨナグニマルバネクワガタの例も象徴的と言えるだろう。以前は与那国島の森林ではよく見られた虫だが、クワガタブームによる採集過熱で、そのままにしておけば毎年発生するはずのエサの朽ち木を、飼育して成虫を得るために幼虫ごと持ち去るものが増えたため、生息環境が破壊されて激減してしまった。このことからも分るように、目に付きやすい成虫の採集ばかりに減少の原因を求めるのは、かえって真の原因を見えにくくしてしまうに違いない。

　与那国島では、ヨナグニサンの食草となるアカギの植栽や、飼育増殖事業、「アヤミハビル館」による島民や観光客への啓発活動が行われているが、島の森林再生も視野に入れた根本的な保全策を期待したい。

アズミキシタバ
Catocala koreana

準絶滅危惧(NT)　鱗翅目(チョウ目)　ヤガ科

- ●開　　張　40mm
- ●分　　布　長野県白馬村・新潟福島県境の奥只見
- ●生息環境　蛇紋岩地帯の崖や露岩地
- ●発　生　期　7〜8月
- ●減少の原因　砂防工事・法面工事・別荘開発・ダム建設

囲72,112

アズミキシタバ 　　　　　　　　　　生息域地図

　ガと言うと地味で美しくないというイメージが強いようだが、カトカラと呼ばれるヤガのグループは、前翅は木の肌に擬態したような灰色がかった色合いながら、後翅には黄、橙、紅、紫、白などの鮮やかな模様をもち、通常はガを極端に嫌うチョウ愛好家の間でも人気がある。
　日本には約30種が生息するが、分布がごく限られているものも少なくない。なかでもアズミキシタバは、日本からはただ2ヶ所、長野県白馬村と新潟福島県境・奥只見の蛇紋岩地帯でしか確認されておらず、RDBに掲載されている唯一のカトカラだ。
　蛇紋岩とはマグネシウムなどの鉱物を含んだ超塩基性の岩石で、植物の種類によっては成長を阻害される場合もあるため、アポイ岳、早池峰山、至仏山など、蛇紋岩の山には固有の植物が多い。アズミキシタバの食樹であるイワシモ

ツケも、蛇紋岩や石灰岩地帯に生える低木だが、近縁のナマリキシタバが同じ植物に依存しながらも、各地から生息地が見つかっているのに比べ、本種だけがなぜこれほど限られた分布をするのかは謎である。種小名の「koreana」からも分かるように、海外では朝鮮半島から中国東北部、ロシア沿海州にかけて広く分布しており、生息地は日本ほど限られていない。

　もっとも、かつては広く分布していたものが環境の悪化によって生息域を狭めた多くの草原性の昆虫などの場合と違い、もともとごく限られた環境に適応した種類は、天敵が近づきにくかったり競争相手がいなかったりというメリットを享受していることも多いので、追いつめられて細々と生きているというイメージは一面的な見方に過ぎないだろう。

　しかし、わずかな生息地が開発や天災によってダメージをうけた場合は、一気に絶滅に近づくことは明らかだ。日本で絶滅した昆虫3種のうち2種は、ただ一ヶ所しかない生息地を破壊されたことが原因なのは別項の通りである。

　アズミキシタバの場合、崩落しやすい蛇紋岩地帯にすんでいるため、その周辺では災害防止のための工事が行われやすい。近年も白馬村の産地では、氾濫しやすい川の流れを誘導する目的で行われた国交省による堤防工事のため、露岩地にあった生息地が埋められてしまった。

　国のこうした工事に伴う生物への配慮の無さは何より非難されるべきだが、村の「貴重種がいないか事前に相談するよう国に呼びかけた」だけという姿勢も、意識の低さを露呈している。現在、食草の植栽などによって生息地の回復を図る試みは行われているものの、成功するかどうか定かではない。

　この周辺では以前からスキー場や別荘開発が盛んなうえ、長野オリンピックの際は会場建設でギフチョウをはじめ稀少な昆虫の生息地を破壊した前科がある。村ではこのチョウなどを天然記念物に指定し、アズミキシタバもその候補にあがっているらしいが、いくら採集を禁止しても生息地開発の規制がない条例では、保全のための意味をなさないだろう。

　また、奥只見の場合は電源開発が盛んで、生息地にいくつものダムが造られている。こちらは交通の便が悪く地形が急峻で調査がしにくいため、工事によってどんな影響があったかはもちろん、現状もあまり把握されていない。

　同じ鱗翅目の準絶滅危惧種でも、オオムラサキやコノハチョウといった派手なチョウは、分布が広くそれほど危機的でなくても注目を集め、本種のような目立たないガは、いくら生息地が限られていても関心を持たれない。なにやら外見ばかりで物事を判断する世相を反映しているようにも思える。

ノシメコヤガ
Shinocharis korbae

絶滅危惧Ⅰ類（CR+EN）　鱗翅目（チョウ目）　ヤガ科

- ●**開　　張**　約40mm
- ●**分　　布**　青森県・岩手県
- ●**生息環境**　市街地や農村近くの里山？
- ●**発 生 期**　6〜7月？
- ●**減少の原因**　植生の遷移？

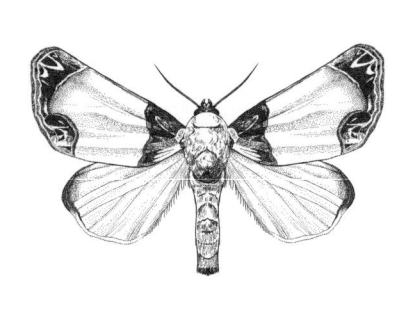

ノシメコヤガ　　　　　　　　　　　生息域地図

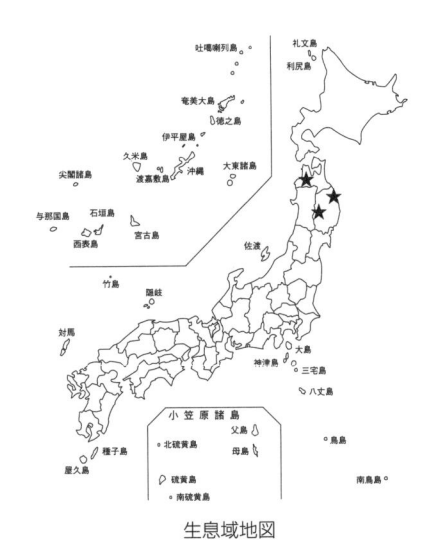

　生物のなかでも飛び抜けて種類の多い昆虫の名前は、たとえ日本語である「標準和名」であっても覚えにくいものが多い。たいていは産地や体の特徴が組み合わされて名付けられるが、リュウノイワヤツヤムネハネカクシ（絶滅危惧Ⅰ類）のように長くなりがちだ。ちなみにこの名前は、RDB掲載種のなかではもちろん、日本の昆虫でも最長の部類に属する。

　名づけられて年月の経った和名には、生活の変化で現在では使われなくなった言葉も多い。ツマグロゼミやツマベニタマムシなどの「つま」は着物の裾の両端の部分だし、オキナワサラサヤンマの模様が布地の「更紗」にちなむと言っても、頭に浮かばない人の方が多いだろう。

　ノシメトンボやノシメマダラメイガなど、比較的良く使われている「熨斗目(のし め)」も、由来となった武士の礼服や男児の祝着のイメージは湧かないものの、

「腰の部分と袖の先に織や染めで模様を配した着物」と分ければ、これらの昆虫がもつ翅の紋様を表現したことが理解できる。

ノシメコヤガは、全身純白で前翅の両端と付け根に細かい銀を散らした青黒い光沢のある紋をもち、そのまま「熨斗目」の和服の柄になりそうだ。しかし彼らはこの言葉と同様に、現在の日本からは消え去りつつある。

このガは、海外では朝鮮半島からロシア沿海州にかけても分布し、日本では1930年代に青森県で発見された。その後は岩手県でも記録され、1960年代にかけて両県で少数が採集されたが、1975年の青森県黒石市の記録を最後に姿を消してしまった。採集地はいずれも平地の市街地や農村の周辺で、自然度が高いわけでも特殊な環境でもない、いわゆる「里山」である。

海外では最近でも生息が確認されており、ロシア沿海州では毎年野焼きなどの管理が行われてハギやカシワの草原や疎林が広がる、かつての日本の里山のような環境で灯火に飛来し、韓国では首都に近い京畿道・泰華山にあるソウル大学の演習林でも見つかっている。いずれも採集旅行で訪れた日本人による記録なので、それほどの珍種では無いだろう。

この蛾のように日本海を取り巻くように分布している昆虫には、チョウセンアカシジミ（186頁）やオオルリシジミ（194頁）などのチョウ、ミツモンケンモン（絶滅危惧Ⅰ類）のようなガ、甲虫のマークオサムシ（96頁）といったRDB掲載種が少なくないが、すんでいる環境が、草原や疎林、湿田など人里に近い場合が多いことに気づく。さらに衰退していった時代が、高度経済成長期であることも共通である。

もともとこれらの昆虫が生息していた大陸的な環境は、温暖で湿潤な日本列島では成立しにくい。しかし長年にわたる人間の手入れにより、これらの替わりとなる里山が維持され、彼らの多くも遺存種としてそこにすみついてきた。里山は、かつて日本でも見られた大陸型の自然を、タイムカプセルのように保存していたとも考えられる。

それが農業の形態が変わって利用されなくなり、放置されて植生が遷移したり、開発で根こそぎ消えたり、より生産性が求められるように改造された結果、彼らのすみかも失われていったわけだ。里山の荒廃は日本本来の自然の回復と見ることもできるが、生物の多様性は確実に減少している。

同じ大陸系のガでもミツモンケンモンについては、幸いなことに最近になって河川敷にわずかな生息地が残されていることが21年ぶりに確認された。しかしノシメコヤガ再発見の朗報はいまだに届いていない。

ミヨタトラヨトウ
Oxytrypia orbiculosa

絶滅危惧Ⅰ類(CR+EN)　鱗翅目(チョウ目)　ヤガ科

- ●開　　張　約43mm
- ●分　　布　長野県御代田町
- ●生息環境　湿性の草原
- ●発 生 期　10〜11月
- ●減少の原因　別荘開発・草原の減少

ミヨタトラヨトウ♂ 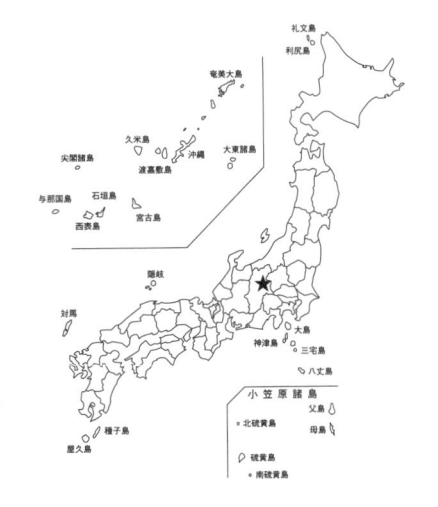　　　　　　　　　　生息域地図

　日本のガについては、チョウに比べると分布や生態などまだまだ分らないことが多い。これは種類が20倍近くも多いことに加え、活動するのがおもに夜で、なかなか調べにくいことがあげられる。

　しかし、かつてのように人家や駅の灯火に寄ってきたものか、せいぜいアセチレンランプの光で集めたガを採っていた時代と比べ、採集技術は格段に進歩した。発電機と強力な水銀灯を車に乗せて移動し、見晴らしの良い絶好のポイントにスクリーンを拡げ明りをつけてよび集めるという現代の採集は、昔の人には想像もできないだろう。なかには採集チームを組んで地元で数年間調査した結果をまとめ、1000ページもあるガの図鑑を作ってしまった栃木県今市市(当時)のような自治体もある。さらに集まった情報も、インターネットの普及で瞬く間に研究者同士で共有できるようになった。

こうした「採集革命」によって、今まで珍種と思われていたガも次々と生態が明らかになり、結果として環境保全のために有益な情報も蓄積されるようになった。しかしこれだけ綿密な調査が可能な時代になっても、今だにその正体を現さないものも少なくない。その一つがミヨタトラヨトウだ。

　このガが発見されたのは、日本中が東京オリンピックに浮かれていた1964年10月、長野県御代田町の別荘地である。当時すでにガの研究者として知られていた松浦寛子氏の別荘の明りに飛来したものだ。よく調べてみると、このガはかつてハンガリーで最初に記録され、その後は中央アジアや中国、ウスリーでも見つかっているという日本未記録種だった。ここでは前年に、それまで日本では2ヵ所でしか記録のなかったミツモンケンモン（絶滅危惧Ⅰ類）が多数見つかっていて、研究者の間でも注目されていた場所である。

　しかしどちらのガも、翌年を最後に再び姿を現すことはなかった。その後ミツモンケンモンは別の場所で再発見されたものの、ミヨタトラヨトウについては、ここで計13頭が採集されただけで、40年以上も消息不明が続いている。現在では別荘地の周辺は開発が進んで大きく環境が変わり、他のガの数も激減しているそうで、同じ場所での再発見は難しいようだ。

　海外の記録によると、このガの幼虫はアヤメの根茎に食い入ることが分っており、標高の高い場所にあるアヤメ自生地の調査が毎年のように行われているが、今だに未発見である。おそらくユーラシアの草原に由来する昆虫の常として、高冷地の草原にしがみつくようにして世代を重ねていたものの、生息環境の激減について行けなかったのではないだろうか。その後の長野県の草原を襲った開発のすさまじさを考えると、おそらく研究者に知られる前に失なわれてしまった生息地もあったかもしれない。戦後の高度経済成長の一つのエポックである東京オリンピックを境に姿を消したのは、何やら象徴的でもある。

　同じような経過を辿ったガには、ノシメコヤガ（220頁）がいる。こちらも海外では、ウスリーや韓国から知られる種類だ。日本では1931年に青森県で発見された後、岩手県盛岡市などで少数が採集されただけで、1975年の記録を最後に姿を見せない。

　別項でも述べたように、日本で古来から行われてきた手入れが、ユーラシアの草原によく似た環境を作り出していたというのは愉快な話だが、農業の効率化が進んで自然に対する人間の干渉が減ったことが、結果として大陸系の昆虫がすめないほどに日本の自然を単純化してしまったことは確かだろう。

参考資料

●書　籍

「歩く宝石オサムシ」滋賀県立琵琶湖博物館，2005
「親子 de 採集＆飼育　カブト・クワガタ2」川上洋一監修／人類文化社，2002
「改訂・日本の絶滅のおそれのある野生生物　昆虫類」環境省編／財団法人自然環境
　　研究センター，2006
「外来種ハンドブック」日本生態学会編／地人書館、2002
「消える日本の自然」鷲谷いづみ編／恒星社厚生閣，2008
「原色日本川虫図鑑」谷田一三監修／全国農村教育協会，2000
「原色日本甲虫図鑑」黒沢良彦他／保育社，1985
「原色日本蝶類生態図鑑」福田晴夫他／保育社，1982
「現代日本生物誌」林良博他編／岩波書店，2003
「昆虫少年記」柏原精一／朝日新聞社，1996
「昆虫類の多様性保護のための重要地域1～3」巣瀬司他編／日本昆虫学会自然保護委
　　員会，1999～2002
「里山の環境学」武内和彦他編／東京大学出版会，2001
「飼育係が見た動物のヒミツ51」多摩動物園／築地書館，2008
「自然観察のガイド」久居宣夫／朝倉書店，1987
「自然を守るとはどういうことか」守山弘／農山漁村文化協会，1988
「水田を守るとはどういうことか」守山弘／農山漁村文化協会，1997
「図説世界の昆虫」坂口浩平／保育社，1979
「図説日本のゲンゴロウ・改訂版」北山昭他／文一総合出版，2002
「世界珍虫図鑑・改訂版」川上洋一／柏書房，2007
「絶滅危惧の生きもの観察ガイド・東日本編」川上洋一／東京堂出版，2009
「絶滅危惧の生きもの観察ガイド・西日本編」川上洋一／東京堂出版，2010
「絶滅危惧の動物事典」川上洋一／東京堂出版，2008
「絶滅危惧の野鳥事典」川上洋一／東京堂出版，2008
「チョウとガの世界」神奈川県立生命の星地球博物館，1995
「蝶の入門百科」岡田朝雄他／朝日出版社，1986
「東京都の蝶」西多摩昆虫同好会編／けやき出版，1991
「トンボのすべて・改訂版」井上清他／トンボ出版，1999
「なぜ地球の生きものを守るのか」日本生態学会編／文一総合出版，2010
「日本産カミキリムシ」大林延夫他編／東海大学出版会，2007
「日本産水生昆虫検索図説」川合禎次編／東海大学出版会，1985
「日本産蝶類の衰亡と保護」浜栄一他／日本鱗翅学会，1989
「日本産トンボ大図鑑」浜田康他／講談社，2005
「日本蝶命名小史／磐瀬太郎集Ⅰ」高橋昭他編／築地書館，1984
「日本動物大百科・昆虫」石井実他編／平凡社，1996
「日本の動物はいつどこからきたか」京都大学総合博物館／岩波書店，2005

「ハエ学」篠永哲他編著／東海大学出版会，2001
「福岡県の水生昆虫図鑑」井上大輔他編著／福岡県立北九州高等学校魚部，2009
「ふんコロ昆虫記」塚本珪一他著／トンボ出版，2009
「滅びゆく日本の昆虫50種」朝比奈正二郎編著／築地書館，1993
「むらの自然をいかす」守山弘／岩波書店，1997
「ヤマケイポケットガイド・水辺の昆虫」今森光彦／山と溪谷社，2000
「理科年表」国立天文台編／丸善株式会社
「レッドデータアニマルズ」朝比奈正二郎他監修／JICC出版局，1992
「Field guide to the butterfly and other insect of Britain」Readers digest Nature lover's library，1984

●雑誌・機関誌
「アニマ」平凡社 「チョウ類保全News」日本チョウ類保全協会
「インセクタリウム」東京都動物園協会 「TSU-I-SO」木曜社
「科学朝日／サイアス」朝日新聞社 「動物たちの地球」朝日新聞社
「蛾類通信」日本蛾類学会 「日昆協ニュースレター」日本昆虫協会
「月刊むし」むし社 「日本の生物」文一総合出版
「甲虫ニュース」日本鞘翅学会 「蟲と自然」日本昆虫協会
「植物の世界」朝日新聞社 「やどりが」日本鱗翅学会
「蝶研フィールド」蝶研出版 「ゆずりは」NRC出版

●Webサイト
「おいかわ丸のくろむし屋」http://kuromushiya.com/index.html
「各県レッドデータブック」http://www.bioindicator.co.jp/0_hp/wild/rdb_local.html
「カミキリ情報館」http://www2.gol.com/users/nanacorp/johokan/0menu.htm
「神戸のトンボ」http://www013.upp.so-net.ne.jp/odonata_jp/kobe/index.html
「生物多様性情報システム」http://www.biodic.go.jp/J-IBIS.html
「セミの家」http://homepage2.nifty.com/saisho/Zikade.html
「日本昆虫協会」http://nikkonkyo.org/
「日本チョウ類保全協会」http://www.japan-inter.net/butterfly-conservation/
「日本のゴミムシ」http://www7b.biglobe.ne.jp/~ptero/
「日本の重要湿地500」http://www.sizenken.biodic.go.jp/wetland
「日本のレッドデータ検索システム」http://www.jpnrdb.com/
「にらむしのすみか」http://homepage2.nifty.com/hanmyou/
「みんなで作る日本産蛾類図鑑」http://www.jpmoth.org/
「INSECTS AND CAVES」http://homepage3.nifty.com/trechinae/
「IUCN Red List of Threatened Species（英文）」http://www.iucnredlist.org/
「The Cicada 日本のセミ」http://www.eonet.ne.jp/~shobass/menu/insect/

あとがき

　本書は「絶滅危惧の生きもの観察ガイド」や「絶滅危惧の野鳥事典」「絶滅危惧の動物事典」といったシリーズの姉妹編であり、形態や扱う生物群は異なっていても、筆者の日本の自然やそれをめぐる社会的・歴史的な解釈についてのスタンスは同様である。また、一つ一つの生物をめぐる自然と人間との関係を追うことによって、日本の自然の豊かさとその利用の歴史を総合的に把握し、日本人がどのように自然と共生してゆくべきか考えることを目指したことも共通している。

　これまでの昆虫の保全については「マニアが採ったから減った」「いや環境破壊のせいだ」という些末で不毛な議論に輪をかけて、「便利さや豊かさを求める人間活動の結果だ」という高踏ぶっているだけの一億総懺悔論まで飛び出し、その一方では具体的な保全の方法論を編み出せずに、昆虫の生息環境は次々と失われていくという状況だった。なかにはマスコミなどの偏った情報にフラストレーションを募らせ、昆虫愛好家にハラスメントを働くことでカタルシスを得るような、歪んだ「保全活動」まで行われたほどだ。

　しかしここ数年、個々の昆虫の生息地に密着して、自ら汗を流すことで生息環境を改善していくという方向性が見られるようになってきた。多様性に満ちた昆虫の生息環境が失われていく背景も一種ごとに違っているので、遠回りに見えても一つ一つを読み解きながら実践を積み重ねていくことでしか解決の糸口はないという結論に達するのは当然だろう。政府、財界、マスコミをあげて行われている、すべてを CO_2 問題に単純化してしまうような地球的視野のエコキャンペーンとやらとは、まるで逆なのだ。

　ただし、昆虫の保全活動は一般的にも取り組みやすいことから、容易によそ者を排除するための地域ナショナリズムに堕したり、各地のホタル保護運動に見られるようにある種だけを対象にした結果かえって環境を損ねてしまった例も聞く。CO_2 の二番煎じを狙ってか「生物多様性」という言葉のイメージばかり浸透させようと目論む動きも感じる。

　それを避けるためには、昆虫とその生息環境がいかに多様性に富んでいるか、それがどのように維持され、どのように失われてきたか知る必要があるに違いない。「過去に目を閉ざすものは未来にも盲目になる」のである。

これらの理由からこの本では、記述の多くを昆虫の生息環境の成り立ちや、それを生み出した歴史的・社会的な背景の解説に割いたため、昆虫自体の生態については、いささか物足りないものになったことは否めない。ひとえに筆者の筆力不足によるものであり、平にご容赦願いたい。ただ、こうした情報については、出版物やインターネットによって入手することは比較的容易なので、そちらを参考にしていただくことをお勧めする。

　この本では、広い範囲の昆虫を筆者一人で解説したが、これは多くの専門家の助言や協力によって初めて可能であったことを、ここで深く感謝したい。
　とくに日本鞘翅学会の荒井充朗氏、筒井謙氏、（株）パスコの石川和宏氏、西多摩昆虫同好会の久保田繁男氏、福岡県保険環境研究所の中島淳氏、与那国島アヤミハビル館の村松稔氏には、原稿の一部に目を通していただき忌憚の無いご意見をいただいた。ピドニア懇談会の武智昭一氏には資料収集でお世話になった。ただし、この本のスタンスや現状の理解、情報の選択については、全て筆者の判断に基づくものであり、これらの方々に責任を帰するものではないことを申し添えておく。
　さらに、生物の魅力を伝えるためには視覚的な情報が不可欠だが、荒川勇、伊東善之、石綿深志、牛尾泰明、刈田悟史、久保田繁男、倉地正、佐久間聡、鈴木俊、関山恵太、舘野鴻、中島淳、野村圭佑、原島真二、原嶋守、村松稔の各氏より、すばらしい生態写真をご提供いただいたおかげで、目的を達することができたと思う。生物イラストレーターの浅野文彦、小堀文彦両氏にも、資料が少ない種類も多いなかでたいへん苦労されながら全ての資料画を描いて頂いた。これらの方々の協力がなければ、この本は非常に読みにくいものとなっていただろう。
　最後になったが、筆者のわがままをほとんど聞いていただいた東京堂出版の名和成人氏には、心よりお礼を申し上げる。

2010年6月

川上洋一

レッドデータ昆虫カテゴリー別リスト
※ 太字は本文掲載種、および掲載ページ

絶滅（EX）
鞘翅目（コウチュウ目）
カドタメクラチビゴミムシ················· 104
Ishikawatrechus intermedius
コゾノメクラチビゴミムシ················· 105
Rakantrechus elegans
キイロネクイハムシ *Macroplea japana* ····· 150

絶滅危惧Ⅰ類（CR+EN）
蜻蛉目（トンボ目）
オオセスジイトトンボ *Cercion plagiosum*
ヒヌマイトトンボ *Mortonagrion hirosei* ········ 22
オオモノサシトンボ *Copera tokyoensis* ······ 26
オガサワラアオイトトンボ ················ 28
Indolestes boninensis
コバネアオイトトンボ *Lestes japonicus*
ハナダカトンボ *Rhinocypha ogasawarensis*
オガサワラトンボ *Hemicordulia ogasawarensis*
ベッコウトンボ *Libellula angelina* ········ 42
ミヤジマトンボ ························ 44
Orthetrum poecilops miyajimaense
マダラナニワトンボ *Sympetrum maculatum*
オオキトンボ *Sympetrum uniforme* ········ 48

非翅目（ガロアムシ目）
イシイムシ *Galloisiana notabilis* ············ 50

半翅目（カメムシ目）
イシガキニイニイ *Platypleura albivannata* ···· 56
シオアメンボ *Asclepios shiranui* ············ 62
カワムラナベブタムシ *Aphelocheirus kawamurae*
ブチヒゲツノヘリカメムシ *Dicranocephalus medius*

鞘翅目（コウチュウ目）
イカリモンハンミョウ *Cicindela anchoralis* ··· 92
オガサワラハンミョウ *Cicindela bonina*
ミハマオサムシ *Ohomopterus arrowianus kirimurai*
リシリノマックレイセアカオサムシ ··········· 98
Hemicarabus macleayi amanoi
オオミネクロナガオサムシ
Leptocarabus arboreus ohminensis
リシリキンオサムシ *Procrustes kolbei hanatanii* ··· 99
リュウノメクラチビゴミムシ *Awatrechus hygrobius*
ケバネメクラチビゴミムシ *Chaetotrechiama procerus*
ツヅラセメクラチビゴミムシ ············ 102
Rakantrechus lallum
ウスケメクラチビゴミムシ *Rakantrechus mirabilis*
タカモリメクラチビゴミムシ *Stygiotrechus kadanus*
キタヤマメクラチビゴミムシ *Stygiotrechus kitayamai*
マスゾウメクラチビゴミムシ *Suzuka masuzoi*
アブクマナガチビゴミムシ *Trechiama abcuma*
カダメクラチビゴミムシ *Trechiama morii*
ナカオメクラチビゴミムシ *Trechiama nakaoi*
スリカミメクラチビゴミムシ *Trechiama oopterus*
アマミナガゴミムシ *Pterostichus plesiomorphs*
ヨコハマナガゴミムシ ················· 106
Pterostichus yokohamae
オガサワラモリヒラタゴミムシ ··········· 108
Colpodes laetus
ハハジマモリヒラタゴミムシ ············· 108
Colpodes yamaguchii
オガサワラアオゴミムシ *Chlaenius ikedai* ··· 108
アオヘリアオゴミムシ *Chlaenius praefectus*
チビアオゴミムシ *Eochlaenius suvorovi*
アマミスジアオゴミムシ················ 110
Haplochlaenius insularis
キイロホソゴミムシ *Drypta fulveola* ······· 112
ギフムカシゲンゴロウ *Phreatodytes elongatus*
カガミムカシゲンゴロウ ················· 78
Phreatodytes latiusculus
トサムカシゲンゴロウ ··················· 79
Phreatodytes sublimbatus
オオメクラゲンゴロウ *Morimotoa gigantea* ··· 78
トサメクラゲンゴロウ *Morimotoa morimotoi* ··· 79

ヤシャゲンゴロウ　*Acilius kishii* ……………… 80
マルコガタノゲンゴロウ　*Cybister lewisianus*
フチトリゲンゴロウ　*Cybister limbatus* ………… 82
コガタノゲンゴロウ　*Cybister tripunctatus orientalis*
シャープゲンゴロウモドキ　*Dytiscus sharpi* …… 84
オオイチモンジシマゲンゴロウ ……………… 101
Hydaticus conspersus
スジゲンゴロウ　*Hydaticus satoi*
マダラシマゲンゴロウ　*Hydaticus thermonectoides*
リュウノイワヤツヤムネハネカクシ　*Quedius kiuchii*
ヨナグニマルバネクワガタ ………………… 122
Neolucanus insulicola donan
ウケジママルバネクワガタ ………………… 122
Neolucanus protogenetivus hamaii
ヤンバルテナガコガネ　*Cheirotonus jambar* … 132
オガサワラムツボシタマムシ母島亜種 ……… 139
Chrysobothris boninensis suzukii
ツマベニタマムシ聟島亜種 …………………… 138
Tamamushia virida fujitai
キンモンオビハナノミ　*Glipa asahinai*
クロサワオビハナノミ　*Glipa kurosawai*
オガサワラオビハナノミ　*Glipa ogasawarensis*
ニセキボシハナノミ小笠原亜種
Hoshihananomia katoi boninensis
クスイキボシハナノミ ………………………… 142
Hoshihananomia kusuii
オガサワラモンハナノミ　*Tomoxia relicta*
オガサワラキンオビハナノミ　*Variimorda inomatai*
ニセミヤマヒメハナノミ
Falsomordellistena pseudalpigena
ワタナベヒメハナノミ　*Falsomordellistena watanabei*
フタモンアメイロカミキリ父島亜種
Pseudiphra bicolor bicolor
フタモンアメイロカミキリ母島亜種
Pseudiphra bicolor nigripennis
ムコジマトラカミキリ　*Chlorophorus kusamai* … 144
ミイロトラカミキリ　*Xylotrechus takakuwai*
フサヒゲルリカミキリ　*Agapanthia japonica* … 146
ヒゲシロアラゲカミキリ　*Bonipogonius fujitai*
アオキクスイカミキリ ………………………… 148
Phytoecia coeruleomicans
アオノネクイハムシ　*Donacia frontalis*
ヤエヤマミツギリゾウムシ　*Baryrhynchus yaeyamensis*

ヒメカタゾウムシ母島亜種 …………………… 152
Ogasawarazo rugosicephalus

膜翅目（ハチ目）
オガサワラメンハナバチ　*Hylaeus boninensis* … 162
キムネメンハナバチ　*Hylaeus incomitatus* …… 163
ヤスマツメンハナバチ　*Hylaeus yasumatsui* … 163

双翅目（ハエ目）
サツマツノマユブユ　*Simulium satsumaense*
ヨナクニウォレスブユ　*Simulium yonakuniense*
イソメマトイ　*Hydrotaea glabricala* ………… 164
ヨナハニクバエ　*Sarcophaga yonahaensis*
ヤツシロハマダラカ　*Anopheles yatsushiroensis*

鱗翅目（チョウ目）
ホシチャバネセセリ　*Aeromachus inachus inachus*
チャマダラセセリ　*Pyrgus maculatus maculatus* … 170
ウスイロオナガシジミ九州亜種 ……………… 188
Antigius butleri kurinodakensis
オガサワラシジミ　*Celastrina ogasawaraensis* … 196
タイワンツバメシジミ南西諸島亜種
Everes lacturnus lacturnus
タイワンツバメシジミ本土亜種
Everes lacturnus kawaii
キタアカシジミ冠高原亜種　*Japonica onoi mizobei*
クロシジミ　*Niphanda fusca* ………………… 00
ゴイシツバメシジミ　*Shijimia moorei moorei* … 198
オオルリシジミ九州亜種 ……………………… 194
Shijimiaeoides divinus asonis
オオルリシジミ本州亜種 ……………………… 194
Shijimiaeoides divinus barine
シルビアシジミ　*Zizina emelina*
オオウラギンヒョウモン　*Fabriciana nerippe* … 202
ヒョウモンモドキ　*Melitaea scotosia* ………… 204
ウスイロヒョウモンモドキ　*Melitaea protomedia*
ヒメヒカゲ本州西部亜種 ……………………… 214
Coenonympha oedippus arothius
ヒメヒカゲ本州中部亜種 ……………………… 214
Coenonympha oedippus annulifer
タカネヒカゲ八ヶ岳亜種 ……………………… 212
Oeneis norna sugitanii
カバシタムクゲエダシャク　*Sebastosema bubonaria*

ミツモンケンモン	*Cymatophoropsis trimaculata*	
ミヨタトラヨトウ	*Oxytrypia orbiculosa*	222
ノシメコヤガ	*Shinocharis korbae*	220

絶滅危惧II類（VU）
蜻蛉目（トンボ目）

オガサワライトトンボ	*Boninagrion ezoin*	
ベニイトトンボ	*Ceriagrion nipponicum*	
アオナガイトトンボ		24
Pseudagrion microcephalum		
オグマサナエ	*Trigomphus ogumai*	30
アサトカラスヤンマ		36
Chlorogomphus brunneus keramensis		
オキナワミナミヤンマ	*Chlorogomphus okinawensis*	
ハネビロエゾトンボ	*Somatochlora clavata*	38
シマアカネ	*Boninthemis insularis*	40
ハネナガチョウトンボ	*Rhyothemis severini*	
ナニワトンボ	*Sympetrum gracile*	46

積翅目（カワゲラ目）

コカワゲラ	*Miniperla japonica*	54

半翅目（カメムシ目）

ダイトウヒメハルゼミ	*Euterpnosia chibensis daitoensis*	
クロイワゼミ	*Muda kuroiwae*	
チョウセンケナガニイニイ	*Suisha coreana*	58
ムニンヤツデキジラミ	*Cacopsylla boninofatsiae*	
チャマダラキジラミ	*Cacopsylla maculipennis*	
ツツジコブアブラムシ	*Elatobium itoe*	
ハシバミヒゲナガアブラムシ	*Unisitobion corylicola*	
イトアメンボ	*Hydrometra albolineata*	
ケブカオヨギカタビロアメンボ		65
Xiphovelia boninensis		
オヨギカタビロアメンボ	*Xiphovelia japonica*	64
シロウミアメンボ	*Halobates matsumurai*	
トゲアシアメンボ	*Limnometra femorata*	
オガサワラミズギワカメムシ	*Micracanthia boninana*	
タガメ	*Lethocerus deyrolli*	66
コバンムシ	*Naucoris cimicoides exclamationis*	
トゲナベブタムシ	*Aphelocheirus nawae*	68
エグリタマミズムシ	*Heterotrephes admorsus*	

ズイムシハナカメムシ	*Euspudaeus beneficus*	70
オオサシガメ	*Triatoma rubrofasciata*	72
ゴミアシナガサシガメ	*Myiophanes tipulina*	
フサヒゲサシガメ	*Ptilocerus immitis*	74
アシナガナガカメムシ	*Poeantius lineatus*	

鞘翅目（コウチュウ目）

ヨドシロヘリハンミョウ	*Cicindela inspecularis*	88
カワラハンミョウ	*Cicindela laetescripta*	90
ルイスハンミョウ	*Cicindela lewisi*	90
ハラビロハンミョウ	*Cicindela sumatrensis niponensis*	
イワテセダカオサムシ		94
Cychrus morawitzi iwatensis		
ウガタオサムシ	*Ohomopterus maiyasanus ohkawai*	
ドウキョウオサムシ	*Ohomopterus uenoi*	
マークオサムシ	*Limnoarabus maacki aquatilis*	96
コハンミョウモドキ	*Elaphrus sibiricus*	
ワタラセハンミョウモドキ	*Elaphrus sugai*	100
イワタメクラチビゴミムシ	*Daiconotrechus iwatai*	
コカシメクラチビゴミムシ	*Kusumia australis*	
モニワメクラチビゴミムシ	*Trechiama paucisaeta*	
オガサワラクチキゴミムシ	*Morion boninense*	
アオナミメクラチビゴミムシ	*Yamautidius anaulax*	
クチキゴミムシ	*Morion japonicum*	
イスミナガゴミムシ	*Pterostichus isumiensis*	
ジャアナヒラタゴミムシ	*Jujiroa ana*	
ヒメフチトリゲンゴロウ	*Cybister rugosus*	
エゾゲンゴロウモドキ	*Dytiscus czerskii*	
セスジガムシ	*Helophorus auriculatus*	116
エゾガムシ	*Hydrophilus dauricus*	
オオクワガタ	*Dorcus curvidens binodulus*	124
ダイトウヒラタクワガタ	*Dorcus titanus daitoensis*	
オキナワマルバネクワガタ		123
Neolucanus protogenetivus		
アマミマルバネクワガタ		123
Neolucanus protogenetivus		
オオコブスジコガネ	*Omorgus chinensis*	126
マルダイコクコガネ	*Copris brachypterus*	111
ダイコクコガネ	*Copris ochus*	130
チャバネエンマコガネ	*Onthophagus gibbulus*	
ヤクシマエンマコガネ		128
Onthophagus yakuinsulanus		

ツヤケシマグソコガネ　*Aphodius gotoi*
アヤスジミゾドロムシ　*Graphelmis shirahatai*
ヨコミゾドロムシ　*Leptelmis gracilis* ………… 136
セマルヒメドロムシ　*Orientelmis parvula*
アカツヤドロムシ　*Zaitzevia rufa*
オガサワラムツボシタマムシ父島列島亜種 … 139
Chrysobothris boninensis boninensis
ツマベニタマムシ父島・母島列島亜種 ……… 138
Tamamushia virida virida
クメジマボタル　*Luciola owadai* …………… 140
コクロオバボタル　*Lucidina okadai*
キムネキボシハナノミ　*Hoshihananomia ochrothorax*
オガサワラキボシハナノミ
Hoshihananomia trichopalpis
ニセチャイロヒメハナノミ
Falsomordellistena rosseoloides
アカムネハナカミキリ　*Macropidonia ruficollis*
オガサワラムネスジウスバカミキリ　*Nortia kusuii*
オガサワラトビイロカミキリ　*Allotraeus boninensis*
ヨツボシカミキリ　*Stenygrinum quadrinotatum*
オガサワラトラカミキリ ……………………… 145
Chlorophorus boninensis
オガサワラキイロトラカミキリ ……………… 145
Chlorophorus kobayashii
オガサワライカリモントラカミキリ ………… 145
Xylotrechus ogasawarensis
オキナワサビカミキリ　*Diboma costata*
アサカミキリ　*Thyestilla gebleri*
ハハジマヒメカタゾウ　*Ogasawarazo mater* …… 153

膜翅目（ハチ目）

オガサワラセイボウ　*Chrysis boninensis*
ノヒラセイボウ　*Chrysis nohirai*
オガサワラムカシアリ　*Leptanilla oceanica* … 158
オガサワラチビドロバチ ……………………… 163
Stenodynerus ogasawaraensis
オガサワラアナバチ　*Isodontia boninensis* …… 163
ハハジマピソン　*Pison hahadzimaense*
チチジマピソン　*Pison tosawai* ……………… 163
チチジマジガバチモドキ　*Trypoxylon chichidzimaense*
オガサワラギングチバチ　*Lestica rufigaster* … 163
オガサワラキホリハナバチ　*Lithurgus ogasawarensis*

双翅目（ハエ目）

ニホンアミカモドキ　*Deuterophlebia nipponica*
マガリスネカ　*Hyperoscelis insignis*
クロマガリスネカ　*Hyperoscelis veternosa*
ゴヘイニクバエ　*Sarcophila japonica* ………… 166

毛翅目（トビケラ目）

ビワアシエダトビケラ　*Georgium japonicum* … 168
オガサワラニンギョウトビケラ　*Goera ogasawaraensis*

鱗翅目（チョウ目）

タカネキマダラセセリ南アルプス亜種 ……… 172
Carterocephalus palaemon
アカセセリ　*Hesperia florinda florinda*
アサヒナキマダラセセリ　*Ochlodes asahinai* …… 174
オガサワラセセリ　*Parnara ogasawarensis*
ヒメチャマダラセセリ　*Pyrgus malvae malvae* … 173
ギフチョウ　*Luehdorfia japonica* ……………… 178
ミヤマシロチョウ　*Aporia hippia japonica*
ツマグロキチョウ　*Eurema laeta betheseba* … 182
ヤマキチョウ　*Gonepteryx rhamni maxima*
ヒメシロチョウ　*Leptidea amurensis*
チョウセンアカシジミ ………………………… 186
Coreana raphaelis yamamotoi
キタアカシジミ北日本亜種　*Japonica onoi onoi*
ミヤマシジミ　*Plebejus argyrognomon* ………… 200
アサマシジミ北海道亜種　*Plebejus subsolanus iburiensis*
アサマシジミ中部低地帯亜種
Plebejus subsolanus yaginus
アサマシジミ中部高地帯亜種
Plebejus subsolanus yarigadakeanus
ゴマシジミ中国・九州亜種 …………………… 192
Maculinea teleius daisensis
ゴマシジミ八方尾根・白山亜種 ……………… 192
Maculinea teleius hosonoi
ゴマシジミ本州中部亜種 ……………………… 192
Maculinea teleius kazamoto
ゴマシジミ北海道・東北亜種 ………………… 192
Maculinea teleius ogumae
ルーミスシジミ　*Panchala ganesa loomisi*
ハマヤマトシジミ　*Zizeeria karsandra*
オオイチモンジ　*Limenitis populi jezoensis*
コヒョウモンモドキ　*Melitaea ambigua niphona*

クロヒカゲモドキ　*Lethe marginalis*
タカネヒカゲ北アルプス亜種 ················ 212
Oeneis norna asamana
ウラナミジャノメ本州亜種················· 210
Ypthima multistriata niphonica

準絶滅危惧（NT）
蜉蝣目（カゲロウ目）
ヒトリガカゲロウ　*Oligoneuriella rhenana*
リュウキュウトビイロカゲロウ
Chiusanophlebia asahinai

蜻蛉目（トンボ目）
ヒメイトトンボ　*Agriocnemis pygmaea*()
カラフトイトトンボ　*Coenagrion hylas*
アカメイトトンボ　*Erythromma humerale*
モートンイトトンボ　*Mortonagrion selenion* ··· 20
カラカネイトトンボ　*Nehalennia speciosa*
グンバイトンボ　*Platycnemis foliacea sasakii*
アマミサナエ　*Asiagomphus amamiensis amamiensis*
オキナワサナエ　*Asiagomphus amamiensis okinawanus*
ヤエヤマサナエ　*Asiagomphus yayeyamensis*
ヒロシマサナエ　*Davidius moiwanus sawanoi* ··· 32
オオサカサナエ　*Stylurus annulatus* ········· 115
ナゴヤサナエ　*Stylurus nagoyanus* ·········· 30
メガネサナエ　*Stylurus oculatus*
フタスジサナエ　*Trigomphus interruptus* ····· 31
ネアカヨシヤンマ　*Aeschnophlebia anisoptera* ··· 34
イシガキヤンマ　*Planaeschna ishigakiana ishigakiana*
アマミヤンマ　*Planaeschna ishigakiana nagaminei*
オキナワサラサヤンマ　*Sarasaeschna kunigamiensis*
ミナミトンボ　*Hemicordulia mindana nipponica*
キイロヤマトンボ　*Macromia daimoji*
オキナワコヤマトンボ　*Macromia kubokaiya*
ヒナヤマトンボ　*Macromia urania*
ベニヒメトンボ　*Diplacodes bipunctatus*
エゾカオジロトンボ　*Leucorrhinia intermedia ijimai*
エゾアカネ　*Sympetrum flaveolum flaveolum*

襀翅目（カワゲラ目）
フライソンアミメカワゲラ　*Perlodes frisonanus*

直翅目（バッタ目）
ムニンツヅレサセコオロギ　*Velarifictorus politus*
オキナワキリギリス　*Gampsocleis ryukyuensis* ··· 52
ツシマフトギス　*Paratlanticus tsushimensis*
アマミヒラタヒシバッタ　*Austrohancockia amamiensis*

半翅目（カメムシ目）
ハウチワウンカ　*Trypetimorpha japonica*
イシガキヒグラシ　*Tanna japonensis ishigakiana*
オガサワラハナダカアワフキ　*Hiraphora longiceps*
オガサワラアオズキンヨコバイ
Batracomorphus ogasawarensis
フクロクヨコバイ　*Glossocratus fukuroki* ········ 60
スナヨコバイ　*Psammotettix maritimus*
エノキカイガラキジラミ　*Celtisaspis japonica*
ニシキギヒゲナガアブラムシ　*Aulacorthum nishikigi*
エサキナガレカタビロアメンボ　*Pseudovelia esakii*
ババアメンボ　*Gerris babai*
ツヤセスジアメンボ　*Limnogonus nitidus*
エサキアメンボ　*Limnoporus esakii*
オガサワラアメンボ　*Neogerris boninensis*
サンゴアメンボ　*Hermatobates weddi*
オモゴミズギワカメムシ　*Macrosaldula shikokuana*
ヒメミズギワカメムシ　*Micracanthia hasegawai*
ヒラタミズギワカメムシ　*Salda littoralis*
コオイムシ　*Appasus japonicus*
エサキタイコウチ　*Laccotrephes maculatus*
マダラアシミズカマキリ　*Ranatra longipes*
ミゾナシミズムシ　*Cymatia apparens*
ホッケミズムシ　*Hesperocorixa distanti hokkensis*
オオミズムシ　*Hesperocorixa kolthoffi*
ナガミズムシ　*Hesperocorixa mandshurica*
オキナワマツモムシ　*Notonecta montandoni*
ミヤモトベニカスミカメ　*Miyamotoa rubicunda*
オガサワラチャイロカスミカメ　*Lygocoris boniensis*
クヌギヒイロカスミカメ　*Pseudoloxops miyamotoi*
リンゴクロカスミカメ　*Pseudophylus flavipes*
オオムラハナカメムシ　*Kitocoris omura*
ツマグロマキバサシガメ　*Stenonabis extremus*
タカラサシガメ　*Elongicoris takarai*
オオカバヒラタカメムシ　*Aradus herculeanus*

ケシヒラタカメムシ	*Glochocoris infantulus*			
ヤセオオヒラタカメムシ	*Mezira tremulae*			
ミナミナガカメムシ	*Clerada apicicornis*			
ハマベナガカメムシ	*Peritrechus femoralis*			
ハマベツチカメムシ	*Byrsinus varians*			
シロヘリツチカメムシ	*Canthophorus niveimarginatus*			
ツシマキボシカメムシ	*Dalpada cinctipes*			
ミカントゲカメムシ	*Rhynchocoris humeralis*			

鞘翅目（コウチュウ目）

クロオビヒゲブトオサムシ ……………… 86
Ceratoderus venustus
ホソハンミョウ　*Cicindela gracilis*
ヤエヤマクビナガハンミョウ　*Collyris loochooensis*
キベリマルクビゴミムシ　*Nebria livida angulata*
フタモンマルクビゴミムシ　*Nebria pulcherrima*
オオヒョウタンゴミムシ　*Scarites sulcatus* …… 91
ウミホソチビゴミムシ　*Perileptus morimotoi* 114
キバネキバナガミズギワゴミムシ ………… 114
Armatocillenus aestuarii
ツツイキバナガミズギワゴミムシ
Armatocillenus tsutsuii
スナハラゴミムシ　*Diplocheila elongata*
フトキバスナハラゴミムシ
Diplocheila macromandibularis
キイロコガシラミズムシ　*Haliplus eximius*
マダラコガシラミズムシ　*Haliplus sharpi*
キボシチビコツブゲンゴロウ　*Neohydrocoptus bivittis*
フタキボシケシゲンゴロウ　*Allopachria bimaculata*
キボシツブゲンゴロウ　*Japanolaccophilus nipponensis*
オクエゾクロマメゲンゴロウ　*Agabus affinis*
トダセスジゲンゴロウ　*Copelatus nakamurai*
ゲンゴロウ　*Cybister japonicus* ……………… 82
マルガタゲンゴロウ　*Graphoderus adamsii*
ツマキレオナガミズスマシ　*Orectochilus agilis*
チュウブホソガムシ　*Hydrochus chubu*
クロシオガムシ　*Horelophopsis hanseni* ……… 114
エゾコガムシ　*Hydrochara libera*
アマミセスジダルマガムシ　*Ochthebius amami*
ヤマトモンシデムシ　*Nicrophorus japonicus* …… 118
ミクラミヤマクワガタ　*Lucanus gamunus* …… 120
ヤエヤマルバネクワガタ ……………………… 123
Neolucanus insulicola insulicola
キンオニクワガタ　*Prismognathus dauricus*
マルコブスジコガネ　*Trox mitis*
ヒメキイロマグソコガネ　*Aphodius inouei*
ダイセツマグソコガネ　*Aphodius kiuchii*
キバネマグソコガネ　*Aphodius languidulus*
クロモンマグソコガネ　*Aphodius variabilis*
ヤマトエンマコガネ　*Onthophagus japonicus*
アラメエンマコガネ　*Onthophagus ocellatopunctatus*
オオチャイロハナムグリ　*Osmoderma opicum* … 134
ケスジドロムシ　*Pseudamophilus japonicus*
ツヤヒメマルタマムシ　*Kurosawaia yanoi*
ノブオオオアオコメツキ　*Campsosternus nobuoi*
ミヤコマドボタル　*Pyrocoelia miyako*
オビヒメコメツキモドキ　*Anadastus pulchelloides*
ヤマトオサムシダマシ　*Blaps japonensis*
チャイロヒメカミキリ小笠原亜種
Ceresium simile simile
クロヒラタカミキリ　*Ropalopus signaticollis*
コトラカミキリ　*Plagionotus pulcher*
ケハラゴマフカミキリ　*Mesosa hirtiventris*
ミチノクケマダラカミキリ　*Agapanthia sakaii* … 147
オガサワラビロウドカミキリ　*Acalolepta boninensis*
ケズネケシカミキリ　*Phloe opsis lanata*
アカガネネクイハムシ　*Donacia hintihumeralis*
クロヘリウスチャハムシ　*Pyrrhalta nigromarginata*
ヒメカタゾウムシ父島亜種 ………………… 152
Ogasawarazo rugosicephalus

膜翅目（ハチ目）

オオナギナタハバチ　*Megaxyela togashii*
コウノハバチ　*Selandria konoi*
ウマノオバチ　*Euurobracon yokahamae* ……… 156
ムサシトゲセイボウ　*Elampus musashinus*
スダセイボウ　*Trichrysis sudai*
ナガセクロツチバチ　*Liacos melanogaster*
ケシノコギリハリアリ　*Amblyopone fulvida*
ホソハナナガアリ　*Probolomyrmex longinodus*
フクイアナバチ　*Sphex inusitatus fukuianus* … 161
カワラアワフキバチ ………………………… 161
Harpactus tumidus japonensis

ババアワフキバチ	*Gorytes ishigakiensis*	
ムコジマスナハキバチ	*Bembecinus anthracinus*	
キアシハナダカバチモドキ	*Stizus pulcherrimus*	
タイワンハナダカバチ	*Bembix formosana*	161
ニッポンハナダカバチ	*Bembix niponica*	160
トクノシマツチスガリ		161
Cerceris amamiensis tokunosimana		
エラブツチスガリ	*Cerceris tomiyamai*	
オガサワラクマバチ	*Xylocopa ogasawarensis*	163

双翅目（ハエ目）

オオハマハマダラカ　*Anopheles saperoi*

毛翅目（トビケラ目）

オオナガレトビケラ　*Himalopsyche japonica*

オキナワホシシマトビケラ
Macrostemum okinawanum

クチキトビケラ（クロアシエダトビケラ）
Asotocerus nigripennis

ギンボシツットビケラ　*Setodes turbatus*

鱗翅目（チョウ目）

ベニモンマダラ道南亜種	*Zygaena niphona hakodatensis*	
ベニモンマダラ本土亜種	*Zygaena niphona niphona*	
タカネキマダラセセリ北アルプス亜種		172
Carterocephalus palaemon satakei		
ギンイチモンジセセリ	*Leptalina unicolor*	
ヒメイチモンジセセリ	*Parnara bada*	
スジグロチャバネセセリ北海道・本州・九州亜種		
Thymelicus leoninus leoninus		
スジグロチャバネセセリ四国亜種		
Thymelicus leoninus hamadakohi		
ヒメギフチョウ本州亜種	*Luehdorfia puziloi inexpecta*	
ヒメギフチョウ北海道亜種		
Luehdorfia puziloi yessoensis		
ウスバキチョウ		176
Parnassius eversmanni daisetsuzanus		
クモマツマキチョウ八ヶ岳・南アルプス亜種		184
Anthocharis cardamines hayashii		
クモマツマキチョウ北アルプス・戸隠亜種		184
Anthocharis cardamines isshikii		
ミヤマモンキチョウ浅間山系亜種		180
Colias palaeno aias		

ミヤマモンキチョウ北アルプス亜種		180
Colias palaeno sugitanii		
イワカワシジミ	*Artipe eryx okinawana*	
ベニモンカラスシジミ四国亜種		190
Fixsenia iyonis iyonis		
ベニモンカラスシジミ中国亜種		190
Fixsenia iyonis kibiensis		
ベニモンカラスシジミ中部亜種		190
Fixsenia iyonis surugaensis		
オオゴマシジミ		193
Maculinea arionides takamukui		
リュウキュウウラボシシジミ		
Pithecops corvus ryukyuensis		
ツシマウラボシシジミ	*Pithecops fulgens tsushimanus*	
ヒメシジミ本州・九州亜種	*Plebejus argus micrargus*	
キマダラルリツバメ	*Spindasis takanonis*	193
クロツバメシジミ九州沿岸・朝鮮半島亜種		
Tongeia fischeri caudalis		
クロツバメシジミ東日本亜種	*Tongeia fischeri japonica*	
クロツバメシジミ西日本亜種	*Tongeia fischeri shojii*	
カラフトルリシジミ	*Vacciniina optilete daisetsuzana*	
ウラギンスジヒョウモン	*Argyronome laodice japonica*	
ヒョウモンチョウ東北以北亜種		
Brenthis daphne iwatensis		
ヒョウモンチョウ本州中部亜種		
Brenthis daphne rabdia		
アサヒヒョウモン	*Clossiana freija asahidakeana*	
カラフトヒョウモン	*Clossiana iphigenia*	
アカボシゴマダラ奄美亜種		206
Hestina assimilis shirakii		
コノハチョウ	*Kallima inachus eucerca*	
フタオチョウ	*Polyura eudamippus weismanni*	
オオムラサキ	*Sasakia charonda charonda*	208
シロオビヒメヒカゲ札幌周辺亜種		
Coenonympha hero neoperseis		
クモマベニヒカゲ本州亜種	*Erebia ligea takanonis*	
クモマベニヒカゲ北海道亜種	*Erebia ligea rishirizana*	
ベニヒカゲ本州亜種	*Erebia neriene niphonica*	
キマダラモドキ	*Kirinia fentoni*	
シロオビヒカゲ	*Lethe europa pavida*	
ダイセツタカネヒカゲ	*Oeneis melissa daisetsuzana*	
マサキウラナミジャノメ	*Ypthima masakii*	
リュウキュウウラナミジャノメ	*Ypthima riukiuana*	
ヤエヤマウラナミジャノメ	*Ypthima yayeyamana*	

クロフカバシャク　Archiearis notha okanoi
ヨナグニサン　*Attacus atlas* ·························· 216
ハグルマヤママユ　Loepa sakaei
フジシロミャクヨトウ　Sideridis texturata
アズミキシタバ　*Catocala koreana* ················ 218

情報不足（DD）

蜉蝣目（カゲロウ目）
アカツキシロカゲロウ　Ephoron eophilum
ビワコシロカゲロウ　Ephoron limnobium

襀翅目（カワゲラ目）
カワイオナシカワゲラ　Protonemura spinosa

蜚蠊目（ゴキブリ目）
エサキクチキゴキブリ　Salganea esakii
キカイホラアナゴキブリ　Nocticola uenoi kikaiensis
ミヤコホラアナゴキブリ　Nocticola uenoi miyakoensis
ホラアナゴキブリ　Nocticola uenoi uenoi
ミヤコモリゴキブリ　Symploce miyakoensis
エラブモリゴキブリ　Symploce okinoerabuensis

直翅目（バッタ目）
ヒメヒゲナガヒナバッタ　Schmidtiacris schmidti
マボロシオオバッタ　Ogasawaracris gloriosus

革翅目（ハサミムシ目）
ムカシハサミムシ　Challia fletcheri

非翅目（ガロアムシ目）
チュウジョウムシ（メギシマガロアムシ）　Galloisiana chujoi

噛虫目（チャタテムシ目）
ホソヒゲチャタテ　Kodamaius brevicornis

半翅目（カメムシ目）
テングオオヨコバイ　Tengirhinus tengu
ナカハラヨコバイ　Nakaharanus nakaharae
ヒロオビフトヨコバイ　Athysanus latifasciatus
カワムラヨコバイ　Mimotettix kawamurae

ムクロジヒゲマダラアブラムシ　Tinocallis insularis
ケヤキワタムシ　Hemipodaphis persimilis
アマミオオメノミカメムシ　Hypselosoma hirashimai
オオメノミカメムシ　Hypselosoma matsumurae
タイワンコオイムシ　Diplonychus rusticus
タイワンタガメ　Lethocerus indicus
チシマミズムシ　Arctocorisa kurilensis
オオメミズムシ　Glaenocorisa propinqua cavifrons
コリヤナギグンバイ　Physatocheila distinguenda
サガミグンバイ　Stephanitis tabidula
ハリサシガメ　Acanthaspis cincticrus
オオカモドキサシガメ　Empicoris brachystigma
ヤエヤマサシガメ　Ectomocoris flavomaculatus
カバヒラタカメムシ　Aradus betulae
オオチャイロヒラタカメムシ　Aradus gretae
ヒラタツチカメムシ　Garsauria laosana

脈翅目（アミメカゲロウ目）
ヤマトセンブリ　Sialis yamatoensis
ツシマカマキリモドキ　Orientispa shirozui

鞘翅目（コウチュウ目）
オオキバナガミズギワゴミムシ　Armatocillenus sumaoi
ムカシゲンゴロウ　Phreatodytes relictus
メクラゲンゴロウ　Morimotoa phreatica phreatica
セスジマルドロムシ　Georissus granulosus
ニッポンセスジダルマガムシ　Ochthebius nipponicus
オオズウミハネカクシ　Liparocephalus tokunagai
ホソキマルハナノミ　Elodes elegans
キョウトチビコブスジコガネ　Trox kyotensis
ヒメダイコクコガネ　Copris tripartitus
セマルオオマグソコガネ　Aphodius brachysomus
ダルママグソコガネ　Mozartius testaceus
サキシマチビコガネ　Mimela ignicauda sakishimana
アカマダラコガネ　Poecilophilides rusticola
オキナワカブトムシ　Trypoxyius dichotomus takarai
ヒゲナガヒラタドロムシ　Nipponeubria yoshitomii
ハガマルヒメドロムシ　Optioservus hagai
オガサワラナガタマムシ　Agrilus boninensis
シラフオガサワラナガタマムシ　Agrilus suzukii

イソジョウカイモドキ	*Laius asahinai*	ミヤマアメイロケアリ	*Lasius hikosanus*
アバタツヤナガヒラタホソカタムシ		キマダラズアカベッコウ	*Machaerothrix tsushimensis*
Penthelispa sculpturatus		アケボノベッコウ	*Anoplius eous*
チチジマヒメハナノミ	*Ermischiella chichijimana*	アマミカバフドロバチ	*Pararrhynchium tsunekii*
ハハジマヒメハナノミ	*Ermischiella hahajimana*	カラトイスカバチ	*Passaloecus koreanus*
ズグロヒメハナノミ	*Ermischiella nigriceps*	タイセツギングチ	*Crossocerus pusillus*
ボニンヒメハナノミ	*Falsomordellistena formosana*	アギトギングチ	*Ectemnius martjanowii*
アラメゴミムシダマシ	*Derosphaerus foveolatus*	ニトベギングチ	*Spadicocrabro nitobei*
ヤエヤマクロスジホソハナカミキリ		マエダテッチスガリ	*Cerceris pedetes*
Parastrangalis ishigakiensis		テングツチスガリ	*Cerceris teranishii*
アカオニアメイロカミキリ		ノサップマルハナバチ	*Bombus florilegus*
Obrium cantharinum shimomurai			
ケズネチビトラカミキリ	*Amamiclytus nobuoi*	**長翅目（シリアゲムシ目）**	
ススキサビカミキリ	*Pterolophia kubokii*	エゾユキシリアゲ	*Boreus jezoensis*
ノブオフトカミキリ	*Peblephaeus nobuoi*	イシガキシリアゲ	*Neopanorpa subreticulata*
クロツヤアラゲカミキリ	*Anaespogonius piceonigris*	アマミシリアゲ	*Panorpa amamiensis*
アマミハリムネモブトカミキリ		シコクミスジシリアゲ	*Panorpa globulifera*
Ostedes inermis densepunctata		ヒウラシリアゲ	*Panorpa hiurai*
シロスジトゲバカミキリ	*Rondibilis femorata*	ツシマシリアゲ	*Panorpa tsushimaensis*
ゴマダラオオヒゲナガゾウムシ			
Peribathys okinawanus		**双翅目（ハエ目）**	
キマダラオオヒゲナガゾウムシ	*Peribathys shinonagai*	アルプスニセヒメガガンボ	*Protoplasa alexanderi*
チャバネホソミツギリゾウムシ	*Cyphagogus iwatensis*	エサキニセヒメガガンボ	*Protoplasa esakii*
ダイトウスジヒメカタゾウムシ		カスミハネカ	*Nymphomyia alba*
Ogasawarazo daitoensis		キョクトウハネカ	*Nymphomyia rohdendorfi*
スジヒメカタゾウムシ	*Ogasawarazo lineatus*	モイワエゾカ	*Pachyneura fasciata*
		ヤマトクチキカ	*Axymia japonica*
膜翅目（ハチ目）		ハマダラハルカ	*Haruka elegans*
チャイロナギナタハバチ	*Xyelecia japonica*	ネグロクサアブ	*Coenomyia basalis*
シロズヒラタハバチ	*Chrysolyda leucocephala*	キンシマクサアブ	*Odontosabula decora*
ヒダクチナガハバチ	*Nipponorhynchus bimaculatus*	ヒメシマクサアブ	*Odontosabula fulvipilosa*
クチナガハバチ	*Nipponorhynchus mirabilis*	シマクサアブ	*Odontosabula gloriosa*
キンケセダカヤセバチ	*Pristaulacus rufipilosus*	イトウタマユラアブ	*Glutops itoi*
オガサワラコンボウヤセバチ		ケンランアリノスアブ	*Microdon katsurai*
Gasteruption ogasawarensis		カエルキンバエ	*Lucilia chini*
ミヤマツヤセイボウ	*Philoctetes monticola*		
シロアリモドキヤドリバチ	*Caenosclerogibba japonica*	**毛翅目（トビケラ目）**	
ヒメアギトアリ	*Anochetus shohki*	ウジヒメセトトビケラ（ウジセトトビケラ）	
ヤクシマハリアリ	*Ponera yakushimensis*	*Setodes ujiensis*	
ハナナガアリ	*Probolomyrmex okinawensis*	ツノカクツットビケラ	*Lepidostoma cornigerum*
ヤクシマムカシアリ	*Leptanilla tanakai*		
ツヤミカドオオアリ	*Camponotus amamianus*		

鱗翅目（チョウ目）

ヒメウラボシシジミ　*Neopithecops zalmora zalmora*
コンゴウミドリヨトウ　*Staurophora celsia*

絶滅のおそれのある地域個体群（LP）

蜻蛉目（トンボ目）

房総半島のシロバネカワトンボ（f. edai）
を含むアサヒナカワトンボ　*Mnais pruinosa*

半翅目（カメムシ目）

宮古島のツマグロゼミ　*Nipponosemia terminalis*

著者略歴
*
川上洋一
*
1955年東京生まれ。
自然科学ライター＆イラストレーター。
10代の頃から環境教育に携わり、
自然のしくみや豊かさを紹介する図書の執筆のかたわら、
里山の生物調査や保全活動にも取り組む。
日本昆虫協会理事。日本鱗翅学会会員。
*
主な著書に『憧れの虫を飼おう！世界のカブト・クワガタムシ』
『世界珍虫図鑑』（以上、人類文化社）
『かならずみつかる！昆虫ナビずかん』（共著、旺文社）
『絶滅危惧の昆虫事典』『絶滅危惧の野鳥事典』『絶滅危惧の動物事典』
『絶滅危惧の生きもの観察ガイド（東日本・西日本編）』
（いずれも東京堂出版）など多数。
*

資料画
*
浅野文彦・小堀文彦

絶滅危惧の昆虫事典【新版】	著者	川上洋一	
	発行者	松林孝至	
	発行所	株式会社　東京堂出版	
		〒101-0051	
		東京都千代田区神田神保町1-17	
		電話　03-3233-3741	
		振替　00130-7-270	
初版印刷　2010年6月30日	印刷所	東京リスマチック㈱	
初版発行　2010年7月15日	製本所	東京リスマチック㈱	
ISBN978-4-490-10785-2 C1545	© Yōichi Kawakami Printed in Japan 2010		

絶滅野生動物の事典　今泉忠明著

近代以降に人間が滅ぼしたともいえる哺乳類と鳥類約120種を採録し，その動物の生態や人間とのかかわり，絶滅にいたった状況を読み物風に解説。復元イラストや興味ぶかいコラムも挿入した。　菊判　272頁　**本体2,900円**

野生動物観察事典　今泉忠明著　資料画　平野めぐみ

野山に残された足跡・食痕・糞などの痕跡から野生動物を観察するアニマル・トラッキング。日本の四季のフィールドで見られる動物たちの痕跡を多数のイラストで紹介しながら観察の仕方を解説。　菊判　320頁　**本体2,900円**

カラス狂騒曲　行動と生態の不思議　今泉忠明著

私たちにもっとも身近でもっとも謎めいた野鳥＝カラス。人を襲って近頃何かとお騒がせな行動や生態を，動物学者の確かな眼が解き明かす。知っているようで実は知らないことだらけの不思議小百科。　四六判　232頁　**本体1,700円**

行き場を失った動物たち　今泉忠明著

住宅地に出没するクマやイノシシ，農作物を食い荒らすシカやサル，ハトやムクドリの糞と騒音等々。私たちの身近に起きる困った動物たちとのトラブルの経緯，理由，対策を平易に読み解いていく。　四六判　288頁　**本体2,000円**

絶滅危惧の野鳥事典　川上洋一著

環境省がまとめたレッドデータブックから100種をピックアップし，生息する環境の現状，出現分布，減少の原因などを詳細に解説。また，日本の自然環境と環境保全についても鋭く言及する。　A5判　260頁　**本体2,900円**

絶滅危惧の動物事典　川上洋一著

環境省が2007年までにまとめたレッドデータブックの内容に沿って，哺乳類，爬虫類，両生類，無脊椎動物から95種と外来の移入種5種を選び，その姿と生息環境の現状をイラスト付きで紹介。　A5判　260頁　**本体2,900円**

絶滅危惧の生きもの観察ガイド〈東日本編〉　川上洋一著

東日本の絶滅危惧が集中する「ホットスポット」120ヶ所を各県から網羅し，その観察地域の環境や特徴，アクセスや問合せ先などを記すとともに注目すべき生きものを写真・資料画とともに解説。　A5判　160頁　**本体2,000円**

絶滅危惧の生きもの観察ガイド〈西日本編〉　川上洋一著

東日本編と同様，西日本編では絶滅危惧が集中する「ホットスポット」60ヶ所と関連地域52ヶ所の計112ヶ所を網羅し，現在の日本の自然がどんな状況にあるかがわかるガイドブック。　A5判　160頁　**本体2,000円**

(定価は本体＋税となります)